河蟹健康养殖与国际贸易

王伟　蒋原　主编

张敬友　吴林坤　柯家法　黄金田　副主编

中国农业出版社

序　言

河蟹，味道鲜美、营养丰富，是水产品中的珍品，也是餐桌上久负盛名的美味佳肴。中华民族吃蟹已有2 000多年的历史，《周礼》中载有"蟹胥"，北魏贾思勰的《齐民要术》介绍了腌制螃蟹的"藏蟹法"，陆龟蒙的《蟹志》、傅肱的《蟹谱》、高似孙的《蟹略》，都是有关蟹的专著，并逐渐将吃蟹发展为一种闲情逸致的文化享受，有道是"不到庐山辜负目，不食螃蟹辜负腹"。曹雪芹的名著《红楼梦》中"持蟹更喜桂阴凉，泼醋擂姜兴欲狂"的诗句，描写了大观园中食蟹吟诗的热闹情景。

近年来，随着科技的发展和养殖技术的不断进步，河蟹产业已经成为水产行业中璀璨的明珠，并呈现出勃勃生机，南到福建、广东，北至辽宁、山东、河北等地都有河蟹的养殖，已形成了以太湖、洞庭湖、洪泽湖、鄱阳湖、巢湖、阳澄湖等大中湖泊为基地，辽河、长江、闽江为产业带的区域集约化、规模化养殖格局，仅江苏的养殖面积就近400万亩，年产值近200亿元，成为江苏水产行业第一个突破百亿元大关的品种，也成为了带动渔民增收、创业致富的重要途径之一，产品远销日本、韩国、我国香港和澳门及东南亚等国家和地区，获得国内外的广泛赞誉。

随着时代的发展和社会的进步，国内外对食品安全的要求越来越严格，主要进口国家或地区在河蟹的安全、卫生、健康、生态等方面制定了针对性的检验检疫措施，我国养殖、出口河蟹面临着严峻的挑战。因此，深入开展我国河蟹养殖模式的探索，研究分析国际贸易的标准和要求，对于推进我国河蟹养殖的标准化、规模化、健康化并扩大出口有着极其重要的意义。江苏出入境检验检疫局编著的《河蟹健康养殖与国际贸易》一书，全面系统地介绍了河蟹的演化史与生物学特性、河蟹健康养殖技术、出口河蟹养殖场的注册和监管、国际贸易与出口检验检疫、出口河蟹安全卫生技术法规及风险管理，既为广大养殖企业提供了健康养殖的理念和技术指标，同时也为进出口企业和出入境检验检疫机构提供了标准信息和技术支持。

加强河蟹健康养殖技术的研究，深入分析国际贸易标准，是检验检疫部门按照"抓质量、保安全、促发展、强质检"的总体目标，主动发挥技术和信息优势，打破进口国家或地区技术性贸易壁垒的重要举措，也是服务"三农"、加快农业外向型经济快速发展的重要手段。希望本书的出版，能够让健康养殖的理念深入人心，不断提升河蟹产品质量，扩大河蟹的出口贸易，推进产业的健康有序发展，让中国知名河蟹品牌爬得更快、爬得更远。

编著者

2013 年 3 月

目 录

序言

第一章 河蟹演化史与生物学特性

第一节 河蟹史话

河蟹是中华绒螯蟹（*Eriocheir sinensis* H. Milne-Edwards）的俗称，随地区不同，俗称也各异，有称螃蟹、大闸蟹、毛蟹、清水蟹。在江苏、浙江、上海一带久负盛名的阳澄湖大闸蟹和北京、天津一带的胜芳蟹均属此类。

河蟹味道鲜美，营养丰富，为水产品中的珍品，有道是"不到庐山辜负目，不食螃蟹辜负腹"，古今诗人画家以蟹吟诗作画者颇多。宋代文学家苏东坡就很爱吃蟹，有诗为证："但愿有蟹无监州"。黄庭坚更是大加赞美："一腹金相玉质，两螯明月秋江。"曹雪芹在《红楼梦》中对贾府大观园里赏菊吃蟹的情景描写得细腻逼真："铁甲长戈死未忘，堆盘色相喜先尝，螯封嫩玉双双满，壳凸红脂块块香。多肉更怜卿八足，助情谁劝我千觞，对兹佳品酬佳节，桂拂清风菊带霜。"也描述了贾府中"林潇湘魁夺菊花诗，薛蘅芜调和螃蟹咏"的场景。著名画家齐白石的鱼虾画是传世绝作，画的螃蟹也是栩栩如生。至于民间对河蟹的传说就更多了。凡此等等，自古至今有关河蟹的记载见于经、引于传、著于书。

自古以来，人们除了喜食河蟹，也拿河蟹来比喻一些社会现象，那就各有所取了。由于蟹坚甲横行、气势汹汹，古人常以此讽刺邪恶。宋代有诗云："水清讵免双螯黑，秋老难逃一背红"。

我国自古就开始了对河蟹的探索。早在《周礼》中曾提到"蟹胥"，大概指的是蟹酱。到了宋代，著有《蟹谱》和《蟹略》。但是对于河蟹的认识还是远远不够。宋代大科学家沈括在《梦溪笔谈》中说，古时候秦州地方有人收藏了一只干蟹，当地人把它当作怪物，患疾病的人常把它借去挂在门口，用来驱鬼，那个地方的人不识蟹。至今，把干蟹拿来驱鬼的事是不会有了，但是有关河蟹生活习性等的知识还是没有普及。即使在吃美味的河蟹时，也会有一些笑谈，有些初食者往往把蟹的鳃、胃、肠等都吃下去了，闹得上吐下泻，还误以为河蟹有毒。

历史上，对于蟹的形态和习性有过一些记载。《艾子杂说》中描述河蟹为圆扁多足；《本草纲目》中有以朝其魁之说，来解释河蟹去河口浅海处生殖洄游的习性。在群众中也有一些谚语，如"九月团脐、十月尖"、"西风响，蟹脚痒"等等，这些谚语总结了吃蟹季节和对雌雄蟹的选择，实际上也涉及河蟹的性腺发育和它的生殖洄游的规律。

随着生物科学的发展和对自然资源的广泛开发利用，关于河蟹的知识正在逐步积累。例如，河蟹的一生到底能活多久呢？它能不能像鱼类那样根据鳞片或骨骼生长疏密的办法来推测年龄？它为什么要下海，到什么地方去产卵？幼体是怎样变态的，要求些什么条件……在对蟹苗的自然资源开展调查研究后，才知道河蟹的产卵场位于河口咸淡水交界处，才认识蟹苗的发汛规律和潮汐的关系，并创造了干法运输蟹苗的方法。在蟹苗人工放流的工作开展以后，才了解了河蟹的寿命实际上只有 1～3 周年，纠正了以前关于河蟹寿命 3～5 年的错误推测。由于蟹苗自然资源不稳定，供不应求，阻碍了养蟹业的发展，因此在沿海地区开展了用天然海水进行河蟹人工育苗和在内陆地区用人工配制的半咸水培育河蟹苗的研究，同时也探索了它的受精生物学、蜕皮机制、胚胎和幼体发育的形态学及其生态生理学规律。

第二节　品种与分布

一、分类学地位和近亲

河蟹在分类学上隶属于节肢动物门、甲壳纲、十足目、方蟹科、弓腿亚科、绒螯蟹属。学名中华绒螯蟹。河蟹的种很多，在我国就有 500 多种。但与它最亲近的有 4 种，那就是日本绒螯蟹、狭颚绒螯蟹、直颚绒螯蟹（图 1-1、图 1-2、图 1-3）和台湾绒螯蟹。台湾绒螯蟹是 Chan 等（1995）报道的一个新种。由于蟹类成体的形态变异十分显著、多样和频繁，因此，台湾绒螯蟹这个新种能否成立目前还难以最后肯定。目前养殖的对象主要是中华绒螯蟹，它与其他三种有不同的特征，可以从额齿、额后突起、前侧缘齿、螯足、步足等方面去加以识别（表 1-1）。绒螯蟹属的主要特征是：螯足密生绒毛；额平直，具 4 个锐齿；额宽小于头胸甲宽度的一半；第 1 触角横卧，第 2 触角直立，第 3 颚足长节的长度约等于宽度。

图 1-1　日本绒螯蟹

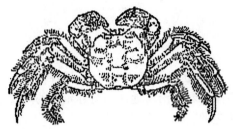

图 1-2　狭颚绒螯蟹

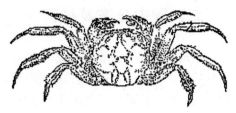

图 1-3　直颚绒螯蟹

表 1-1　绒螯蟹属 4 种蟹的识别

部位及性状 ＼ 品种名称	中华绒螯蟹	日本绒螯蟹	狭颚绒螯蟹	直颚绒螯蟹
额齿	4 个，均尖锐，居中一个缺刻最深	4 个，居中 2 个较钝圆，两侧的较尖锐	不明显	不明显
额后突起	6 个，且很明显	没有	没有	没有
前侧缘齿	第 4 齿小而明显	第 4 齿发育不全只留下痕迹，有时成为小刺	三齿，第 1 齿大，第 3 齿最小	四齿，较直，第四齿发育不全
螯足	掌部与指节基部内外表面都生绒毛，腕节内末角有一锐刺，长节背缘近末端有一刺	掌部与指节基部有厚绒毛，两指的内侧齿较钝	掌部外侧面具细微颗粒，有一条颗粒隆延伸至指节基部，雌性特别明显，内侧及二指基部内侧有绒毛，长节内侧末半部有软软的毛	螯足短，外表有毛，内侧没有毛，指节有槽，切断缘有 7～8 个刺状齿
步足	有 4 对步足，长节近末端处均有一刺，腕节与前节前缘都有刚毛，第 4 步足前与指节的背腹缘都有刚毛	有 4 对步足，长节前缘具有刚毛，腕前缘以及前节前后缘都有刚毛，指节的前后缘具有短的刚毛	步足瘦而长，各对步足各节前后缘都有刚毛	步足长节前后缘都有毛，腕节、前节和指节有黑色绒状细毛，不是长毛，也不是刚毛，指节短于前节
栖息环境	大都栖息在江河和湖荡周围的泥岸或滩涂的洞穴里	栖息在河流中或河口半成水地区的水底或者芦苇丛中	居住于积有海水的泥坑中或河口泥滩上，不到内河里来	同狭颚绒螯蟹
分布范围	北自辽宁，南到福建，通海的河川下游都有分布	台湾、福建、广东的雷州半岛东岸有分布，主要分布在日本、朝鲜一带	从辽宁到广东的沿海各自范围内都有	台湾、广东珠江口及澳门等地有分布

二、国内分布及种群

河蟹的生存适应能力很强，在我国分布的范围很广，北到辽宁的鸭绿江，南到广东、福建一带都有分布。就全国范围来看，沿海地区河蟹养殖业的规模相对大一些，这是由优越的天然条件所决定的。

河蟹是我国特有的大型淡水蟹类。按河蟹资源的自然分布形成了 3 个大的种群，即长江种群、辽河种群和瓯江种群，都属于一个种。由于三大水系所处的地域条件不同，造成了它们在形态上和生长、发育及繁殖过程中有一定差异。

（一）长江水系河蟹　生长速度快，成活率高，商品规格大，品质好，产品明显优于其他水系河蟹且市场售价高，饲养长江水系河蟹经济效益最为明显。

（二）瓯江水系河蟹　生长较快，因性成熟早，一般多当年成熟，商品个体较小，养殖效益一般。

（三）辽河蟹　对不良环境的适应能力较强，但商品蟹的个体偏小。8 月底就发现有生殖洄游现象。该种群在北方养殖有一定的经济效益，移居南方养殖效果不佳。

目前我国开展人工养殖的河蟹种群主要是长江蟹和辽河蟹。

长江、辽河和瓯江河蟹种群是形态特征上互异的群体。这种表型上的差别可能是遗传差异所致，也可能是环境条件差异所致，或者是环境—遗传互作的结果。可以认为，三个水系的河蟹在长期的选择进化过程中，已形成了不同的形态表型。

三、海外分布

河蟹原产我国。中华绒螯蟹资源在欧洲等地的发展起始于 19 世纪，自 1842 年五口通商、幼蟹潜入外轮水舱被带到欧洲落户后，也就有了外文名称，英文是 Chinese mitten crab，德文是 Chinesische wollhandkarbe。中华绒螯蟹在欧、美大陆的入侵、建群和繁衍，引起了养殖学家、生态学家以及产业界人士的广泛注意和兴趣。据说德国的远东航轮停靠在吴淞口，那里正是蟹苗的产地，可能通过航轮的抽水管把蟹苗或幼蟹吸到了蓄水池，随之带到了莱茵河和其他地方，从此在那繁衍了后代。数十年后形成分布区，首次捕获河蟹的时间：德国是 1912 年，至 1935 年仅北河流域就捕获河蟹 500 吨，欧洲北部平原分布面积达 100 万平方千米以上。在美洲发现较迟，1965 年于底特律河、1973 年在伊利湖相继发现，1992 年在旧金山海湾捕得河蟹，到 1997 年大量出现，1998 年估计总产有 500 吨。旧金山海湾区域的河蟹也存在两个生态种群，一个是旧金山海湾湾区小洄游的种群，个体小，仅6～41克，当年成熟；另一个是进入上游三角洲进行大洄游的种群，个体大，可达93～272克，两年成熟。邻近我国的朝鲜沿岸也有分布。中华绒螯蟹定居海外并大量繁衍已成事实，并已开始产生较大影响：形成了可供捕捞生产和贸易的商机，如在新加坡市场上，曾出现产自欧洲的河蟹；而更多的是，引起了对这一生物入侵可能产生的生态影响的忧虑，如对其他天然水生物种群、工农业水利设施等的危害，乃至它作为其他生物的中间寄主对人类健康的影响等。在英国，如今河蟹大面积入侵英国主要水道，抢占英国本土虾类领地，英国人认为这是来自中国的"威胁"，将它看做一种可怕的入侵生物。

第三节　形态结构

一、外部形态

河蟹的身体扁平宽阔，背面一般呈墨绿色，腹面为灰白色。由于进化演变，其头部和胸部已愈合在一起，合称为头胸部。腹部退化折贴于头胸部之下，5对胸足伸展于头胸部两侧，左右对称。整个身体由头胸部13节、腹部7节共20节组成（图1-4）。

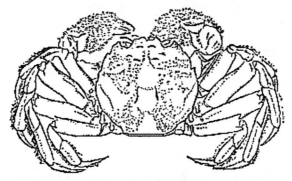

图1-4　中华绒螯蟹

（一）头胸部　是河蟹身体的主要部分。背面有一背甲，俗称蟹壳。表面凹凸，形成许多区，这些区域与内脏相应，分胃、心、肠、肝及鳃5个区（图1-5）。背甲前缘正中为额部，有4个额齿。额齿间的凹陷，以中央一个最深。左、右前侧缘各有4个锐齿，又称侧齿或侧刺。在额部的两侧，有一对有柄的复眼，着生于眼眶之中。复眼内侧，横列于额下有两对触角，里面一对较短小，为第一触角，也称内触角或小触角。其外的一对为第2触角，也叫外触角或大触角（图1-6）。触角有感觉平衡功能。头胸部的腹面为腹甲，除头部为头胸甲的下折部分所覆盖外，其余皆由腹甲所包被。腹甲周缘密生绒毛，中间有一凹陷的腹甲沟。腹甲原为7节，前3节已愈合为一节，因而可辨认的为5节。河蟹的生殖孔就开口在腹甲上，雌、雄生殖孔开口的位置不同，雄蟹的一对开口在第7节，即最末节，雌蟹的一对开口在第5节，即愈合后的第3节（图1-7）。在头胸部腹面，腹甲前端正

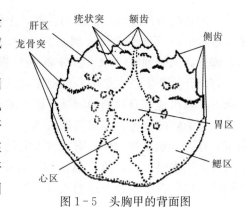

图1-5 头胸甲的背面图

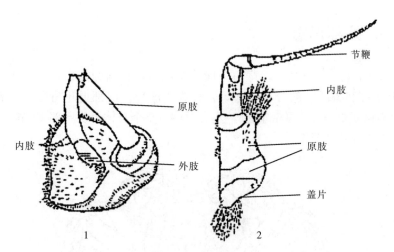

图1-6 触 角
1.第一触角 2.第二触角

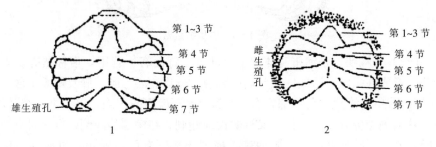

图1-7 胸部腹甲
1.雄性 2.雌性

中部分为口器（图1-8）。口器由一
对大颚、两对小颚和三对颚足自里
向外按次层叠组成。颚足的两侧及
顶端均生细丝状的长毛，可以过滤
水中不洁之物，同时用于堵塞入水
孔，防止干燥。第1对小颚原肢呈
薄片状，内缘多刺毛，大颚位于口

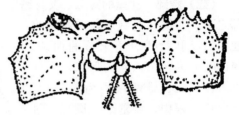

图1-8　河蟹的口器

的两侧，底节细长，基节锋锐。因此，第1对小颚和大颚都具有磨碎食物的功
能（图1-9）。

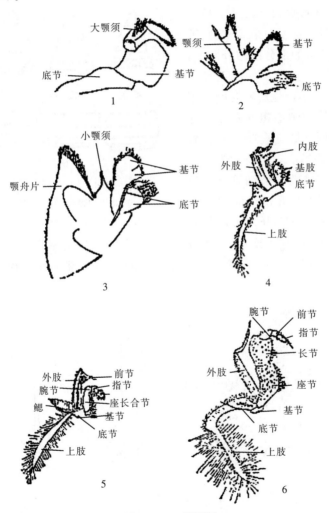

图1-9　口器附肢

1. 大颚　2. 第1小颚　3. 第2小颚　4. 第1颚足　5. 第2颚足　6. 第3颚足

（二）腹部 河蟹的腹部，又称蟹脐，早退化成扁平的一片，紧贴于头胸部之下。四周长有绒毛，由肠道贯通前后，肛门开口于末节的内侧，腹部共分为 7 节。它的形状，在幼蟹阶段，雌、雄两性均为狭长形。在生长过程中，雌蟹渐成圆形，雄蟹仍为狭长三角形，俗称圆脐、尖脐。这是区别雌、雄性别的最明显的标志（图 1－10）。展开腹部，可见因性别不同的腹肢（图 1－11）。雌蟹腹肢 4 对，着生在第 2～5 腹节上。每个腹肢自柄部分出内外两叉，即内肢和外肢。内肢上的刚毛细而长，约 30～40 排，是产卵时卵粒附着的地方。外肢刚毛粗而短，有保护卵群的功用。雄蟹腹肢 2 对，着生在第 1～2 腹节上，已特化为交接器。第 1 对交接器，呈细管状，顶端着生粗短刚毛，开口于向外弯曲的片状突起上，基部开口大，分两个开口。近腹甲的开口较大，盖有毛瓣膜。交配时雄蟹的阴茎伸入瓣膜内输送精液，内侧的开口为第 2 交接器伸入之处。第 2 对交接器较小，约为第 1 对交

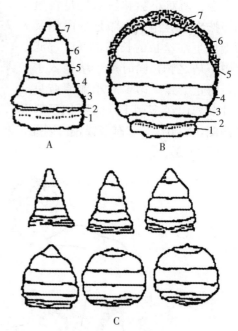

图 1－10 河蟹腹部
A. 雄蟹的腹部　B. 雌蟹的腹部
C. 雌蟹腹部的演变

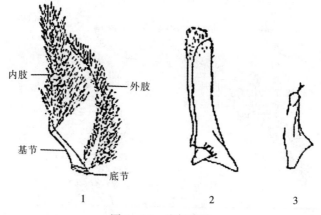

图 1－11 腹部附肢
1. 雌性　2. 雄性第 1 腹肢　3. 雄性第 2 腹肢

接器的 1/5～1/4，为一实心棍状物。末端为柔软的皮膜部分，上具细毛，基部膨大，周缘密生绒毛。交配时上下移动，喷射精液。

　　（三）胸足　河蟹的胸足有 5 对，是胸部的附肢。胸足的结构分为 7 节，各节的名称分别叫底节、基节、座节、长节、腕节、前节和指节。第 1 对是螯足，特别发达，成钳状，两指内缘均生齿状突，末端锋锐，便于钳夹。其掌部密生绒毛，雄蟹的螯足比雌蟹的大。螯足主要执行猎食和御敌之任务。第 2 至第 5 对胸足结构相同，称为步足。前 3 对步足的指节，尖细而圆，呈爪状。末对步足比较扁平，前后缘长有刚毛。各对步足关节下弯，长短不一（图 1-12）。

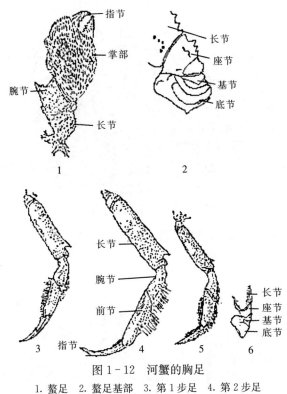

图 1-12　河蟹的胸足
1. 螯足　2. 螯足基部　3. 第 1 步足　4. 第 2 步足
5. 第 4 步足　6. 第 2 步足的基部

二、内部构造

　　河蟹的内部构造分消化、循环、呼吸、排泄、神经、感觉、生殖等系统（图 1-13、图 1-14）。

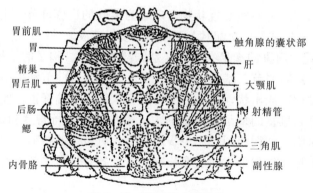

图 1-13 雄蟹的内部构造

胃前肌
胃
精巢
胃后肌
后肠
鳃
内骨胳
触角腺的囊状部
肝
大颚肌
射精管
三角肌
副性腺

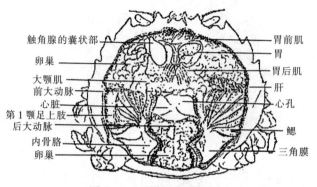

图 1-14 雌蟹的内部构造

触角腺的囊状部
卵巢
大颚肌
前大动脉
心脏
第1颚足上肢
后大动脉
内骨胳
卵巢
胃前肌
胃
胃后肌
肝
心孔
鳃
三角膜

（一）消化系统 河蟹的消化系统包括口、食道、胃、中肠、后肠和肛门。口位于腹甲前端正中部，在大颚之间，由一个上唇和两片下唇包围。食道短而直，末端通入膨大的胃。胃的外观为三角形的囊状物，分为贲门胃与幽门胃两部分，胃内有一咀嚼器，俗称胃磨，用于磨碎食物，由一个背齿、两个侧齿及两块梳状骨组成（图 1-15）。

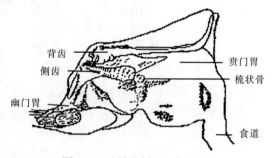

图 1-15 胃的剖面（侧面观）

背齿
侧齿
幽门胃
贲门胃
梳状骨
食道

胃起机械磨碎和过滤食物的作用。中肠很短，其背面有细长的盲管，主要起吸收消化食物的作用。后肠位于中肠之后，较长。河蟹消化腺是肝脏，肝脏橘红色，分左右两叶，由许多细枝状盲管组成。体积较大，有一对肝管通入中肠，消化液借此输入。末端为肛门，周围肌肉很发达，开口于腹部的末节。

在夏季，贲门胃前部两侧胃壁外面，常出现一些白色钙质小体，俗称"磨石"。蟹蜕壳后，磨石渐被吸收为外壳，加强外壳硬度。

（二）循环系统 由一肌肉质心脏和一部分血管及许多血窦组成。心脏位于头胸部中央、背甲之下，呈五边形。外包一层围心腔壁，并有系带与腔壁相连。心脏共有 3 对有活瓣的心孔，背面 2 对，腹面 1 对。围心窦的血液通过心孔流入心脏，活瓣可防止血液倒流，由心脏发出 7 条动脉。其中 5 条向前动脉：1 条眼动脉，由心脏前缘中央发出，经胃上部到身体前端，分布至食道、脑神经节、眼等处；1 对触角动脉，由眼动脉基部的左右两侧发出，分布到触角、排泄器管及胃等处；1 对肝动脉，各由触角动脉基部两侧发出，分布到中肠、肝脏及生殖腺等处。另有 2 条向后动脉：1 条是腹上动脉，由心脏后缘中央发出，沿腹部背面向后一直通至身体末端，并有分支到后肠；另一条弯向身体腹面，称为胸动脉，由心脏后缘中央通出，向下穿过胸神经节，之后分成前、后两支，均与腹部神经索平行。向前为胸下动脉，有分支到胸部附肢；向后为腹下动脉，有分支到腹部附肢。

血液由心脏发出，通过动脉进入细胞间隙，然后汇集到胸血窦，进入鳃血管。进入鳃内进行气体交换后，汇入围心腔，由心脏上的 3 对心孔回到心脏。如此循环不息。河蟹的血液无色，由许多吞噬细胞（血球）和淋巴组成，血清素溶解在淋巴内。

（三）呼吸系统 河蟹的呼吸器官是鳃，位于头胸部两侧的鳃腔内。鳃腔通过入水孔和出水孔与外界相通。在螯足基部的下方有入水孔。口器近旁的第 2 触角基部的下方有出水孔。鳃共有 6 对，根据着生位置不同分为侧鳃、关节鳃、足鳃、肢鳃 4 种。每条鳃由鳃轴和两侧分出的许多鳃叶构成（图 1-16）。鳃轴的上下有两条平行的入鳃血管和出鳃血管。血液从鳃轴上流过，溶解在水中的氧气和血液

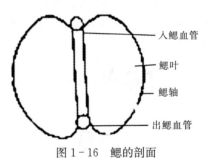

入鳃血管
鳃叶
鳃轴
出鳃血管

图 1-16 鳃的剖面

中的二氧化碳通过扩散进行气体交换，完成呼吸作用。由于第 2 小颚的颚舟片不断煽动，水流由入水孔进入鳃腔，经出水孔流出。水流不断循环，氧气不断进入，保证了呼吸作用所需氧气的供应。

（四）神经系统 在头胸部背面，食道之上，口上突之内，有一呈六边形的神经节，亦称胸神经节，由此通出 4 对神经（图 1-17）。第 1 对比较细小，称为第 1 触角神经；第 2 对神经最为粗大，通到复眼，称为视神经；第 3 对为外周神经，分布到头胸部的皮膜上；第 4 对通至第 2 触角，称第 2 触角神经。脑神经节通过一对围咽神经与脑神经节相连，由围咽神经发出一对交感神经，通到内脏器官。食道之后还有一横神经，与左右两条围咽神经相连。胸神经节

贴近腹甲中央，由许多神经节集合而成，从胸神经节发出的神经，较粗的有5对，各对依次分布在螯足和步足之中。

胸神经节后延至腹部，为腹神经。河蟹的腹部没有神经节。腹神经分裂成许多分支，散至腹部各处。

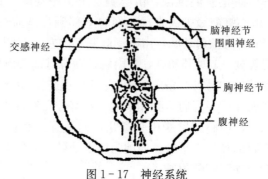

图 1-17　神经系统

（五）感觉器官　河蟹的感觉器官比较发达，尤以视觉最为敏感。人在河边走，隔岸的蟹会立刻钻进水中或往洞里逃跑。河蟹有一对有柄的复眼（图 1-18），系由数百乃至数千只以上的六角形单眼镶嵌而成。复眼中心为色素较深的视网膜部分。复眼具有眼柄，眼柄着生在眼眶之中，分2节。第1节比较细小，第2节粗大。节间有关节相连，既可直立，又可横卧，活动自如，十分灵便。直立时，将眼举起，可视各方，横卧时可借眼眶外侧之毛拂除眼表面的不洁之物。

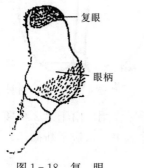

图 1-18　复　眼

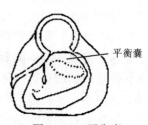

图 1-19　平衡囊

平衡器官为一平衡囊（图 1-19），藏于第1触角的第1节中，由几丁质形成的囊壁皱褶，内无平衡石，开口也已闭塞。平衡囊跟外界不相通，囊内有一群感觉毛，还有一些石灰质颗粒。在身体位置改变时，这些颗粒就会碰到感觉毛，而感觉毛的基部是和感觉神经的末梢相连接的，这种神经把得到的刺激传到脑部，由脑发出命令，再由运动神经把命令传给每个步足的肌肉。

第1触角及第2对颚足指节上的感觉毛，有化学感觉作用，身体及附肢各部之刚毛，均有感觉功能。

　　（六）排泄器官　河蟹的排泄器官为触角腺，又称为"绿腺"。为一对卵圆的囊状物，被覆在胃的上面。它包括海绵组织的腺体部和囊状的膀胱部，开口在第2触角的乳头上，吃河蟹时此物切忌食之。

　　（七）生殖系统　河蟹属雌雄异体，性腺位于背甲下面。雄性生殖器官由精巢、输精管、射精管、副性腺、阴茎及交接器等组成。雌性生殖器官包括卵巢、输卵管、纳精囊及接乳突等（图1-20）。

　　1. 雄性生殖器官　有精巢一对，位于胃和心脏两侧的前方。玉白色，前端左右分离，而在胃的后方互相融连。精巢下方有左右两条细小的白色输精细管，前端细而盘曲，后端较大，构成"S"形弯曲的射精管。射精管后端在三角膜的下内侧与副性腺的开口汇合。副性腺呈树枝状分叉，末端为盲管。射精管在副性腺以下的一段管径较小，它穿过肌肉，开口在腹甲第7节的外侧，开口孔上有一角质突起，长约0.5～1厘米的阴茎沿此角质突起外伸，交配时阴茎能膨大，伸入第1交接器基部的开孔，精经交接器末端而入雌蟹的纳精囊。

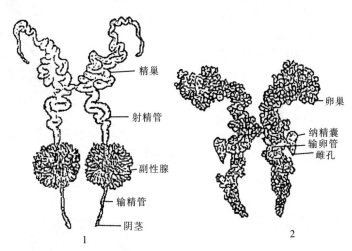

图1-20　河蟹生殖腺
1. 雄蟹生殖腺（腹面观）　2. 雌蟹生殖腺（腹面观）

　　2. 雌性生殖器官　有卵巢一对，呈"H"形。周缘分叶而具缺刻，初为白色或浅红色，随着性腺发育成熟，最后呈深咖啡色或酱色。河蟹的卵巢成熟时极度膨大，可占头胸甲下的大部分空间，成熟系数可达16%左右。卵巢后方具有一对短小的输卵管，它与纳精囊相通，开口于腹甲的第5节，开口处有一三角形突起。交配时雄蟹的第1交接器钩在突起上，以输送精入纳精囊。纳精囊平时为一空瘪的盲囊，但在交配后则贮满乳状胶黏物质及精。精在纳精囊内可经数月而不死。

雌蟹腹部附肢 4 对，双肢型，内外肢密生刚毛，刚毛的作用是附着受精卵。

第四节　生态习性

一、栖居

河蟹的一生，基本上是在淡水中度过的。在江河、湖荡的泥岸或滩涂上掘穴而居，或者隐蔽在石砾间隙和水草丛中。蟹穴通常分布在黏土芦草丛生的滩岸地带。生活在湖泊中的河蟹，因水面宽阔，洞穴比较分散，常位于水面之下，不易被发现。在潮水涨落的河川中，蟹穴位于高、低水位之间。由于土壤经常受水浸没而潮湿，河蟹掘穴容易，所以蟹穴密度较大，多的 1 米^2 范围内可达 10 个以上（图 1-21）。

河蟹掘穴，主要靠一对强有力的螯足，步足辅助。掘穴时，螯足硬指插入土中，靠收缩的力量将土块掘起，合抱于额前，爬出几步，松开螯钳，将土块弃之一旁，再爬回原处，继续造穴。如表土较硬，常以一侧步足固定地面，用对侧步足的锐爪迅速扒去硬土，再用螯钳试着掘土。如土壤较湿，会在浅水建造洞穴。河蟹一面用步足扒泥，一面扭动

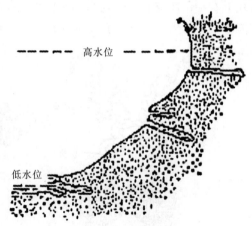

图 1-21　河蟹的洞穴

躯体，用头胸甲推泥，先造成窟窿，再用螯足掘泥。河蟹掘穴能力很强，短则几分钟，长则数小时或一昼夜，就可掘成一穴。掘穴过程中，遇有小障碍物，如石子、碎砖瓦片等，就用螯钳夹住，弃于洞外。如障碍较大无力移去时，就迁回障碍绕道造穴，这也就是个别洞穴弯度较大的原因。

河蟹的洞穴，一般多呈管状，底端不与外界相通，略为弯曲，常曲向下方，以致洞穴深处常有少量积水，使洞穴保持一定的湿度。洞穴直径与穴道直径一致，大小与蟹体相当，约容身体侧着进出。洞口的形状，有扁圆、椭圆、半月形等，直径为 2～21 厘米，穴道长度 20～80 厘米，有的可达 1 米左右，穴道与地面有 10°～20° 的倾斜。一般每穴仅居一蟹。但在人工养殖情况下，蟹穴稠密，相邻穴道中偶尔也有相互沟通的。在连通的穴道里，栖息两只或两只

以上河蟹。

河蟹自幼蟹阶段起，就具有穴居的习性。这是河蟹适应生态环境，防御、躲避天敌（水蛇、水老鼠、鸟类、蛙类、凶猛鱼类等）的方式。在盛夏，是避高温、避光的良好处所。

精养池蟹，蟹苗经一次蜕壳变成幼蟹后，一般在靠近水边附近摄食和运动。经2～3次蜕壳后即可在水边打洞栖居，但是通常不在洞中，而在洞附近寻食。越夏期间，由于表层水温较高，常栖居于水底的人工渔礁和浮萍、水草、芦苇根部等地方。

二、食性

河蟹为杂食性动物，荤素都吃，但喜食动物性饵料，如鱼、虾、螺、蚌、蠕虫，蚯蚓、昆虫及其幼虫、动物内脏等。在蟹的第1触角上，有一种专司嗅觉的感觉毛，借此常在夜间出穴觅食。河蟹既有酷食的本领，也有忍饥的能耐。食物丰富的夏季，河蟹酷食饱餐，一夜可连续捕食好几只螺类；在食物缺乏或没有时，也可以忍饥挨饿，即使1周甚至1个月不吃，也不会饿死。河蟹消化能力非常强，食物除供给生长需要外，多吃多吸收的营养又可以不断地贮藏到肝脏（即蟹黄）中去，蟹黄越大，贮藏的养料越多，体质也最肥满强壮。

在自然情况下，河蟹获得植物性食物比动物性食物容易。因此，蟹胃中植物性食物占主要成分，多为一些水生植物和岸边植物，如浮萍、丝状藻、苦草（俗称毛鱼草）、聚草、菱、藕、水稻、茭白等。

人工饲养情况下，河蟹还食茄科植物、大部分禾本科植物。

河蟹的取食动作，主要靠一对螯足。第1对步足也常协同螯足捧住食物送至口边。取食植物时，先将茎叶钳断成碎块，或用螯足攫住茎叶，然后食其叶尖；取食动物性食物，则用螯钳撕碎后再送至口中。如食物有坚硬的外壳，则先用螯足钳住外壳，后凿穿之，再取其肉。当食物及至口边，"口器"就自行张开，食物先传到第3颚足，再送至大颚，由大颚将食物磨碎，通过短短的食道送到胃中。

三、争食与好斗

河蟹具有抢食和好斗的天性。一条死鱼或一只死虾，常招来多只河蟹争而分食，即使死了一只"同伴"，也常被抢食一空，受伤的河蟹，包括"软壳蟹"，只要肢体有破损，就会散发出一种化学物质，引来同伴的抢食。在抢食过程中，只要肢体有伤，就会受到强者的攻击。在通常情况下，只要河蟹不受伤，就不会受到攻击而被抢食。在交配产卵季节，数只雄蟹为争夺一只雌蟹，会凶猛格斗，经久不息。在食物缺乏的情况下，饥饿抱卵蟹也常常取自身腹部的卵来充饥。因此，在人工养殖的条件下，大量的河蟹密集在一起，抢食现象会更多。养殖者要掌握河蟹这一习性，投饵一定要全池投到，投均匀，不要集中在一起，尤其是投喂动物性饵料更要注意。另外，对刚蜕壳的"软壳蟹"也要加以保护。

四、感觉与运动

河蟹是感觉灵敏、动作灵活迅速的动物。它的神经系统和感觉器官都相当发达，对外界环境反应灵敏。它不仅能在地面上迅速爬行，还能攀登高处，并可在水中作短暂的游泳。

河蟹的步足伸展于身体的两侧，由于各对步足长短不一，关节向下弯曲，因而适于横行，而且前进的方向大都斜向前方。爬行时，以 4 对步足为主，偶尔也使用螯足。起步时，以一侧的步足抓住地面，由对侧的步足在地面直伸起来，推送身体向前。事实上，河蟹并非是一侧的步足全部着地，对侧的步足全部伸展，而是交替进行。先以一侧的第 1 和第 4 步足伸展，其余步足着地，随后对侧的第 2 步足伸展，其他各足不动……各足活动的先后次序很有规律，非常协调。正因为这样，河蟹才能迅速地爬行。此外，河蟹的第 3、第 4 两对步足生得比较扁平，其上着生的刚毛较多，这样有利于游泳。当各对步足迅速划动时，河蟹就能在水中前进。河蟹进入水草丛中，则似入林之猿，攀悬荡漾，

图 1-22　河蟹的攀爬习性

活动自如。

河蟹的感觉器官，尤以视觉最为敏锐，这主要靠一对复眼。河蟹是一种昼伏夜出的动物，凭它灵敏的感觉、嗅觉和触觉，在夜晚微弱的光线下，能够寻食和避敌。河蟹遇敌，常将身体支起来，张开螯足抵抗，使敌难于向前。

河蟹有攀越障碍和趋弱光的习性，所以人们就编帘设簖、张灯来拦捕河蟹。

五、自切与再生

人们常常发现，有的河蟹左右两只螯足大小不等，相差悬殊，或一二只步足特别细小，或者断肢的部位生出一只柔软的疣状物（图 1-23），这就是河蟹断肢再生或正在再生的附肢。

当河蟹受到强烈刺激或机械损伤时，常会发生自切现象。可做一个简易试验：取一只活力较强的河蟹，在它任何步足的长节或腕节处将该足迅速剪断，立即就可看到，河蟹将残肢不断上跷而使其自行断落，或将身体高攀起来，靠身体重量将残肢自基部切断，或用对侧螯足将残肢钳弃，这就是所谓"自切"现象。河蟹的断肢有一定的部位，折断点总是在附肢基节与座节之间的折断关节处。这里有特殊的构造，既可防止流血，又可从这里复生新足。

河蟹断落一两只肢体，不会影响它的生命。数天后，在断落肢体的地方，就会长出一个囊球状的疣状物，继而延长呈棒状并迂回弯曲，经几次蜕皮（蜕壳）后，各节就能伸展开来。新生的肢体，具原肢构造，只是整个形体比原来的肢体要细小。长成的附肢同样具有取食、运动和防御等功能。河蟹的

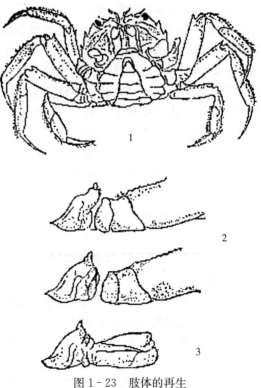

图 1-23 肢体的再生
1. 图中一对螯足及右侧一步足为再生中的肢体
2. 折断关节 3. 折断关节处长出的肢体

这种观象，称之为"再生"。附肢的再生，到"绿蟹"（性成熟）阶段就停止了。

河蟹的"自切与再生"现象，是一种自卫的方式。当附肢受到伤害，自知力不能敌危及生命时，便自行断落而逃逸。

六、蜕壳与生长

河蟹的生长总是伴随幼体的蜕皮，幼蟹和成蟹的蜕壳而进行的。形体的增大和形态的改变，都必须经过蜕皮、蜕壳才能完成。溞状幼体须经 5 次蜕皮方能变为大眼幼体，大眼幼体再经蜕皮，成为幼蟹，而幼蟹要长成大蟹，又要经过多次蜕壳。所以蜕皮、蜕壳对河蟹的生长是很有意义的。

河蟹在溞状幼体阶段，个体生长发育较快，通常 3～5 天就可以蜕皮变态一次，而每次完成蜕皮的时间比较短暂，大约只有几秒钟左右。溞状幼体在蜕去旧皮之前，柔软的新皮早已在老皮下面形成了。在蜕皮时，先是体液浓度增加，新体与旧皮分离，在头胸甲的后缘与腹部交界处发生裂缝，新体就从裂缝中蜕出。在蜕皮时，通过身体各部肌肉的收缩，腹部首先蜕出，继而是头胸部及其附肢。刚蜕皮的幼体，身体柔软透明，附肢上着生的刚毛，尤其是颚足末端的羽状刚毛，由并拢状态舒展伸张，幼体即能游泳自如。溞状幼体常常是侧卧水底，或浮游于水体中完成蜕皮。

大眼幼体的蜕皮过程，与溞状体相同，各部顺序也是腹部先蜕。蜕皮时，腹部先从原皮壳中蜕出并收折在头胸部的腹面，使原先的腹部仅成为一空皮壳而已。因此，当发现后期的大眼幼体只能作爬行、丧失游泳能力时，就能识别出这是行将蜕皮变成幼蟹的大眼幼体了。

溞状幼体和大眼幼体的蜕皮，必须借助解剖放大镜才能看清楚。幼蟹的蜕壳，也因其个体较小，肉眼难以观察到，人们比较容易看到的是大蟹的蜕壳。

河蟹要蜕壳时，常选择比较安静而可隐蔽的地方，通常潜伏在有水草的浅水里。水深对河蟹蜕壳影响很大，深水处，水压大，妨碍河蟹蜕壳；浅水处，水压小，有利于河蟹蜕壳。河蟹蜕壳时，首先是沿头胸甲后缘与腹部交界的地方张裂开来，裂口宽度 2～3 毫米，透过裂口内的一层透明的薄膜，可以看到体内的肠管和黄色的肝脏。另外在头胸甲的两前侧部分的侧板线处，也出现裂痕。这是蜕壳前的征候。接着旧头胸甲与躯体之间的裂口明显扩大，裂缝可一下增大到 0.5 厘米以上，接着从裂缝处露出黑色的柔软新体（图 1-24）。这一现象的出现，预示数小时之内，就会蜕壳。这一阶段，河蟹仍能爬动。同时，身体各部如眼睛、触角和足也能继续活动。有时用胸足的爪尖着地，抬高躯体，或者步足不规则地伸举活动，显得不安静。

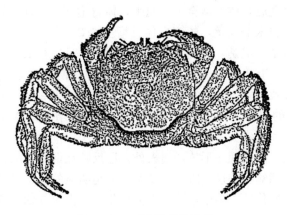

图 1-24　正在蜕壳的河蟹

继新体从旧壳吐露之后，蟹开始静伏不动，两只螯足平放于额前口器之下；第 1 对步足伸向前端，爪尖着地，余足平放，眼柄高举，姿态端正。新体在旧壳内通过各部肌肉的收缩，头胸部不断向后上方抬高和退缩，两侧肢体不断摆动，并向中间收缩，使末对步足先获自由。继而腹部退出，唯螯足因各节粗细悬殊而最后出壳。蜕壳后，皱折在旧壳里的新体舒展开来，体形随之增大，蜕壳才告完毕。这一段静伏不动的蜕壳过程，是紧凑而短促的，全程不到 5 分钟。蜕下的旧壳完整无缺，粗看时真假难分。蜕壳后的新体，体黑，螯足绒毛粉红色，头胸甲后缘的裂口封闭，眼柄高举，颚足和触角活动如常，步足能缓慢爬行。刚蜕壳的河蟹通体柔软，活动能力较弱，无摄食和防御能力，俗称软壳蟹。但是随时间的推移，皮膜状的新壳逐渐硬化，24 小时以后就能达到一定的硬度，蟹也恢复体力，开始正常活动。

河蟹蜕壳，不仅蜕去坚硬的外壳，它的胃、鳃、前肠、后肠及三角膜等也都一一蜕去旧皮，甚至连"胃磨"中的 3 块齿板和栉状骨也都去旧更新。鳃的蜕皮是伴随胸足的蜕壳而一起进行的，鳃的旧皮从新体的头胸甲的两侧鳃腔外缘掀开处被拉出，然后新体的头胸甲再封闭鳃腔。此外，蟹体上的刚毛均随旧壳一起蜕去，新毛由新体长出，与旧体毛无关。

河蟹蜕壳所需的时间，不尽一致。个体幼小，蜕壳相对地快，一般约数分钟到半小时左右。在蜕壳过程中，如遇干旱或受到惊扰，蜕壳时间就会延长。就其蜕壳本身来说，也会遇到障碍，如果躯体内缺少蜕皮激素或钙质，或河蟹体质弱，偶尔也有一、二只肢体蜕不下旧壳，旧壳仍然缠在新的肢体上。蜕壳时如遇有蟹类或其他动物的攻击，常会有生命危险。所以每蜕壳一次，也是河蟹渡过一次生命大关。

河蟹每蜕壳一次，体形有显著的增大。例如一只体长 2.5 厘米、体宽 2.8 厘米的小蟹，蜕壳后，体长增至 3.4 厘米，体宽增至 3.5 厘米；一只体长 5.2 厘米、体宽 5.6 厘米的大蟹，蜕壳后体长增至 6.2 厘米，体宽增至 6.5 厘米，长宽增加近 1 厘米。但是，环境条件的优劣，尤其是饵料情况的不同，对河蟹的生长影响很大。有人曾做过这样一个试验，即在两只缸中，分别饲养两群蟹，一只缸里投喂饵料，一只缸里则不投。饲养一年半后，投饵的平均体重达 150 克，不投饵的仅有 25 克。可见，蜕壳后体形的增加幅度与环境条件，特别与饵料的多少和优劣关系极大。

河蟹的蜕壳，除表现在形体的增大外，还反映在形态上的变化。由溞状幼体经过大眼幼体到幼蟹的这一阶段，变态过程是明显的。虽然溞状幼体的几个时期除一些附肢变化外，整个形体无多大变化，但由第 5 期溞状幼体蜕化为大眼幼体，两者形态上差异很大，而由大眼幼体蜕壳而成的幼蟹，腹部折贴于头胸部之下，形态上显然不同于前者。幼蟹虽和大蟹相似，但要长成大蟹，除不断增大体形外，在形态上还要发生一系列的变化。

（1）刚蜕变的幼蟹，体长大于体宽。这与大蟹在形态上是个很大的区别。随着生长，体宽增加的幅度比体长的增加要大。而在 1 厘米以上的个体，其宽度已大于其长度。

（2）幼蟹背甲的前缘，原先只有中央一个凹陷，以后这个凹陷逐渐加深，并在凹陷的两侧又各生一个凹陷。这样 3 个凹陷就形成了 4 个额齿。

（3）幼蟹的腹部原都是狭长的三角形，在外形上难以识别雌雄。在生长过程中，雌蟹腹部逐渐加宽变圆，而雄蟹仍保持着三角形的腹部。

（4）幼蟹螯足的内外均无绒毛。当长至 1 厘米左右时，外面开始着生绒毛。雄蟹长到 2 厘米，雌蟹长到 2～3 厘米时，就生出内面的绒毛。

（5）幼蟹的头胸甲略呈方形，比较平坦。随后渐成梯形，并出现凹陷和隆起。此外，蟹的壳色也由浅变深，感觉毛由多变少。

当蟹长至 5 厘米左右时，体重约为 50～70 克。此时的蟹壳带黄，即所谓的"黄蟹"。雄蟹步足的刚毛比较稀疏，雌蟹的腹部尚未长全，还不能覆盖头胸部的腹面。"黄蟹"蜕壳后变为"绿蟹"时，体长 6～7 厘米，体重约 100～200 克，壳色变绿。雌蟹腹部可覆盖整个头胸甲腹面，且腹部四周密生黑色绒毛，腹肢的刚毛变得长而稠密。雄蟹的步足刚毛粗而发达，螯足绒毛丛生。此时的河蟹肉质满实，蟹黄、脂肪和卵巢等肥厚，体质健壮，色香味最浓，包装、运输中极少死亡。河蟹进入"绿蟹"时期就不会再蜕壳了，它在近海完成繁殖后代的使命后，身体迅速走向衰老，随即死亡。因此，一般认为河蟹的寿命不过 2～3 年。

第五节　生殖习性

一、河蟹的生殖洄游习性

河蟹是浅海里生、淡水中长的洄游性水生动物。古书《蟹谱》记载"蟹至秋冬之交即自江顺流归诸海……"，精辟地指出了河蟹生殖洄游的规律。自大眼幼体进入淡水开始，就在江河、湖泊、水库、沟塘、稻田、沼泽等地定居，生长发育长大。河蟹通常在淡水水域中生长两个秋龄，就可达到性成熟。靠近沿海一带，由于近海水质刺激，性腺发育快，当年秋季也可达到性成熟。当河蟹达到性成熟后，便游回至它的老家——河口浅海中去，进行交配、产卵、孵化，并过渡到它的幼体阶段。我们把河蟹的这次洄游称之为生殖洄游。

每年"霜降"前后，生活在淡水中的河蟹性腺逐渐成熟。在生殖洄游前，多半过着穴居生活，或隐蔽于石砾间隙和水草之下。此时河蟹壳色浅，称"黄壳蟹"。以后再次蜕壳，壳色变绿，称之为"绿壳蟹"，标志河蟹已达性成熟年龄。在长江下游地区 9～11 月，河蟹生殖洄游开始，并在"霜降"前后达高峰。

河蟹的生殖洄游，构成渔业生产上一年一度的蟹汛。长期以来，崇明、温州、盐城等地的海边渔民，习惯在蟹汛旺发季节，即"霜降"前后进行捕捞。

蟹苗，即大眼幼体由河口溯江而上，洄游至各种淡水水体中，如江、湖、水库、塘、稻田等，摄食生长，称为河蟹的索饵洄游。河蟹的索饵洄游，构成渔业生产上一年一度的蟹苗汛。

通过生殖洄游和索饵洄游，河蟹一代代延续下来。由于沿江、沿海、沿湖主要入口处修建了闸坝，隔断了河蟹的洄游道路，大量蟹苗被阻在闸外，不能进入淡水生长，造成我国蟹苗资源逐渐减少，产量显著下降，有些盛产河蟹的大型湖泊和产区甚至濒临绝迹。

二、性腺发育

河蟹在"黄蟹"变"绿蟹"之前，雌蟹的卵巢很小，雄蟹的精巢为幼稚型。在"黄蟹"蜕壳成"绿蟹"后，也就是每年寒露至立冬（10 月上旬至 11 月上旬），河蟹开始生殖洄游，这一阶段性腺发育迅速，变化显著，性腺已临成熟。立冬之后，性腺发育成熟，此时河蟹经交配，不久雌蟹即可产卵。但是，性已成熟的河蟹，如果产卵的外界条件如水分、盐度、水温、雌雄性比等得不到满足，卵巢会逐渐退化。

河蟹在未达产卵场前只能达到"生长成熟"。生理成熟只有在盐度足够的咸淡水的刺激下方能完成。

（一）性腺的基本形态

1. 雄性生殖器官 精巢一对，经组织切片观察，精巢外包精巢包膜，其内散布着许多所谓壶腹的结构，其间是结缔组织的填充物。壶腹是产生精荚的处所，因此在每个壶腹内常常存在着许多不同发育阶段的精荚，精荚椭圆形，内贮存很多精子，但在精荚内通常看不到成熟而游动状态的精子。

精巢下方为左右二条细小的输精细管，前端细而盘曲，后端逐渐膨大，构成S形弯曲的射精管。射精管白色，其横切面的显微观察大约有三层组织，外层为扁平上皮组织，中间为一层特厚的平滑肌，内层为柱状细胞，管内常充满由精巢输送而来的精荚及副性腺分泌的黏稠物质。至于射精管的内壁是否能分泌黏液，目前尚不清楚。射精管后端在三角膜的下内侧与副性腺的开口汇合。

在黄蟹阶段副性腺常常是一个不大的膨大突起，以后随着性腺的发育，副性腺迅速膨大最后占满了整个头胸甲后方的大部分空间。副性腺树枝状分叉，末端为盲管，管壁的构造大体和射精管相同，在外层扁平的表皮细胞和中层的平滑肌细胞里面，有一层柱状的腺体细胞分泌黏稠的液体。从副性腺内充满黏液及埋藏精荚看来，它是分泌黏液及贮藏精荚的处所。射精管在副性腺以下的一段管径较小，它穿过肌肉，开口在胸板第7节的外侧，开孔上有一角质突起，长约0.5～1厘米的阴茎沿着此角质突起外伸，交配时阴茎能膨大，伸入第1交接器基部的开孔，精荚经交接器末端而入雌蟹的纳精囊。

雄蟹的交接器由2对腹肢构成，第1交接器较大，由第1腹节伸出，为一中空的细管，基部开口较大，分两部分，各与阴茎及第2交接器联络，靠外侧的一部分与阴茎相连，周围盖有密生羽状刚毛的瓣膜，内侧的一部分为第2交接器伸入之处。第2交接器较小，长度为第1交接器的1/4～1/5，是一实心的棍状物，但末端一段为柔软的皮膜部分，上具细毛几根至十余根。第2交接器的基部膨大，周围密生羽状刚毛。

2. 雌性生殖器官 卵巢1对，初为白色或浅红色，随着性腺的成熟最后呈深咖啡色。经卵巢组织切片观察，增生卵母细胞的发生上皮，大约贯穿于各叶卵巢的中央部位。而在切片上看到的是一条生卵带，位于这一部分的卵母细胞显得特别小，而远离这一部分的外层卵母细胞则逐渐长大，即最后在靠近卵巢包膜处的卵母细胞发育最早。因此，在卵巢各个部位的切片上，常常同时存在着几个不同时相的卵母细胞。卵巢发育的期数是由占优势的卵母细胞确定的。

（二）性腺发育的形态学特征

1. 性腺发育的分期

第Ⅰ期：卵巢呈乳白色或略带淡红，体积小，虽可区分雌、雄，但肉眼不能辨认卵粒。成熟系数为 0.35%～0.67%。卵巢经组织切片观察，卵母细胞椭圆形或多边形，排列疏松，直径 35～43 微米。细胞质的着色比核深，细胞核大，约占整个卵母细胞的 1/3～2/5，为 11～15 微米。核内有核仁数个，其中较大的核仁 1～3 个。卵母细胞为小生长时期，无卵黄粒出现。

第Ⅱ期：卵母细胞开始进入大生长期，卵巢成浅红色，肉眼已能辨认卵粒。生殖腺比前期增大，成熟系数为 0.67%～1.34%。在卵巢经组织切片观察时，卵母细胞圆形或亚圆形，直径 75～87.5 微米。细胞核的着色仍比细胞质浅，核径 25～30 微米，比前期约大 1 倍，内具核仁 6～22 个，排列在卵核的周围，具滤泡层。后期的卵母细胞在边缘开始出现卵黄粒。本期卵巢仍有一定数量的小生长期卵母细胞存在。

第Ⅲ期：此期卵巢的历时较短，一般 10 余天至 20 天左右。刚蜕壳后不久的绿蟹多为此时相的卵母细胞。

第Ⅳ期：卵巢迅速膨大，重量接近肝脏，最后可超过肝脏。至本期末生殖腺已占满整个头胸甲，成熟系数 1.5%～15.2%。由于卵黄粒的充实，卵巢外观为橘红色、深咖啡色或绛紫色，细胞直径 112～375 微米，核的生长已终止，仍为 25～30 微米。自本期卵母细胞起，由于卵黄粒不易着色，所以核的着色较深，具滤泡层，但层数不易分辨。这一卵巢的发育时相历时较长，一般说自 10 月中旬起可持续到年底，约 60～100 天。接着卵母细胞处在一个休止的时期，在这段时间内雌蟹均可接受交配、受精和产卵。这段时间就个体来说大约 1～2 个月，就群体来说约为 2～3 个月。因此在自然界交配、产卵的集中时间为 1～3 个月。本期卵巢分为初、中、末三期。

第Ⅳ期初：细胞直径 112～138 微米，卵黄粒细小，并最初出现在卵母细胞的周边部分，细胞核仍位于卵母细胞的中心，成熟系数 1.5%～4.0%。

第Ⅳ期中：细胞直径 165～212 微米，卵黄粒出现于整个卵母细胞中，但以边缘较大，最大可达 12～15 微米，约为核径的 2/5～1/2。细胞核周围的卵黄粒仍较小，细胞核仍居中央，成熟系数 4.5%～8.6%。

第Ⅳ期末：卵母细胞直径 250～375 微米，卵黄粒大而充实整个卵母细胞，细胞核向动物极偏移，成熟系数 10.1%～15.2%。

第Ⅴ期：为正在排卵、受精的卵巢发育时相。肉眼观察时，卵子流动，而卵张力降低，卵巢内富有卵巢液，卵子色泽、大小同Ⅳ期末卵母细胞时相。卵径 262～370 微米，成熟系数 14%～16%，经切片观察卵母细胞的卵黄粒大。

第Ⅵ期：为产卵后的卵巢时相，此时生殖腺已萎缩，卵巢一部分呈橘黄色，另一部分乳白色，成熟系数 1%～2.1%。经组织切片观察，卵巢乳白色部分为第Ⅰ至第Ⅱ时相卵巢，卵母细胞排列疏松。橘黄色部分为成熟而未排出的卵母细胞，其内充实卵黄粒，核偏向动物极。形态基本上和第Ⅳ期末时的卵母细胞接近。在自然界，亲蟹产卵后不久即相继死亡。

2. 性周期 每年6～7月间溯江而上的大眼幼体，一经蜕皮后即成幼蟹，至少在前期，幼蟹大约每隔5～7天可蜕壳一次，以后随着个体的长大，蜕壳次数逐渐减慢。一般情况下至第2年初春，幼蟹可长至25～50克（营养条件较好时，当年可长到50～75克）。此时卵巢处在第Ⅰ期，精巢处在幼稚型状态。经14～15个月后，大约到同年的8～9月，幼蟹大体已长至75～100克，当地渔民习惯称呼这种蟹为黄蟹。黄蟹的性腺发育经切片观察大多为第Ⅱ期。

黄蟹蜕壳变成绿蟹的集中时间在白露前后。河蟹当一经蜕壳成绿蟹后，形态显著变化：雄蟹雄姿勃勃，足刚毛发达；雌蟹则腹部长全，可覆盖整个胸板，同时腹脐周缘密生细毛。因此，黄蟹蜕壳成绿蟹的上述变化可看作是第二性征的出现，象征着河蟹已开始进入青春期，从而迅速地向成蟹发展。此期的卵巢组织经切片观察多为第Ⅲ期，在时间上大约为9月中旬至10月上旬。由于第Ⅲ期卵巢的历时较短，所以至10月中旬起，在江、浙、沪等地，河蟹性腺发育已进入第Ⅳ期。这一时相一直可持续到第2年1月。接着卵母细胞经过一个阶段的休止，以后在咸淡水的刺激下，性腺进入生理成熟阶段。在这一阶段中均可接受交配受精，因此在自然界多数河蟹的交配旺季在1～3月。3月下旬以后河蟹性腺过度成熟，虽经交配，但常常未能达到预期的结果。同时即使在受精抱卵后，也较难得到发育良好的后代。

雌、雄亲蟹经交配抱卵数月（2～4月）后，在4月底5月初水温17～22℃时孵出溞状幼体，此时新的一代开始，而老一代的亲体则背甲附着海苔藓虫和薮枝螅之类，且腹部常为蟹奴所寄生，在6～7月间相继死亡。因此在自然界，河蟹的实足寿命为2周年。

（三）生殖细胞的形态学特征 众所周知，典型的精子由头部、颈部中段和尾部组成，但甲壳纲中的雄性生殖细胞则以具奇怪的非典型精子而闻名动物界。例如，龙虾、铠甲虾、螯虾的精子则具有3个或更多的原生质刺突起，而缺少鞭毛状的尾部。

河蟹的精子呈图钉形，在1 000倍的油镜下观察可清楚辨认圆盘状的头部及细长的尾部，但对其微细结构尚未明了。根据对4个精子的测量结果，精子全长7.5～8微米，其中头部长3～3.3微米，宽4.8～5.2微米，尾部长4.5～5.2微米。河蟹的精子除上述形态外，部分精子呈蘑菇状或外面包围着椭圆形的包膜，包膜长7.5～8.5微米。但这是否为正在形成过程中的精子尚难定论。

河蟹的卵子呈紫酱色，圆形或亚圆形，长略大于宽，为0.38～0.42毫米×0.36～0.39毫米。在形态上与一般动物的卵子并无多大区别。卵子外包两层卵膜。内层为卵黄膜，系初级卵膜，当卵子还在生殖腺里时就已成形。外层卵膜可能系卵巢营养性细胞所分泌而形成的，是外源的物质。但看来只有在卵母细胞进入成熟期后才形成这层外膜。这一点可以在测量卵径时得到证实。当对较早时相的卵巢进行卵母细胞的测量时，由于渗透压的调节不适当，卵子的直径往往逐渐增大（在低渗溶液中），但对交配后而未产出或已产出的卵球进行上述测量时，不论外界的盐度如何（如从淡水到盐度 1.7%）都不致产生上述那样直径的变更。显然次级卵膜起着防止单向扩散的渗透现象进行的功能。此外当受精卵在开始分裂前，卵球的收缩，次级卵膜再度明显出现。不过在使用光学显微镜时，通常由于折光的干扰，一般不能分辨出厚度极薄的卵膜层次。在卵黄膜内，成熟的卵充满卵黄粒，而细胞核偏向动物极。

蟹卵如何会附着到腹部刚毛上去？这是次级卵膜所作的贡献。蟹卵在接近排卵前期，由于卵巢液的分泌，使这种卵的卵黄膜外层涂上了第 2 层卵膜，它们经生殖孔排出体外时带有黏性，因此容易附着于雌蟹腹脐四对附肢的刚毛上。同时在卵子和刚毛的接触点上，由于卵球的重力作用，导致蟹卵产生卵柄，卵柄无极性，产生的部位是随机的，并非一定在刚毛的顶端，或卵球的某些极性上。卵柄的宽度从细线状直至宽带状，有的卵柄甚至还缠绕刚毛一周后再悬挂在刚毛上，最宽的卵柄宽度达卵球的 1/3。

十足目中大尾亚目的许多种类（如对虾）是体外受精的，但河蟹受精的瞬间究竟在体内还在体外，目前尚未找到答案。一般情况下河蟹的纳精囊内贮存的皆为精荚而非精子，但往往有许多亲蟹在临近排卵的前夕，纳精囊内除了精荚外还存在着从精荚中释放出来的精子；同时如果海水的刺激是精荚释放精子的理化因素，那么一方面既承认在高渗溶液中能交配排卵受精，但另一方面又不能不看到高渗溶液的渗透将会导致精荚萎缩的结果。因此对于这两种可能，是卵子在排出体外途径纳精囊时，在这里进行受精，还是卵子和精荚一并从生殖孔排出，精荚在海水的刺激下释放出精子，在体外进行受精，尚有进一步研究之必要。

精子何时入卵，在各种动物上并非一致。在鱼类上，精子的入卵在二次成熟分裂的中期，但随着动物的种类不同，有在第二次成熟分裂以后（海胆、海星）、第一次成熟分裂以前（马蛔虫）或第一次成熟分裂的中期（瓣鳃类）等。因此，河蟹精子何时入卵以及卵细胞的受精生物学过程如何，目前尚未明了。

三、交配、产卵

每年 12 月至第 2 年 3 月，为河蟹交配产卵盛期。

河蟹的交配，始由雄蟹主动追逐雌蟹，有时数只雄蟹经过搏斗、较量，优胜者才能用螯足钳住雌蟹的步足，并不时用其腹部与雌蟹摩擦，不久雌蟹便无反抗姿态，任凭雄蟹支配，最终发生"拥抱"（图1-25）。此时雌蟹打开腹脐，显露出一对雌孔，雄蟹将腹部按住雌蟹腹部内侧进行交配。

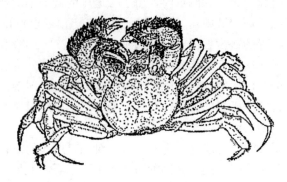

图1-25 河蟹交配情况

河蟹系硬壳交配，交配时间一般为数十分钟，也有短到几分钟便完成交配。雌、雄蟹都可以重复交配，甚至抱卵蟹也不例外。在淡水中可看到少数河蟹自行交配，但交配后不能产卵。

雌蟹经交配后，在水温为9～12℃时经7～16小时便开始产卵。受精卵有内、外两层卵膜，两膜间充满黏液。由雌蟹生殖孔产出的卵，先堆集于雌蟹的腹部，由腹肢内肢上的细长刚毛刺穿卵的外膜，膜内流出黏液，卵被黏附在刚毛上。然后外膜拉长，形成卵柄，这样整个卵群像一串串的葡萄（图1-26）。卵柄无极

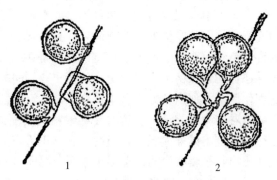

图1-26 卵黏附于刚毛上的情况
1. 刚黏附时的状况 2. 卵外膜拉长成卵柄

性，产生的部位是随机的，卵柄宽度从细线状直至宽带状。腹部携带卵的雌蟹，称为抱卵蟹或怀卵蟹。

雌蟹的抱卵量与体重呈极显著正相关。自然海区抱卵蟹与其体重、头胸甲宽有显著的直接关系，其回归方程分别为：$\hat{y}=0.273x+0.80$；$\hat{y}=6.68x-18.2$。当地购进交配的抱卵蟹与其体重、头胸甲宽亦有显著相关关系，其回归方程分别为：$\hat{y}=0.8x-28.2$；$\hat{y}=46.4x-215.9$。部分雌蟹在完成第1次产卵后，还可第2次甚至第3次怀卵。

海水的刺激、水体的溶氧和水温是雌蟹产卵和受精的必要的外界条件。盐度和温度过低，常常导致"滞产"现象发生，甚至使卵子成熟过度或亲蟹胀死，即使再提高盐度，往往也只是得到流产的雌蟹。

四、胚胎发育

精卵细胞的结合，奠定了生命发生的原基，以后胚胎沿着这颗生命的种子，发育壮大、生长定形。但这对人工繁殖工作者来说，还仅仅是走向胜利道路的第一步。河蟹由于早期幼体的培养较为困难，因此只有当个体发育进展到大眼幼体时，才算大功告成。

由于河蟹胚胎发育的时日较长，卵质的透明度又低，因此要想在仅仅几只怀卵蟹的卵子发育观察中，获得胚胎发育全部历程的缩影，几乎是不可能的。为此对下述河蟹这一内容的描述，是根据大量同一批交配卵的观察中，将其若干个发育片断衔接起来的基础上来完成的。

河蟹成熟的卵球经交配、受精抱卵后，通常在自然界的低温环境下，需经历一段休止的时间，以后在春光普照、大地回暖的季节才开始分裂，胚胎经卵分裂期、原肠期、中轴器官形成期等，最后破膜而出。在自然界，自受精后约2～4月孵出溞状幼体，大量孵出时的水温为17～22℃，时间在4月底至5月中。

河蟹的卵球受精后仍为绛紫色，黏性而具卵柄，卵径0.3～0.4毫米，卵子附着在雌蟹腹部附肢的刚毛上。河蟹的卵球内含大量卵黄，属端黄卵，具二层细胞膜，细胞核具极性，但进行不等时全裂的螺旋型分割。河蟹卵球这种类型的分裂，反映了它们在起源方面和环节动物有着密切而直接的联系。

当受精卵还处在低温状态的休止期时，此时卵球并无外观显著的变化，关于这一阶段卵球内在的生理变化，还有待研究。但当开始分裂前，卵细胞照例经过了一番改组，排出了废物。此时卵径反而较前缩小，并接着在动物极出现缢痕，不久即分裂成2个大小不等的分裂球。由于分裂是不等的，所以在显微观察下相继出现三细胞期、四细胞期、六细胞期、八细胞期。以后大约在进入32～64细胞期，此时分裂球的大小已不易区别，胚胎进入多细胞期，但胚胎整个直径仍比受精时略小。对于河蟹胚胎卵裂的结果，是否形成桑葚胚或是有腔的胚，还不清楚。

在经过一系列的卵裂以后，当这一细胞群式胚胎大约处在64～128细胞期时，胚胎出现一次明显的体积扩大过程，原先卵膜与分裂球之间的透明空隙为这一过程的进行所填充，继之胚胎出现原生质的流动，开始使胚胎在一个极面出现白色的透明区，从而与黄色的卵黄块区别开来。卵黄块占整个胚胎的绝大部分，此时可能伴随着原肠腔的出现，使胚体进入中轴器官形成期。在本阶段中，各个器官的形成过程是连续的，通常一个器官的形成尚未结束，随即而来的是另一个器官的出现。因此，对下述器官形成的描述或划分是以该一过程中相应器官的形成为主体作依据的。

在原肠期以后，接着白色的透明区逐渐扩大，以致从侧面观察胚胎呈现一新月形的透明带，以往曾把此一时期列入原肠期，但一般认为原肠期的出现应在更早阶段。经解剖，其实这一白色透明带为胚体部分，其内头胸部、腹部及附肢雏形已初步定形。以后胚胎就沿着溞状幼体发展。因此认为对短尾类的这种动物来说，是否在胚胎阶段确实存在无节幼体值得怀疑。本阶段卵黄团块状，约占整个胚胎的 $3/4 \sim 4/5$。胚胎无其他色素出现。稍后，胚体进入眼点期。此时在胚体头胸部前下方的两侧出现橘红色的眼点，扁条形，但复眼及视网膜色素尚未形成。同时胚体其他部分无色素，而团块状的卵黄仍占据着整个胚胎的 $1/2 \sim 2/3$。

以后橘红色的眼点色素加深，眼径扩大，边缘出现星芒状突起，复眼相继形成。同时在卵黄块的背方开始出现心脏原基，不久心脏开始缓慢跳动。此时卵黄呈蝴蝶状的一块，胚体进入心跳期。

继心脏开始跳动后不久，心跳频率逐渐加快，卵黄块缩小，同时在胚体的头胸部相继出现除复眼以外的色素，主要分布前头胸部的额、背两侧及口区，此即着生额刺、背刺、侧刺及组成口器甲壳质的原基。同时腹部的各节间相继出现黑色素，胚体进入原溞状幼体期，此时的胚体头胸部、腹部、体节、附肢、复眼及头部额刺、背刺和侧刺原基业已成形，最后在心脏跳动频率达 $150 \sim 170$ 次/分钟时，胚体借尾部的摆动，经背刺的穿刺即可破膜而出，孵成第 1 溞状幼体。出膜后的原溞状幼体，暂停留在雌蟹腹部。随着腹脐有节奏的扇动形成水流，原溞状幼体一批一批地释放到水中，开始自由生活（图 1-27）。

河蟹的原溞状幼体与第 1 期溞状幼体形态构造大体相同，两者区别为：①原溞状幼体仅存在背刺、额刺、侧刺的原基，一般尚未有背刺、额刺、侧刺的形成；②原溞状幼体体躯划分附肢形态及第 1、第 2 颚足末节的刚毛数虽同第 1 溞状幼体，但溞体柔软，体外尚未有甲壳质形成，同时 2 对颚足末的刚毛埋入附肢内，仅末端裸露在外。

河蟹胚胎发育的速度与水温、水中溶氧等因素有关。水温高、溶氧充足，发育快。当水温在 $10 \sim 18\,^{\circ}\mathrm{C}$ 时，受精卵发育可在 1～2 月内完成。温度在 $23 \sim 25\,^{\circ}\mathrm{C}$ 时，只需 14～15 天幼体就能孵化出膜。但在 $28\,^{\circ}\mathrm{C}$ 以上高温环境，容易造成死亡。此外，受精卵必须在海水中方能维持其正常的胚胎发育，若中途突然转入淡水环境，胚胎发育终止，直至死亡。

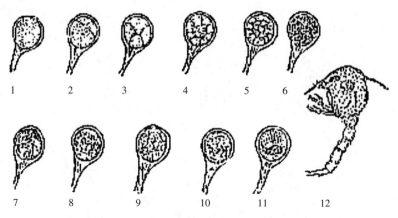

图 1-27　河蟹的胚胎发育过程及原溞状幼体

1. 受精卵　2. 2 细胞期　3. 4 细胞期　4. 10 细胞期　5. 多细胞期　6. 囊胚期
7. 原肠期　8. 眼点前期　9. 眼点出现　10. 心跳期　11. 胚体色素形成期　12. 原溞状幼体

五、幼体发育

河蟹幼体发育过程分为溞状幼体、大眼幼体和幼蟹 3 个阶段。

（一）**溞状幼体**　刚从卵孵化出的幼体，外形不像成体而略像水溞，故称溞状幼体。体略呈三角形，分头胸部和腹部两部分。头胸部背面有一背刺，前端腹面有一额刺，两侧中部各具一侧刺。前端有复眼 1 对，腹面有 2 对触角、1 对大颚、2 对小颚和 2 对颚足。腹部狭长，尾节分叉，称尾叉。身体布有色素粒。

溞状幼体直接由卵孵化出来，谓之早期溞状幼体即原溞状幼体，它们是在卵膜中度过的，但有时受不良环境的影响，提早出膜而成为发育不全的"早产个体"。

溞状幼体经 5 次蜕皮，进入大眼幼体。各期的溞状幼体，以第 1、第 2 颚足外肢羽状刚毛的数目、尾叉内侧刚毛的对数，以及胸腹肢的长短和形状作为分期的主要依据（图 1-28）。

第 1 溞状幼体：体长 1.6～1.8 毫米，皮壳透明，复眼无柄，不能活动。头胸甲的后下角约有 8 个小齿，排成锯齿状。腹部 6 节，第 2～4 节两侧各有一对侧刺，第 1 对弯向前方，后 2 对均弯向后方。第 2～5 节的后侧角呈刺状，覆盖着后一腹节的前侧角。尾叉里面有 3 对刺形羽状刚毛，每叉各分两节，末节内侧有排列成栉状的短毛。

第 1 触角短，圆柱形，末端有 3 根鞭状感觉毛。第 2 触角原肢延长，末半部具两行钩状刺，外肢三叉戟型，细小。大颚由切齿和臼齿组成，切齿有 5 个

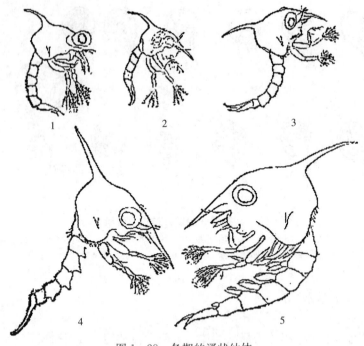

图 1-28　各期的溞状幼体
1. 第 1 期溞状幼体　2. 第 2 期溞状幼体
3. 第 3 期溞状幼体　4. 第 4 期溞状幼体
5. 第 5 期溞状幼体

小齿，侧面有 3 齿。第 1 小颚原肢 2 节，呈薄片状，底节与基节均生有硬刺毛。基节外缘有一丛细毛，内肢 2 节，第 1 节有 1 根刚毛，第 2 节有 4 根。第 2 小颚原肢 2 节，每节内侧各分 2 叶，每叶皆具硬刺毛。内肢也分 2 叶，每叶各有 2 根刚毛；外肢称颚舟片，外缘具 3 根羽状刚毛，顶端呈羽状。随着蜕皮次数的增多，羽状刚毛的数目也随之增加。第 1 颚足，原肢的基节内缘约有 10 根刚毛，内肢 5 节，各节的刚毛排列为 2、2、1、2、5。外肢 2 节，第 2 节末端有 4 根羽状刚毛。第 2 颚足原肢的基节内缘 4 根刚毛。内肢 3 节，各节的刚毛排列为 0、1、5；外肢 2 节，第 2 节末端有 4 根羽状刚毛。

　　第 2 溞状幼体：体长 2.1～2.3 毫米，眼有柄，能活动，头胸甲后下角有 11～12 个小齿。在该处伸出 5 根羽状刚毛，腹部的第 1 腹节背面中央生出 1 根短毛。

　　第 1 触角的鞭状感觉毛有 4 根。大颚齿部具 6 个小齿。第 1 小颚在基部外侧有一羽状刚毛，第 2 小颚的颚舟片外缘有 5 根羽状刚毛，顶端有 3 根，第 1 和第 2 颚足外肢第 2 节末端有 6 根羽状刚毛。

第 3 溞状幼体：体长 2.4～3.2 毫米，头胸甲后下角有 11～13 个小齿和 9～11 根羽状刚毛。腹部 7 节，第 6 腹节与尾节分开，第 1 腹节背面中部有 3 根短毛，尾叉内面中部有 4 对刺状羽状刚毛。

第 1 触角的感觉毛有 5 根，第 2 触角内肢雏形出现。大颚切齿部有大小齿 9 个，侧面有 4 齿，第 2 小颚的颚舟片外缘有 9 根羽状刚毛，顶端有 7 根，第 1 颚足内肢刚毛的排列为 2、2、2、2、5。第 1 和第 2 颚足的外肢，其末端有 8 根羽状刚毛，第 3 颚足和步足出现芽状小突起，腹肢出现雏芽。

第 4 溞状幼体：体长 3.5～3.9 毫米。头胸甲后下角具 17～18 个小齿和 12 根羽状刚毛。第 1 腹节背面具 5 根短刚毛，尾叉内面中部有刺形刚毛 4～5 对。第 1 触角鞭分为两束，有 6 根感觉毛，第 2 触角内肢延长呈叶状，约与外肢等长。大颚齿侧面为 5 齿，第 1 小颚在底节外缘有一根羽状刚毛。第 2 小颚的颚舟片，外缘和顶端的羽状刚毛连在一起，共 24～26 根。第 1 颚足内肢的刚毛排列为 2、2、2、2、6。第 1 和第 2 颚足外肢末端有 10 根羽状刚毛。第 2 颚足和步足延长，呈棒状。明显地露于头胸甲之外，腹肢延长，呈芽状。

第 5 溞状幼体：体长 4.5～5.2 毫米。头胸甲后下角有 18 个左右的小齿，并有许多羽状刚毛，尾叉内面中部有 5 对刺形刚毛。

第 1 触角鞭状感觉毛分为 3 行，排列为 2、2、4，内肢呈芽状突起。第 2 触角内肢分为 2 节，长于外肢，与原肢几乎等长。大颚切齿部有 10 个以上的小齿，触须呈棒状，不分节，也无刚毛。第 1 和第 2 颚足外肢末端具 12 根羽状刚毛，第 2 颚足内肢各节的刚毛排列为 0、1、6。第 3 颚足的原肢、内肢、外肢和上肢已能分辨。内肢 5 节，后 3 节已具刚毛。胸足发达，第 1 胸足呈钳状。第 2、第 3、第 4 对的指节腹缘，分别具 2、3、2 齿。第 5 对胸足指节的末端有 3 根不等长的刚毛。腹肢 5 对，1～4 对为双肢型，第 5 对为单肢型，缺内肢，各对腹肢的外肢均无刚毛，内肢无小钩。

（二）大眼幼体 第 5 期溞状幼体蜕皮后变为大眼幼体。大眼幼体因 1 对复眼着生于长长的眼柄末端，露出眼眶外而得名（图 1-29）。

大眼幼体体长 4.2 毫米左右。体形扁平，额缘内凹，额刺、背刺和两侧刺均已消失。第 1 触角已具成体时的基本形态。第 2 触角呈鞭状，11 节，末端具数根细长的感觉刚毛，3 对颚足和 3 对小颚、1 对大颚共 6 对附肢组成口器。胸足 5 对，第 1 对称螯足，其余称步足。第 1～3 对步足指节内侧具 3～4 个锯齿，第 4 对步足较细小，爪尖有 3 条不等长的钩状刚毛。腹部狭长，共 7 节，尾叉消失。5 对腹肢，第 1～4 对为强大的桨状游泳肢；第 5 对较小，贴在尾节下面，称尾肢，边缘具 13～14 根羽状刚毛。

大眼幼体具有强的趋弱光性和溯水性，对淡水水流敏感，已能适应在淡水中生活。幼体能爬善游。游泳时，步足崛起，腹部伸直，4 对游泳肢迅速划

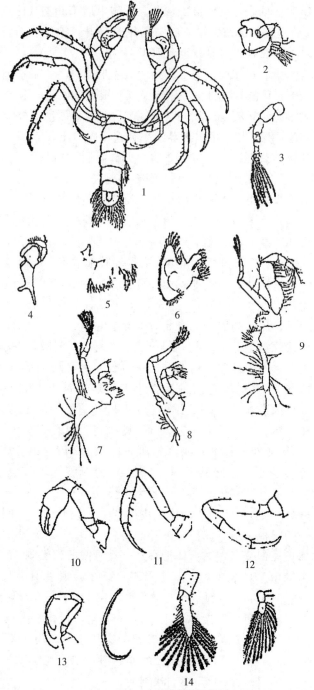

图 1-29　大眼幼体及附肢

1. 大眼幼体　2. 第 1 触角　3. 第 2 触角　4. 大颚　5. 第 1 小颚　6. 第 2 小颚　7. 第 1 颚足
8. 第 2 颚足　9. 第 3 颚足　10. 第 1 胸足　11. 第 2 胸足　12. 第 3 胸足　13. 第 5 胸足　14. 刚毛放大

动，尾肢刚毛快速颤动，行动十分敏捷。爬行时，腹部曲卷在头胸部下面，用5对胸足攀爬和行走。幼体食性杂、凶猛，在游泳行进中和静止时，都能用大螯捕捉食物。

（三）幼蟹　大眼幼体一次蜕皮变为第1期幼蟹（图1-30）。幼体呈椭圆形，背甲长2.9毫米，宽2.6毫米左右。额缘成为两个半圆形突起，腹部收贴在头胸部下面，这一部位俗称蟹脐。腹肢在雌、雄个体已分化，雌性腹肢共4对，双肢型；雄性腹肢特化为两对交接器。5对胸足已具备成蟹时的形态。幼蟹用步足爬行和游泳，开始打洞穴居。

第1期幼蟹经5天左右开始第1次蜕壳，此后每隔5天蜕壳1次，个体不断增大，体形渐成近方形，宽略大于长，额缘逐渐演变出4个额齿而长成大蟹的外形。

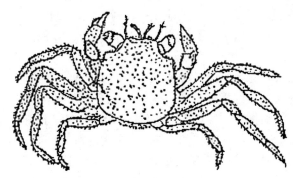

图1-30　大眼幼体蜕变的幼蟹

幼蟹的生长直接与水温、饵料等环境因素有关。条件适宜，饵料丰富，水温高，生长就快，蜕壳频率就高，反之则慢。

第六节　营养与经济价值

螃蟹在我国沿海有许多著名的产地，历来以阳澄湖和太湖出产的最为著名。据《太湖备考》载："出太湖者，大而色黄、壳坚，胜于他产，冬日益肥美。谓之十月雄。"出阳澄湖者，壳青脚红，名金爪蟹，阳澄湖蟹，以青背白肚，螯爪硬朗著称，素有"蟹中之王"的美誉。太湖蟹以个大肉紧，油足黄多称雄市场，因此人们比喻前者是"闺阁佳秀"，后者是"彪悍健儿"。

每年秋冬之交，二龄性腺成熟的螃蟹，就进行生殖洄游，成群结队，顺流东下，直到江海交界的浅海中，生育繁殖，了此一生。来年初夏，孵出的蟹苗，逆流而上，返回内陆淡水湖港安家落户，经过多次蜕壳，第二年又长成大蟹。

"西风响，蟹脚痒"，金菊绽开，正是捕蟹的黄金时期。渔民们利用螃蟹生殖洄游筑簖捕捉，张网拦捕，昼夜捕捉，有的渔民一季蟹汛的收入要超过全年渔业收入的一半。"秋尽江南蟹正肥"，中秋以后，螃蟹性腺成熟。历来吃蟹有"九雌十雄"的习惯，这时螃蟹，油足肉紧，煮熟后雌的壳内呈现橘红色的"蟹黄"，雄的呈现半透明乳白色的"蟹膏"。用蟹肉做成的菜肴，成了各大菜馆的应时名菜，用蟹黄做的馒头，更是脍炙人口的江南名点。"蟹味上桌百味淡"，很多外宾来苏州时，吃了还想吃。螃蟹还可以加工制成蟹干、蟹酱、蟹糊、蟹油和腌蟹、糟蟹、醉蟹等。

河蟹营养特别丰富，据测定，每 100 克蟹肉中含热量 139 千卡，是鲫鱼的 2.2 倍，为一般水产品之冠；碳水化合物 7 克，是鲫鱼的 70 倍；脂肪 5.9 克，是鲫鱼的 5.4 倍；蛋白质 14 克，也高于鲫鱼；维生素 A 高达 5 960IU，是对虾的 16.5 倍，鲤鱼的 42.6 倍；其他如钙、磷、铁、核黄素、硫胺素、尼克酸的含量，均比其他鱼类高。蟹还可入药，有散淤、续筋、接骨及抗结核的功能。

吃蟹既是品尝佳味，又是一种艺术享受，历代文人为之吟诗、著文、绘画甚多。曹雪芹的名著《红楼梦》中，描写大观园中食蟹吟诗的热闹情景，"持蟹更喜桂阴凉，泼醋擂姜兴欲狂"。逼真地道出了吃蟹的最好季节和方法。

一只河蟹可食部分约占整体的 1/3，其余大部分为蟹壳，过去常被废弃为垃圾。于今工业发达，蟹壳可做成胶体溶液，用于纺织印染、人造纤维、造纸、木材加工、塑料等工业，而且还可用于医药、调味等方面。同时又是畜禽的高级精饲料，已成为一种很有前途的工业原料。

第七节　资源利用概况

一、资源的波动与恢复

河蟹在我国分布很广，北自辽宁、南到福建的沿海诸省，凡是通海的江河均有出产。它又是一种洄游性的甲壳动物，在淡水里觅食成长，在咸淡水交接的河口附近繁衍后代。因此，河蟹的分布不只在通海的江河，凡是与江河相通的湖泊，以至沟渠、水田都有它们的踪迹，可以上溯到百里、千里。历来是沿海、沿湖农渔民在秋冬之后的一项重要副业，它的产量在我国水产品中占有一定的比例。

我国的螃蟹野生资源曾十分丰富，甚至成灾。清朝孙之绿的《蟹录》中就曾有过记载："元成宗大德丁未，吴中蟹厄如蝗，平田皆满，稻谷皆尽，蟹之害稻，自古为然"。可见在六百年前，螃蟹野生资源相当丰富，不但遍布于江湖，而且拥入稻田。然而 20 世纪以来，尤其是近几十年间，许多人为的因素严重地破坏了生态环境和生态平衡，其资源量锐减，以至于不能形成自然产量。河蟹资源之丰歉，受水域环境、水质理化因子以及捕捞强度等种种因素的制约。20 世纪 50 年代中期以后，随着水利事业的发展，沿海、沿江湖泊相继建闸筑坝，隔断了河蟹的洄游通道，河蟹幼体不能入湖觅食，亲蟹不能降河繁殖，加之，工业有毒物质和农药污染水域，使河蟹自然资源遭到了严重破坏，产量连年下降。到了 60 年代，捕蟹业已面临崩溃。如安徽的巢湖，1952 年产螃蟹数万千克，而建闸后的 60 年代已难以发现其踪迹，远离长江的沿淮湖泊中更是绝迹。如江苏省是我国河蟹的主要产区，1956 年全省生产成蟹 6 000 多吨。自各湖先后建闸后，1959 年降到 4 650 吨，1966 年又降到 1 700 吨，1968 年只产了 500 吨。昆山县 1951 年产蟹 110 多吨，1961 年降到 16 吨。浙江嘉兴地区最高年产 500 吨以上，1967 年降到 55 吨。滁县地区是安徽省河蟹的主要产区，自沿江各湖建闸后，到 60 年代末期已近绝迹。望江县武昌湖最高年产 50 多吨，1958 年建闸后已很少捕获。河北省白洋淀是北方的主要产区，历史最高年产量达 1 000 多吨，自修了枣林大闸，与海河隔断，河蟹几乎绝迹，如著名的胜芳螃蟹，1958 年产量 312 吨，1963 年降到 5 吨上下。天津北塘（永定新河的河口）1956 年仅收购量即达 260 吨，自海河、潮白河建闸后，1963 年降到不足 3 吨。此后，蓟运河又建了新闸，到 1973 年仅收购到 2 千克。辽河流域的主产区盘山县由于受海况的变化和工业污染，蟹苗产量不稳定，成蟹产量也是时高时低，1950 年产蟹 472 吨，1960 年 720 吨，1970 年降到 270 吨，1980 年又恢复到 604 吨，1983 年只产 320 吨。

为增殖河蟹资源，水产科学工作者在 20 世纪 60 年代起就开始了对河蟹的调查研究工作，首先是调查了蟹苗资源，在调查的基础上采取采捕天然蟹苗进行人工放流，和对有条件纳苗的湖泊在产苗季节进行开闸灌江。1960 年浙江省绍兴县三江渔业队采天然苗向新安江水库放流；1964 年苏州地区水产研究所在浏河闸开闸后向太湖灌江；1966 年长江水产研究所，太湖湖管会等单位采天然苗向东太湖放流；1967 年浙江嘉兴地区到崇明采苗放流。这些单位经过几年的试验，都取得了一定的成效。从此，增殖措施很快地推广开来。1969 年江苏省在九大湖泊全面开展增殖放流，上海、浙江、安徽、湖北、河北等省、直辖市也先后兴起。目前，全国已有 25 个省、自治区、直辖市开展了增殖放流。通过开展增殖放流，全国螃蟹产量由 1991 年的 8 400 吨，猛增至 2000 年的 23.2 万吨，2002 年为 34 万吨，2004 年达到 41.5 万吨。从 2000 年起，螃蟹产量平均年递增率超过 20%，螃蟹已成为我国近几年水产养殖的热点之一，形成了以江苏、辽宁为代表的长江水系与辽河水系的两个优势产业带，一南一北，遥相呼应的产业格局。据统计，2004

年江苏全省螃蟹养殖面积超过 330 万亩，占全省淡水养殖总面积的 34.81%；全年螃蟹养殖产量达到 22.56 万吨，年产值超 100 亿元，占江苏全省渔业年总产值的 40%左右，占全国螃蟹年总产量和总产值的 50%以上。目前，江苏省螃蟹养殖面积已发展到 400 多万亩，产量占全国螃蟹总产量 50%以上，成为中国第一蟹业大省。

二、养殖现状

（一）养殖区域不断扩大 我国河蟹养殖起始于 20 世纪 80 年代，经过 30 多年的发展，从最初的资源放流型养殖到目前的集约化高密度精养，从分散型向地域集约化发展，除黑龙江、青海、西藏等少数地域发展缓慢外，南到福建、广东，北至辽宁、山东、河北等地都有河蟹的养殖，已形成了以太湖、洞庭湖、洪泽湖、鄱阳湖、巢湖、阳澄湖等大中湖泊为基地，辽河、长江、闽江为产业带的区域集约化规模化养殖格局。目前全国已有 20 多个省、自治区、直辖市开展了河蟹养殖，面积达 500 多万亩，其中江苏养殖 400 多万亩。江苏省 2003 年河蟹养殖面积 320 万亩，产量 24 万吨，产值达 84 亿元；辽宁省养蟹面积 146 万亩，仅盘山县养殖面积就达 47 万亩。安徽、江西、湖南、湖北等地规模化养殖的发展速度也很快。

（二）养殖产量迅速增加 据统计，1990 年全国河蟹产量为 4 800 吨，2000 年河蟹产量约 23 万吨，2003 年为 40 万吨，2004 年达到 47 万吨左右，年递增率约 24.6%。目前河蟹已成为我国淡水养殖的主要品种之一。

（三）养殖方式多样化 主要有池塘精养、围栏养殖、中小水面粗养及稻田养殖、池塘混养等形式。河蟹池塘精养从 1980 年开始小面积试验，1985 年全国有 3 000 多亩，一般亩产 80 千克左右，至 1998 年江苏池塘养蟹 62 万亩，安徽 18 万亩，亩产高的可达 150 千克。大水面围栏和中小水面粗养主要分布在长江中下游地区的苏、皖、赣、浙、湘、鄂及北方地区的鲁、冀等省。稻田养蟹具有投入少、见效快的特点，主要集中在苏、辽、冀等省。

（四）河蟹生态养殖已成共识 渔业生态环境的好坏直接影响水产品品质的好坏，改善和保护渔业环境是河蟹健康养殖和提高河蟹品质的基础，各地渔业主管部门和行业协会都十分重视营造绿色生态环境，积极提倡种草养殖、仿野生养殖、健康养殖等多种科学养殖模式，加大对河蟹养殖水域环境的维护力度，组织和实施无公害标准化养殖，为广大消费者提供放心满意的绿色产品。随着渔业部门对养殖方式不断的优化，在药物使用和控制方面，水产业从初期的推广使用各种渔药，发展到现在的符合无公害标准的限制用药甚至不使用渔药阶段。江苏省十大湖泊及各养殖基地都推行种植水草、放养螺蚬的生态养殖法，大幅度提升了河蟹的品质和产量，几年来已培育出国家认定的无公害优质河蟹品牌 105 个。

（五）人工育苗技术成熟 20 世纪 70 年代到 80 年代初，经过十几年的努力，天然海水人工育苗和半咸水人工育苗技术相继成功，改变了蟹苗依靠天然资源的被动局面。1990 年全国河蟹人工育苗量为 0.12 万千克，1995 年 5.19 万千克。1999 年达到 21.4 万千克，9 年间增长了 177.3 倍。1999 年育苗产量较高的省有：江苏 10.1 万千克，辽宁 4.1 万千克，河北 3.1 万千克，山东 2.4 万千克，海南 0.56 万千克，浙江 0.51 万千克，天津 0.38 万千克，安徽 0.11 万千克。2008 年江苏蟹苗产量达 65 万千克，其中工厂化人工育苗 10 万千克，土池生态育苗 55 万千克，成为全国主要的蟹苗产区。

（六）发挥资源优势，做强河蟹产业 河蟹是淡水中生长、海水中繁殖的水生动物，一直以来多在沿海省份进行养殖生产。现在随着人工育苗和养殖技术的发展，河蟹苗种产区以其资源优势及成熟的养殖技术向具有湖泊资源的地区延伸，促成了我国河蟹产区的扩大和产量的大幅度提高。如上海市以崇明岛优质蟹种与岛外丰富的湖泊资源联手，形成岛内培育蟹种，岛外养大蟹的模式，使岛外养蟹面积扩展至 150 余万亩。浙江省绍兴渔民王家栋利用自身的经济实力，远赴新疆，斥资 2 000 万元承包 60 万亩水面进行养蟹生产。苏州市阳澄湖渔民利用成熟的养蟹技术到初养区进行技术投资，协助新区提高产量和品质。全国范围内已形成了强强联手、优势互补开发河蟹养殖业的格局。

（七）企业参与和专业协会的建立，促进了蟹业的发展 目前在很多河蟹产区已形成了企业公司加农户的养殖管理模式，拓展了商品蟹的养殖规模和销售渠道。

市场经济条件下，对经济行为的调控主要是依靠行业内部的自律，随着蟹业的发展，各大产区近年来相应筹建了河蟹专业协会，上至中国渔业协会河蟹分会，下至各产地的河蟹专业协会。协会的建立为进一步提高整个行业的组织化程度，促进河蟹品质的提高，加快河蟹品牌建设和市场开拓及产区渔业环境的维护，以及对蟹农和消费者的权益维护等作出了一定的贡献。苏州市阳澄湖大闸蟹行业协会自 2002 年筹建以来，在有关部门的支持配合下，通过对无序发展网围养蟹面积的整治，使湖区网围超负荷养蟹及湖区水质恶化状况得到全面改善；加大推进中华绒螯蟹无公害基地建设力度，积极指导养殖户按无公害规范化要求进行生态健康型养殖，制定了一整套生产优质阳澄湖大闸蟹的操作规程，并积极探索防伪统一商标和名蟹推介，进一步提升了阳澄湖河蟹在国内外市场上的知名度。

三、目前养殖生产中存在的主要问题

(一)蟹市场狭窄,销售区域性明显 据海关统计,近年来年出口量都在 5 000 吨左右,只占现有河蟹年产量的 1%左右。2011 年出口我国香港 670 吨,韩国 4 995 吨,日本 153 吨,新加坡、马来西亚及我国澳门地区约 100 吨。由此可见,河蟹的销售市场主要在国内,内销地域也只以沿海地区及大中城市为主,中西部地区食蟹人群较少,无法形成规模市场。并随着各地河蟹生产的发展,不少产地的河蟹以低价方式向沿海城镇云集,严重冲击了沿海优质河蟹的销售,甚至假冒当地优质河蟹冲击市场,对沿海产区优质名蟹造成负面影响。

(二)河蟹食用时期短 由于河蟹的生活史和生命周期特殊,造成河蟹与其他水产品在食用时间上的不同,形成了俗话所说的"菊花黄,蟹肉壮,蟹至冬,影无踪"的河蟹生长及食用规律。在河蟹性腺成熟的季节,河蟹味道鲜而肥,甘而腻,肉白似玉,油黄似金,达到色、香、味之三极,并形成了 9～11 月份集中上市的格局。但由于河蟹不能像其他水产品可冷冻或冷冻储存反季节销售,只能是活体销售,因而使销售渠道本来不是十分畅通的市场很难保证其应有的价格和销售量。

(三)长江水系河蟹种质资源出现混杂现象 由于我国河蟹生产基本处于无序状态,造成了生产上的急功近利,无序经营,使一些育苗单位在河蟹亲本的选择、育苗过程中缺乏统一的规范,再加上长期对长江口天然蟹苗和长江干流中的成蟹滥捕滥捞及江湖建闸、水质污染等原因,导致中华绒螯蟹的种质退化十分明显。随着长江河蟹资源的衰退,辽河和瓯江蟹苗乘机南下北上,造成了种质资源混杂。目前已发现辽河蟹和长江蟹的杂交蟹,这种杂交蟹养殖死亡率高,回捕率很低。

(四)产品质量明显下降 由于当前中华绒螯蟹的种质退化十分明显,加上不科学的饲养管理措施,造成了河蟹商品规格普遍偏小、品质较差,大量小规格劣质商品蟹充斥市场,目前市场上 150～250 克优质蟹数量仅占 20%～25%,小于 150 克小规格河蟹仍占市场的多数。有的河蟹尽管个体较大,也较肥,但由于水质环境、饲养管理等诸多因素的影响,蟹的品质还是不佳,口感不鲜。

以往那种个体大(175～400 克)、膏脂丰满,素有"青背白脐、金爪黄毛"的"清水大闸蟹"数量明显下降。在市场上,一方面劣质蟹产量猛增,价格成倍下降;另一方面,正宗的大规格河蟹又奇货可居,身价不菲。

(五)病害日趋严重 如江苏省 1996 年全省发病面积 5 000 亩,1997 年发病面积达到 5 万亩，经济损失 2 000 多万元，1998 年发病面积近 30 万亩，经济损失 2 亿元，2000 年后各地河蟹疾病还在不断发生。据调查，目前，养殖河蟹的病害主要有三种：颤抖病、黑鳃病、纤毛虫病。造成河蟹大量死亡的多为颤抖病和黑鳃病，在多数情况下两病并发。

（六）优质名蟹受冲击突出 目前河蟹产品在旺销季节已处于供大于求的状态。不少河蟹养殖新区采取掠夺式的方式，廉价利用当地的自然资源进行河蟹养殖，再以低成本优势冲击名蟹产区的蟹业发展，甚至在利益驱动下，通过各种手段假冒优质名蟹进行销售，对优质名蟹造成了负面影响，严重冲击了优质名蟹的正常销售和声誉。以年产 1 200 吨的中国名蟹——阳澄湖清水大闸蟹为例，虽然通过近年来连续不断地打假，但还有不少不法经营者以非阳澄湖蟹冒充阳澄湖大闸蟹在国内外市场销售，严重损害了阳澄湖清水大闸蟹的声誉。

四、河蟹养殖业发展方向和对策

随着生产规模的扩大，河蟹市场价格整体呈下降趋势，但规格大、品质好的河蟹仍供不应求。今后应以市场为导向，产品质量为中心，降本增效为目的，依靠科技进步，推动河蟹养殖健康稳定发展。为此，应做好以下工作：

（一）加强河蟹天然繁育场所的保护工作 通过实施休渔措施，限制天然河蟹苗的捕捞区域和捕捞强度，确保河蟹正常自然繁殖。天然资源的保护涉及面广、工作量大、政策性强，需要各级政府及有关部门通力协作，共同做好这项工作。

（二）加快河蟹原良种场建设 为了加强长江水系河蟹种质保护工作，农业部在安徽省繁昌县投资建设了第一个长江河蟹原种场，江苏省也在高淳建成省级河蟹原种场，这对保护长江河蟹种质资源起到了一定作用。今后还应加大力度推动原良种场的建设，积极开展河蟹原种保护和良种选育工作，为社会提供更多的原种和良种亲蟹。

（三）加强河蟹苗种场管理，提高苗种质量 在河蟹人工繁育过程中，小个体的亲蟹繁育的苗种质量差，长成个体也小，但产卵孵化率高、成本低。因此，有的育苗场专门挑选个体较小的河蟹作为亲蟹。这样循环下去，河蟹苗种和产品质量越来越差。还有些育苗单位在苗种生产过程中使用违禁药物，致使蟹苗的免疫能力不断下降，同时也影响成品的质量。今后应通过实施许可制度等措施，使河蟹育苗场的生产管理规范化、科学化，保证苗种生产质量。

（四）积极推广生态养殖和健康养殖技术 有条件的地方应积极推广大水面网拦养河蟹技术和中小型湖泊粗养技术，这两种养殖方式生态条件接近河蟹生长的天然条件，生产的河蟹规格大，品质好，很受市场欢迎。通过开展河蟹健康养殖，可有效预防河蟹的病害发生，提高产量、质量。但要处理好河蟹养殖容量与水环境的水质安全的关系。

（五）积极引导和推进河蟹养殖的产业化和健康发展，防止盲目扩张 目前河蟹养殖在多数地区还是以分散生产经营为主，与当今的大市场、大流通缺乏有机的衔接。要改变这种状况，必须努力提高养殖生产组织化程度，走产业化发展的路子，积极引导和推进公司加农户、行业协会和生产合作社等产业化组织建设。20世纪90年代以来，我国河蟹养殖业发展很快，河蟹从大水面粗养发展到围栏精养，从大水体发展到小水面，从鱼蟹混养发展到稻田养蟹。尽管上述养殖方式以前都有，但近年来的发展规模之大、涉及范围之广、经济效益之高、普及推广速度之快可以说前所未有。

由于河蟹养殖业在全国发展迅猛，产量快速提高，加之食用期短，食蟹人群窄，河蟹产品已供大于求。建议各级渔业主管部门及有关组织应根据河蟹的生态特征，结合外地区的地理位置、饲养水域状况、饵料基础及养殖环境能否满足河蟹的正常生长等通盘考虑河蟹产业。对现有的养殖水域围绕营造和改善水域生态平衡，合理调控其养殖规模；对超负荷养殖水域进行调整和整顿；对在不宜河蟹生长的高寒、高温、生长期短暂地区、水库和湖泊深水区及乡村周边有污水流入区投资发展河蟹业的要加以控制，千万不能盲目发展，以免造成损失。

（六）从大养蟹向养大蟹、养好蟹转化 目前河蟹市场150克以上的大蟹数量虽逐年增加，但150克以下的小规格河蟹仍然占据河蟹市场70％以上的份额。以至上市高峰期小规格河蟹价格过低，对市场价格的冲击很大，影响了优质河蟹在国内外市场上应有的价位。小规格劣质河蟹已成为我国河蟹业的主要隐患，为克服这一隐患，提升我国河蟹在国内外市场的知名度，必须从选择良好的养殖水域和优质蟹种着手，积极推广种植水草、投放螺蛳等生物修复措施，采用稀养、套养、轮养和确保饵料质量等健康科学养蟹新技术；同时，加大无公害基地建设力度，建立规范化河蟹养殖体系，使我国的养蟹业从大养蟹向养大蟹、养好蟹，提升河蟹的品质方向发展。

（七）大力推进品牌化建设，开拓国内外河蟹市场 当前河蟹供大于求，在某些地区小规格河蟹已成为滞销产品。为解决这一矛盾，必须对现有的河蟹市场进行正确定位，各产地必须大力推进品牌建设，开拓国内外市场，建立稳定的供销渠道。可采取生产者与酒店餐饮等大宗消费直接对接的主攻方略，跳过中介及批发市场，形成自己的销售网络；经销商可采用公司加农户的形式，创立自己的商品品牌，向市场推介；以产区品牌挑头，众多企业产品进行整合、市场推介，开拓河蟹产品的销售渠道。

（八）积极开发深加工技术 我国河蟹产品有80％以上是集中在第四季度

上市，并采用活体的销售方式，这种传统的生产、销售与消费方式制约了产业的发展，也很难适应消费者日益多样化的要求。河蟹产品必须走产品深加工的路子，最大限度地提高产品的工艺含量、技术含量，像其他水产品那样，将只能活体销售提升至鲜销、冷冻贮存后销售及研制成各种类型的小包装河蟹熟制品。只有这样，才能从季节性销售走向全年销售，让人们全年都能吃上可口的美味佳肴，河蟹市场才有可能告别大起大落，保证河蟹市场的稳定和河蟹业的可持续发展。

五、河蟹资源利用新方向——甲壳生物质

我国甲壳质资源容量巨大，可直接用于甲壳素加工的虾蟹壳资源也十分丰富。我国的渔业生产的虾蟹下脚料年可生产 10 万吨甲壳素。江苏省海虾、淡水沼虾、螃蟹产量大，养殖业已成为不少市县的特色产业和支柱型产业。如高邮的沼虾和螃蟹养殖面积就达到 90 万亩，年出产虾蟹达 20 万吨，虾、蟹壳年产量 10 万吨，如用于壳聚糖产品开发，每年将新增产值 10 亿元以上，并可增加农民收入近亿元。甲壳生物质加工业亦将成为继水产养殖业、水产品加工业之后又一新的经济增长点。

（一）甲壳素　甲壳素是一种天然高分子多糖聚合物，广泛存在于低等生物菌类、藻类的细胞壁，虾、蟹、昆虫等节肢动物的外壳，以及高等植物的细胞壁中，通常虾、蟹壳含甲壳素 20%～30%，个别品种高达 50% 以上。自然界每年甲壳素的生物产量可达 100 亿吨，是地球上仅次于植物纤维的第 2 大类生物质，也是人类取之不尽的生物资源，目前已成为人类开展生物质加工利用的重要主题之一。

甲壳素是线性多糖结构，是由 N-乙酰-2-氨基-2-脱氧-D-葡萄糖以 β-1，4 糖苷键形式连接而成，单元结构为 N-乙酰-D-葡萄糖胺。因而甲壳素可直接进行水解，生产氨基葡萄糖盐酸盐（氨糖）这是一种重要的医药原料或中间体，具有抗炎护肝作用，对治疗风湿性关节炎症和胃溃疡有良好的疗效，也是合成抗生素和抗癌药物的主要原料，还可应用于食品、化妆品和饲料添加剂中。我国是世界上最大的氨糖生产国和出口国，众多甲壳素加工厂家也大都从事氨糖的生产。

（二）甲壳素纤维　甲壳素和它的衍生物壳聚糖，具有一定的流延性及成丝性，都是很好的成纤材料，选择适当的纺丝条件，通过常规的湿纺工艺可制成具有较高强度和伸长率的甲壳素纤维。甲壳素纤维具有优异的生物医学功能，对人体无毒、无刺激，具有抗菌、消炎、止血、镇痛、促进伤口愈合等功能；属天然材料，还具有优良的吸湿保温功能。此外，甲壳素纤维还具有较好

的可纺性。20 世纪 90 年代，日本最先利用甲壳素与棉混纺制成抗菌防臭内衣和裤袜，深受广大消费者的青睐。我国开发研制甲壳素纺织品的工作起步较晚，但近年来开发步伐加快，北京、江苏、浙江等地均有甲壳素保健内衣或床上用品面市。

（三）壳聚糖和功能性壳聚糖　壳聚糖是甲壳素脱乙酰基后的产物，也是自然界中唯一带正电荷的功能性高分子。功能性壳聚糖是以壳聚糖为骨架，经晶型重整、基团取代、共价接枝或限制性主链降解等加工处理而获得的精加工产品，与壳聚糖相比，具有良好的溶解性和增强的生物及化学活性，在成膜、絮凝、抗菌、诱导、增殖、保鲜以及生物相容性等方面更为卓越，并有着独特的应用价值。

功能性壳聚糖是甲壳资源产业链的延伸开发，产品应用范围广，加工增值显著。以壳聚糖为基础的功能性壳聚糖产业，在全球范围内已逐渐形成以高科技、高附加值为代表的产业链，催生出一大批新型下游产品，如含功能性壳聚糖的保鲜剂、种子包衣剂、生物肥料、生物絮凝剂、药物充填剂等，极大地丰富和发展了壳聚糖的产业链，其加工增值幅度巨大。

目前国内外对壳聚糖的质量要求越来越高，功能性壳聚糖的用途也越来越广泛，新产品层出不穷，据统计已超出 200 种。国际社会对功能性壳聚糖需求呈现快速增长势头，美国、日本以及欧洲均常年从我国进口壳聚糖，其中很大一部分已改用功能性壳聚糖，进入到下游应用领域。壳聚糖在欧洲地位尊崇，被誉为六大要素之一，作为功能性食品原料应用较多。日本在现代农业生产方面利用功能性壳聚糖，主要作为叶面喷施肥、种子包衣剂、果蔬保鲜剂；美国在果蔬保鲜、鲜品肉保质方面广泛采用功能性壳聚糖。而在精细日化领域，21 世纪以来，一些品牌化妆品公司纷纷推出含功能性壳聚糖的日化产品，直接导致功能性壳聚糖成为天然日化原料中的新宠。

第二章 河蟹健康养殖技术

第一节 河蟹土池生态育苗技术

长江水系中华绒螯蟹是我国河蟹养殖生产中主要品系，它具有食性杂、生长快、个体大、抗逆性强等优良性状，在淡水养殖业中占有重要的位置。河蟹的苗种培育是河蟹养殖环节中的第一环，它的培育过程是：亲蟹交配—产卵—越冬—孵幼—幼体培育—大眼幼体，大眼幼体就是人们常说的蟹苗。

一、亲蟹选择

（一）形态特征　长江水系中华绒螯蟹为二年性成熟，额齿正中凹陷，第四侧齿明显，疣状突明显，头胸甲呈蛋圆形，背面无明显隆起感。螯足1对，雄性螯足发达，多毛，雌性均逊之。步足4对，第1对步足曲折后，长节长度超过眼睛。并具青背、白肚、金爪、黄毛四大特征（图2-1）。

图 2-1　中华绒螯蟹外形（青背、白肚、金爪、黄毛）

（二）亲蟹选择要求　亲蟹必须是无公害产品，附肢齐全，无病无伤。捕捞长江口天然种群中的成熟亲体进行选择，也可从本品系其他原种场育成的原种成体群体中选择。雄性个体 125 克以上，雌性个体 100 克以上。

（三）雌雄搭配　生产上一般是雌雄比例为 2.5～3∶1。

（四）收购亲蟹时间　常规亲蟹收购在 11 月初到第 2 年的 1 月份。

（五）亲蟹运输　亲蟹运输宜采用竹筐，每筐宜少装，多填压如湿芦席、蒲包、水草等。将河蟹腹部朝下，层层压紧，装满加盖后用包装带扎紧。包装工具在包装前要用清水浸泡涨透，装车时车箱底层要铺垫浸泡过的草席、麻袋。运输途中要防止风吹、雨淋、日晒，防止通气不良，运输时间不宜超过 36 小时。

二、亲蟹交配管理

（一）亲蟹培育池的要求　培育池以 3～5 亩为宜，长方形，水深达 1.2 米以上即可，要有一定的坡比。

（二）水质要求　水源水质应符合 GB 11607 要求，培育水质符合 NY

注：亩为非法定计量单位，15 亩＝1 公顷。

5052 要求，底质、环境符合无公害食品产地环境要求。

（三）亲蟹池的消毒 亲蟹池用生石灰消毒，亩用生石灰 100 千克，或漂白粉 10～20 千克全池泼洒（图 2-2）。

图 2-2 池塘消毒

（四）亲蟹交配时间 水温在 11～13℃（12 月份），进池的亲蟹可以立即进行雌、雄混养，雌雄比例 3：1，使其交配。过 20 天后，放水取出雄蟹和未交配的雌蟹。抱子蟹留池继续培养。2 月份购进的亲蟹必须在 2 月 20 日前雌雄混养，使其交配，自然水温低于 10℃，要设法提温交配。亲蟹交配 10 小时后就有亲蟹抱卵。

（五）亲蟹培育盐度 盐度要求在 20～26 之间。

（六）亲蟹饵料 都是以海水小杂鱼和鲜贝肉为主，必须清洗消毒后才能投喂。根据水温和天气情况，适当增减投喂量，如有残饵，及时捞取，防止污染水质。

（七）水质管理 一般情况下，放养密度 500～600 只/亩，每月只需换水 1～2 次。开春后适当增加次数，主要是看水色和水质决定，根据水质情况使用光合细菌等微生态制剂调节水质。

（八）亲蟹越冬 水深控制在 1.5 米以上；投饵以海鲜小杂鱼或鲜贝肉为主，辅投配合饵料和麦芽，投喂量在 5％左右；换水，水温 10℃以上，10～15 天换 1/4，10℃以下基本不换水；天冷时，要及时破冰增氧；平时要搞好防鼠灭鼠。

三、人工土池育苗

（一）土池建设　育苗池要求面积在 2～3 亩，水深 1.6 米以上，坡比 1：1 左右，要陡一些，增加蓄水量，长方形，最好没有二级坡，这样苗不会被风吹到坡上晒死（图 2-3）。

图 2-3　蟹苗培育池改造

（二）育苗用水的消毒　挂篓前 20 天（3 月 10～20 日）开始用药消毒。具体方法是：每亩用 75～100 千克生石灰化浆全池泼洒，或用含有效氯 28% 的漂白粉干法消毒，每亩用 10～12 千克溶解后全池泼洒。3 天后水透明度能达 1 米以上即可。

四、饵料池的准备

（一）池口的准备和消毒　河蟹培育饵料以轮虫为主。轮虫池 15 亩左右为宜，水深 1 米以上，形状没有特别的要求，进排水要方便。加足水后消毒，方法同育苗池。

（二）轮虫捕捞设备的准备

1. 水泵　2.2 千瓦潜水泵，15 亩需配备 2 台并配有相应的三相电缆线。

2. 轮虫过滤网　每台泵一口，每 3 台泵配一个备用网。

（三）轮虫的抽捕　把 200 目的过滤网袋一头固定在 2.2 千瓦潜水泵出水口，另一头拉直固定，网袋长 30 米以上，直径 50 厘米，潜水泵用泡沫浮子悬浮在水下 30～50 厘米处，接好电源，调试出水后就可抽虫。一般每隔 4 小时左右就要倒 1 次，否则轮虫会缺氧而死亡。

（四）倒轮虫的方法　先停电源，等过滤网中的空气排空后，从泵口处向网尾排，边排边用水洗，使轮虫集中到网尾，再分多次滤水，把水沥干后将轮虫倒入塑料桶中。轮虫在桶中时间尽量不要太长，最好不超过 1 小时，这样轮虫不会死亡。

五、布苗准备

（一）**蟹篓的准备**　每只布苗池要配有 3～4 只挂篓，每个挂篓直径 50 厘米，高度 50 厘米，上下有底，在上口留有一个小口用于放入亲蟹。每个篓子可放入 25～30 只抱籽蟹。

（二）**胚胎检查**　自然水温达 16℃左右（约 4 月 5 号前后），要经常在显微镜下检查胚胎发育情况，当幼体心跳达 120 次/分钟以上时，要做好布幼的准备（图 2-4）。

图 2-4　育苗观察

（三）**亲蟹的消毒**　亲蟹在挂篓之前必须经过严格的消毒。方法是用 6 毫克/升的 2%碘酒药浴 10 分钟或 3 毫克/升的聚维酮碘药浴 10 分钟，消毒时要不停镜检，发现聚宿虫等有害生物脱落即可用清水冲洗干净，移入育苗池挂篓。

六、布苗

（一）**亲蟹投放密度**　正常情况下每亩投入规格在 100 克左右的抱卵蟹

40～45 只，如果有微孔增氧的可适当提高数量。

（二）**布苗密度** 挂篓只能产 3 天的时间，第 4 天早晨必须挑出产空蟹，没有产完的也要移出育苗池，进入另池继续产卵。每亩实际有抱卵蟹 35 只就足够了，一般布幼密度在 1 万～1.5 万尾/米^3。

七、幼体培育

（一）**饵料投喂** 第一天每隔 6 小时投喂虾片或酵母粉一次，有条件的每个池口可加入 20 米^3 左右专池培育的肥水（含硅藻），当晚可少投一些轮虫，密度一定不要太大，确保每个幼体有 10 只轮虫就行。等第 2 期溞状幼体（Z$_2$）变过来以后可以停喂酵母和虾片，全部改投活轮虫，轮虫投喂量以下次投喂时池中没有或很少为准，千万不能剩余过多。随着第 3 期溞状幼体（Z$_3$）及以后幼体不断增大，吃食量也随之加大，可采用量少次多的原则，白天可以喂 4 次，晚上喂 2 次，傍晚和夜里的投喂量占 60% 左右，白天占 40%。第 5 期溞状幼体（Z$_5$）、大眼时期吃食更多，一般每个池口一天要投 60 千克轮虫。

（二）**水质管理** 土池生态育苗，投饵不要过剩，保持水质稳定。池中投入过量的轮虫，水色会变红，密度过大时要及时调控。水体中有机物含量过高时，可施一些光合菌等，改善水质，有条件的可以换掉一部分水。

八、大眼幼体的病害防治

在土池中一般情况下幼体不会感染病害，当水质不好或变坏时，苗体会发白，附肢向外伸，游动减慢，伏底，此时要换去部分水。如果是大眼幼体变过来 4 天左右，就直接拉苗进入淡化池，在池中用药处理。药品的使用应符合 NY 5071（无公害食品 渔用药物使用准则）的规定。

九、集中淡化

第 5 期溞状幼体变大眼 5 天以后根据天气、池口等情况，可以拉苗进入淡化池，淡化池多为水泥池，池深 1.5 米，淡化池中的水盐度调到 10～15，幼体进池后每天换两次水，每次 50 厘米左右，逐步淡化，换水后立即投喂轮虫或淡水溞。淡化 2 天后要经常镜检大眼幼体身上是否有聚宿虫或丝状细菌，如有立即用药清除。

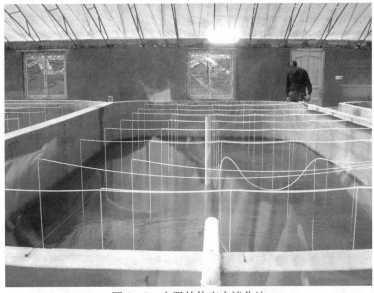

图 2-5　大眼幼体室内淡化池

十、出苗

（一）苗箱的准备　大眼幼体运输工具是木制苗箱，在装运前一定要用高锰酸钾浸泡，再用清水清洗、备用。

图 2-6　大眼幼体出池

（二）淡化　　出苗时，盐度必须淡化到 5 以下。

（三）装苗运输　　出苗时直接用捞海从池中捞取，沥干称重，每个苗箱装 0.5~1 千克。如果是长途还要用泡沫箱加冰降温方可运输。

第二节　一龄蟹种的健康培育技术

一龄蟹种也称扣蟹，规格在 100~200 只/千克，它的培育是苗种繁育和养成之间的一个重要生产环节，其质量优劣直接影响着养殖的产量和效益。

一、养殖设施

（一）池塘的选择　　东西走向，池塘埂坡比 1：2~3，面积一般 10 亩以下，以 3~5 亩为宜，深度在 1.2~1.5 米。

（二）底质　　池底少淤泥，以黏壤土为宜。

（三）水质　　无渗漏水，水源充沛，排灌方便，水质无污染，符合 GB 11607 渔业水质要求。

（四）防逃设施　　可用砖砌成围墙或用塑料板、钙塑板、石棉板、玻璃钢、白铁皮、尼龙薄膜等材料，防逃墙高 60 厘米以上，高出地面 50 厘米。

（五）二级池的设计

一级池：长 50 米，宽 10 米，池深 0.8~1.2 米，水深 0.6~0.8 米，放养密度：2~6 千克/亩大眼幼体。一级池在二级池（一龄蟹种池）里开挖，一级池与二级池的面积配比：1：4~6。

二级池：池子大小根据所投大眼幼体数量和地形而定，水深 1.2~1.5 米，二级池每亩可放养大眼幼体的量按 0.5~1 千克计算。

二、幼蟹培育

（一）放苗前的准备

1. 池塘的消毒　　放苗前正常采取先暴晒，后用 75~100 千克/亩的生石灰消毒，过 7~10 天后，再用浓度为 2.5 克/升漂白粉液消毒一次，待药性消失后再注水。一、二级池同时进行消毒。

2. 进水　　消毒 1 周后可进水，进水时用 60 目网布过滤，进到水深 50 厘米。

3. 水生作物的栽培　　要求在塘内（二级池）种植一定数量的水生植物为蟹苗提供附着、休息、蜕壳的空间，同时还起净化水质的作用。水草的投入量要覆盖水面的 30% 以上。可以选择水花生、水葫芦、轮叶黑藻、浮萍等，其中选用水花生、水葫芦比较多，在水草放塘前，要用 5 克/升石灰水液浸泡消毒后再放入培育池。

（二）选择优良苗种 大眼幼体选择长江水系中华绒螯蟹苗，蟹苗出池淡化要求在 7 日龄左右，出池的盐度在 5 以下，出池水温与放塘水温差不要超过 3℃。要求选规格整齐，体壮无病，淡化程度到位，活动能力强，如抓在手上时，手心有粗糙感，松开时能迅速向四周散开不成团的蟹苗。千万不要选花色苗、海水苗等劣质苗。

运输采用蟹苗箱干法运输：常用工具为木框与网布制作成的蟹苗箱，规格 60 厘米×40 厘米×10 厘米。装运蟹苗前仔细检查蟹苗箱是否破漏，先将苗箱用清水浸泡 1 小时左右，并洗刷干净，箱底铺垫洗净的鲜水草如水花生、菹草、马来眼子菜等。将蟹苗沥去水分，拣出杂质、死苗和其他水生动物尸体，轻轻均匀摊撒在箱中。装苗量一般控制在 0.5～1 千克/箱，入箱蟹苗要均匀分散在箱内。蟹苗箱捆装以 5～10 层为宜，底层放一空箱或加封底板，顶层加盖，捆紧起运。操作过程中的每个环节的温差变化要控制在 3℃ 以内。运输途中每 2 个小时喷水一次，喷水要细要匀，不宜过多，防止蟹苗被水珠粘连。空调车长时间运输，更要注意保持湿度。运苗时间应在 15 小时以内，运输要尽量选择阴雨天或夜间低温阶段，高温时要采取加冰等措施降温。要选好运输工具及运输路线，防止风吹、日晒、雨淋，注意通风、透气、充氧。

（三）苗种的科学投放 蟹苗先投入到一级池中培育。投入时先将蟹苗与箱浸入水中片刻，再提出水面 2 分钟，如此反复 3 次，然后将装有蟹苗的蟹苗箱放入水中，待其适应环境后自行爬入池中。一级池里要放入大量浮性水草，面积要占 50% 以上，供大眼幼体栖息。

（四）饵料投喂 苗进入池塘后（一级池），过 24 小时就可投喂小杂鱼的鱼浆或自制蛋羹，鱼浆和蛋羹都要用 40 目网袋搓开，再均匀泼洒，但量不要多。对于富含轮虫的水体可于 5～7 天后再行投喂。大眼幼体一般进池 3 天就有 60% 左右开始变一期幼蟹，幼蟹都附着在水花生上，白天吃食少，夜晚吃食多，此时鱼浆或蛋羹可用 20 目网布搓，一天投喂 4 次，早上 6 点一次，下午 14 时一次，18 时一次，22 时一次。

三、一龄蟹种的培育

（一）进水 二期幼蟹经过 5～6 天培育，可以直接上水，整个二级培育池加高水位，水位漫过一级池，让二期幼蟹自行爬入一龄蟹培育池。在一龄蟹池中放入大量水花生等水草，水面覆盖率达 30%～40%。

图 2-7　扣蟹培育

（二）水质的管理　整个一龄蟹培育阶段，水质要求肥、活，早期 1 个月换水 3～4 次即可，中期温度高，投喂量大，要适当多换。天气转凉后根据水质灵活掌握，仔蟹下塘后每周加注新水 1 次，每次 10 厘米。7 月份后保持水深 1.5 米左右，7～10 天换水一次，每次换水水深 20～50 厘米。

可放入一些花白鲢来调节水质，150～200 尾/亩，规格为 4～6 尾/千克。白鲢与花鲢比例为 3∶1。

（三）合理科学地投喂饵料

1. 饲料种类

天然饲料：有浮萍、水花生、苦草、野杂鱼、螺、蚌等。

人工饲料：有豆腐、豆渣、豆饼、麦子等和配合饲料。

2. 日投喂量

（1）从蟹苗到Ⅱ期幼蟹称为"哺乳"阶段。此时主要是用野杂鱼制成鱼浆，即将野杂鱼打成鱼浆或用蛋羹经过 40 目网片过滤后，每天投喂 4 次，投饵总量为蟹苗总重量的 50%～100%。

（2）Ⅲ～Ⅷ期幼蟹称为促长阶段。饵料投喂还以野杂鱼浆、配合饵料为主，每天投饵 2 次，日投饵为幼蟹体重 30%～60%。养殖水体水质要求保持肥、活、嫩、爽。

（3）7～8 月份称为控制阶段。是在幼蟹生长发育进程中防止性早熟的主要时期，一般不投动物性饵料和营养价值高的饵料，以投河蟹喜食的水草为主。

（4）9～10 月份称为维持阶段。此时主要是让幼蟹维持生存，正常投喂煮熟小麦粉、南瓜等植物性饲料，同时投少量动物性饵料，以提高蟹的越冬成活率。投喂量为幼蟹体重的 5%～10%，同时水草在池塘的面积有所增加，占池面的 40% 左右。

（四）日常管理工作

1. 坚持巡塘 平时要坚持巡塘，特别是早晨，要观察一龄蟹活动情况，是否缺氧、是否有伏在池边不动或者死亡的。早、晚巡视，观察仔蟹摄食、活动、蜕壳、水质变化等情况，发现异常及时采取措施。

2. 定期测水样 经常测量水中的亚硝酸盐、氨氮、pH 等数据，发现问题及时处理。

3. 保持水质 及时清除变质的水草，更换新鲜的水草，不能让过剩的水草腐烂变质，坏了水质。可定期用光合细菌等微生态制剂调节水质。

4. 预防一龄蟹早熟和小懒蟹生成 保持一定的水位，不能水位太浅。投饵要均匀，前期质量要好，促使它能快速长到Ⅶ期、Ⅷ期，之后就不易形成小懒蟹了。中期饵料要适当控制，营养太好容易早熟。

5. 防逃防鼠 下雨或加水时严防幼蟹顶水逃逸。在池周设置防鼠网、灭鼠器械防止老鼠捕食幼蟹。

（五）适时捕获

1. 直接捞取 一龄蟹喜欢栖息于水草上，用捞网快速捞取水草，就可获得大量的一龄蟹。

2. 地笼捕捞法 直接在池内放入簖捕捞。在流水的地方多设几条地笼，不停地流水，诱使它进入地笼。

3. 灯光诱捕法 抽去大部分池水，留 10 厘米水，到晚上河蟹上岸，此时利用蟹种趋弱光的特性，集中捕捉。

4. 水草诱捕 把池水水位降至环沟，在浅滩上每隔 10 米放置一摊水草，直径 1 米左右，每天早晨把水草移开，即可捕捉到大量的一龄蟹。

5. 干塘和挖洞捉捕 将池水放干，池底和水坑处可捕捉到一龄蟹。有些一龄蟹栖息洞中，要挖洞捉捕。

一龄蟹种捕捞之后应及时放养，保持成活率。

第三节　成蟹养殖

河蟹养殖按类型分有：池塘养蟹、稻田养蟹、河沟养蟹（外荡养蟹），草荡养蟹、水库养蟹、小型湖泊养蟹、湖泊网拦或网围养蟹。按养殖周期分有：放养一龄蟹种养殖成蟹和放养五期仔蟹当年养殖成蟹。本书重点就池塘养蟹、湖泊网围养蟹技术作相关介绍。

一、池塘养蟹

（一）成蟹池的选择 河蟹和鱼类的生态习性不同，它喜底栖生活、水底爬行，有时还到岸上寻食。从幼蟹阶段起，就具有穴居的习性，并喜安静、清洁、多水草的环境。因此在可能条件下应采取各种措施，改造池塘，创造最适宜河蟹生长的环境条件，以提高河蟹产量。饲养成蟹的池塘条件主要包括：池塘位置、水源、水质、面积、水深、土质以及池塘形状与周围环境等（图 2-8）。

图 2-8　河蟹养殖池

1. 位置 成蟹池的位置一般靠近幼蟹池，远离有污染物排放的工厂和城镇区域。同时，水源优质充足，还要考虑到交通、电力便利，方便幼蟹、饲料和成蟹的运输。

2. 水源和水质 成蟹池用水应符合 GB 11607（渔业水质）要求和 NY 5051（无公害食品　淡水养殖用水水质）要求，无污染、水源充足、排注水方便（每只池塘都要具备独立的进排水系统）。最好靠近河、湖边，能适应池塘密养的要求。水源以河库、湖水为好。冷泉水和水库底层水也不宜直接采用，如果要用，必须经太阳暴晒升温后才行。

成蟹池要求水质清淡，不宜过肥，透明度 35～50 厘米。如果水质过肥、透明度小，夏季池塘中各种生物呼吸和池底有机物分解极易造成池塘中下层缺氧，这样势必影响池底洞穴中河蟹的生长，严重时会引起死亡。并且过肥的水透明度低，也影响池底水草的光合作用，使水草不能生长，这样将使河蟹失去饵料来源和栖息场所。

3. 面积 池塘人工饲养应选择较大的水面。面积大，受风力作用也大，能自动增氧，有利于上、下水层的对流，改善下层水的溶氧条件，使底层有害的气体及时逸出。但池塘过大，饲养的河蟹吃食不易均匀，操作管理、捕捞也不方便，防逃设施造价也高。一般以 5～20 亩为宜。如果水源充足、水质条件好、排灌方便，1～3 亩的小池塘也可以。

4. 水深 饲养河蟹的池塘需要一定的水深和蓄水量，池水较深，容水量较大，水温不易改变，水质比较稳定，不易受干旱的影响，对河蟹生长有利。但池水过深，底层水中光照度弱，光合作用产生的氧量少，上、下层水的对流作用也小，并且底层有机物分解大量耗氧。因此，深层水经常缺氧，显然对蟹和水草的生长是不适宜的（图 2-9）。实践证明，常年水位 0.5～1.5 米较为适宜，5～7 月份水深 1～1.5 米，8～11 月，0.8～1 米，12 月至翌年 4 月0.5～0.8 米。

图 2-9 蟹池微孔管增氧

5. 土质和底泥 一般以黏土最好，沙壤土次之，沙土最差。底部要有一定的淤泥层，以利水草和摇蚊幼虫、螺蚌、水蚯蚓等底栖生物生长繁殖。但淤泥过厚使池底通气不良，水质变酸，对河蟹和底栖饵料生物生长不利。一般要求池底有富含腐殖质的淤泥层 10～20 厘米为宜。

6. 池塘形状和周围环境 池形以东西向长方形为好，有利于饲养管理和拉网操作，日照长、受风面大。池塘周围不应有高大的树木和房屋，以免遮挡阳光和阻碍风吹。蟹池的形状和大小还应根据当地地形和施工能力等因素来决定。有的地方在池底四周挖宽、深均为0.3～0.5米的围沟，池中央纵横2～3条深0.3～0.5米、宽度不一的沟，采用这种办法，以利河蟹栖息。

（二）防逃设备的建造

1. 水泥防逃墙 应建在离池塘边缘1米左右的地方。用钢筋水泥预制板砌成，或砌成一砖墙，水泥嵌缝内壁磨光，做成单面清水墙。墙高1米左右，最高水位离墙头不得少于50厘米，墙脚伸入泥中40～50厘米，防逃墙上沿一定要筑成屋檐状的压顶，出檐宽度可以从墙壁向池内伸出15厘米左右。出檐过窄不能很好地起防逃作用，过宽也没有必要。墙四壁交界的地方，河蟹较易逃逸。可砌成圆弧状，以防河蟹攀爬。顶部可用三角板一块镶嵌好，以加强防逃效果。河蟹最喜从有水流处逃逸，因此，进出水口应用铁丝网拦好，铁丝网四周用砖石水泥砌上。有条件的进出水口用阀门控制。

2. 钙塑板（塑料板）**防逃墙** 钙塑板防逃墙轻便，安装简单，成本低，使用寿命较长。在池塘四周用打上螺钉眼的钢板条或方木棍做桩，每隔1.5～2米埋插一根，将0.6～1米宽、1.5～2米长的薄钙塑板贴靠在钢板条内侧，钙塑板埋入土中20～30厘米，锤紧压实，将钙塑板打上孔眼，用螺丝固定在钢板条或木桩上。不用时将螺丝拧下即可将钙塑板洗净收起（图2-10）。

图2-10 养殖池钙塑板防逃设施

3. 其他防逃墙　其他防逃墙有石棉板、旧渔网等。石棉板防逃墙安装方便，防逃效果好，但成本高。也可用旧渔网、聚乙烯网，先打下竹木桩或钢筋，再将网片披挂在桩上，下面与地面压紧贴实，不留空隙。总之，不管采用什么样的方法，只要能拦住螃蟹不让逃逸都可以。

（三）栽培水草　水草的多少，对养蟹成败非常重要。池塘通过移栽水草，一方面能够使河蟹经常在水草上活动，避免在底泥或洞中穴居，造成河蟹体色灰暗现象；另一方面又使水质净化，水中污物减少，使养成的河蟹体色光亮，利于提高品质、感官，保证较高的销售价格。水草种类繁多，在养蟹池中，适合河蟹需要的种类主要有苦草、轮叶黑藻、伊乐藻、黄草、松毛藻、青萍、眼子菜等（图 2 - 11）。

图 2 - 11　水草种植

水草在蟹池中的分布要求均匀，种类不能单一，最好使挺水性、漂浮性及沉水性水草合理分布，保持相应的比例，以适合河蟹多方面的需求。栽培水草可在蟹种放养前进行，也可在养殖过程中随时补栽。无论何种水草都要保证不能覆盖整个池面，至少留有池面的 1/3 作为河蟹自由活动的空间。栽种的水草应随取随栽，决不能在岸上搁置过久，影响成活。池中是否栽培水草，应根据具体情况确定。若蟹池水草太少，可因地制宜地采取下列几种栽培方法：

1. 栽插法　这种方法一般在蟹种放养之前进行，简便的方法是：首先浅灌池水，将轮叶黑藻、金鱼藻等带茎水草切成小段，长度 15～20 厘米，然后像插秧一样，均匀地插入池底。若池底坚硬，可事先疏松底泥；池底淤泥较多，可直接栽插。

2. 抛入法　菱、睡莲等浮叶植物，可用软泥包紧后直接抛入池中，使其根或茎能生长在底泥中，叶能漂浮水面。每年的 3 月份前后，将上年收集或购买的苦草种用水浸泡1～2周后均匀撒入塘中，也可在渠底或水沟中，挖取苦草的球茎，带泥抛入池中，让其生长，供河蟹食用。

3. 移栽法 茭白、慈姑等挺水植物应连根移栽。移栽时，去掉伤叶及纤细劣质的秧苗，移栽位置可在池边的浅滩处，要求秧苗根部入水10～20厘米，整个株数不能过多，每亩保持30～50棵即可，否则会大量占用水体，反而造成不良影响。

4. 培育法 瓢莎、青萍等浮叶植物，可根据需要随时捞取，也可在池中用竹竿、草绳等隔一角落，进行培育。只要水中保持一定的肥度，它们都可生长良好。水花生因生命力较强，应少量移栽，以补充其他水草不足之用。

5. 播种法 近年来最为常用的水草是苦草。苦草的种植则采用播种法，对于有少许淤泥的池塘最为适合。播种时水位控制在15厘米，先将苦草籽用水浸泡1天，再将泡软的果实揉碎，把果实里细小的种子搓出来。然后加入约10倍于种子量的细沙壤土，与种子拌均匀后即可播种。播种时要将种子均匀地撒开，播种量为每公顷水面用种1千克（干重）。播种后要加强管理，使之尽快形成优势种群，提高苦草的成活率。

（四）投放螺蛳 养蟹池塘在清塘和栽种水草的同时，要每亩投放500千克左右螺蛳，分两次投放，第1次在3月份，第2次在9月左右，每次分别投入50%。

（五）幼蟹放养 蟹种是河蟹养殖的基础，直接关系到养蟹的成败和经济效益。长江流域的江苏、安徽、湖北等省的养蟹实践表明，长江蟹种无论在回捕率、群体增长倍数、成蟹规格上均明显优于辽河和瓯江蟹种；同时性早熟蟹种对生产往往会造成极大危害；蟹种的体质直接关系着养殖的成活率。因此，蟹种质量应包括蟹种来源（水系）、性腺成熟情况及蟹种体质3个方面。蟹种质量鉴别常规的方法有：形态判别法、遗传物质检测分析法和生态习性判别法。

水源充足，饵料丰富，饲养管理跟上，每亩可放500～800只，亩产可达70千克以上。水源不足，饵料缺乏，管理水平低，每亩可控制在300～400只，亩产成蟹40千克左右。

（六）饵料投喂

1. 饵料 河蟹的最佳饵料是动物性的鲜活饵料，如蚌肉、螺肉等，但这些饵料严重短缺且价格较高，所以在规模化养殖河蟹中大力推广使用配合饵料就显得尤为重要。配合性饲料既含有植物性饵料的营养成分，又含有动物性饵料的营养成分，营养全面，饵料系数低，投饲方便，便于存放。用于出口的成蟹用配合饲料必须来自经出入境检验检疫部门备案注册的饲料厂。

河蟹的摄食特点是捕捉水底或岸上的块状食物，然后拖回栖息处慢慢摄食。因此，河蟹配合饲料的加工方法不同于鱼类配合饲料，既不能太软，也不宜过硬。若将饲料加水调和制成团状或颗粒状，投入水中短时间就松溃，不仅不能被河蟹很好利用，而且还污染水质。水调得过少，加工饲料过硬，河蟹难以摄食。我国一些大型饲料厂生产的水产专用饲料，一般具有营养全面、良好的诱食性、水中稳定性、高饲料效率和转化率等特点，能稳定池塘养殖环境，可以积极推广使用优质河蟹颗粒饲料。

养殖河蟹的投饵量应根据放养蟹种数量、重量，所投饵料的质量、饵料系数及预计产量制定年投饵总量；根据当地的气候条件、水温变化。按照年投饵量制定月投饵计划：3月至7月上旬是河蟹快速生长期，这几个月的投饵量要占全年投饵总量的40%；进入高温期池塘养殖的河蟹生长滞缓，投饵量控制在6%～8%；8月中旬至11月底投饵量为50%。主要还是看螃蟹的吃食情况而定。

日投饵量较难确定，每次的投饵量应在月投饵量范围内按养殖河蟹体重递增5%～10%投喂。

表2-1　池塘养蟹的投饵量分配

月　份	2	3	4	5	6	7	8	9	10	11	合计
月投饵量分配比例（%）	1.6	3.2	8.5	9.6	12.5	16.2	16.8	18.6	8.8	4.2	100
日投饵量占池蟹总重（%）	2	2.5	3	4.2	5.2	5.2	4.2	5.2	6.2	3.3	0.8

2. 投饵方法　投饵必须根据月、日投饵计划和河蟹吃食情况制定，做到"四看"（看季节、看水色、看天气、看蟹吃食活动情况）、"四定"（定质、定量、定时、定位）投饵。

看季节：开春2～3月天气冷，河蟹摄食量低，可选择晴天的傍晚，用少量麦麸、米糠、豆饼拌成糊放在食台投喂。清明以后，水温逐渐升高，可投喂小虾、小鱼、咸干毛鱼或淡干毛鱼，并投喂嫩旱草、菜叶、莴苣叶，同时逐渐加大投饵量，保持饵料适口均匀。

小满到白露，河蟹活跃、食量大，可大量投饲，尤其是水旱草，此时数量多、质量好，应大量采集投喂。如各种浮萍、苦麻菜、苏丹草等。各种动物饲料如蚯蚓、泥鳅、蚌肉也要搭配投喂，水温超过37℃时停喂。

白露至霜降，水温渐低，当年幼蟹正长身架，成蟹正长蟹黄、蟹脂，应加大动物性饲料的投喂量，如血粉、砸碎的螺蚌肉、蚯蚓、小鱼虾等。当年幼蟹只要吃食就一直坚持投喂，以利体内积累脂肪，安全越冬；成蟹一直喂到收获前才停食（图2-12）。

图 2-12　投喂小杂鱼

看水色：要保持水色清淡，池水过浓应减少投饵，及时加注新水，调控水质，水色过淡，可适当增加投饵量或增施一些有机肥料。

看天气：天晴多投喂，阴雨天少投喂；闷热、无风欲下雨少喂，雨后天晴可多喂。

看蟹吃食、活动情况：每天早晚巡塘时检查蟹的吃食情况，如投饵后很快吃完，蟹活动正常，应适当增加投饵量；如晚上投喂后第 2 天仍未吃完，发现有病蟹、死蟹，应减少投饵量或调换饲料。

定质：要根据蟹苗、幼蟹、成蟹的各个阶段的不同食性，投喂相应的饵料。饵料要新鲜、适口、营养价值高，各种草类要无根、无枯黄茎叶、无泥。所投喂的动物性饲料，必须新鲜，并要经过消毒处理，以杜绝各种病原菌传播，防止河蟹疾病发生。大块的和有壳的饲料要切碎、砸碎。为了防止饲料污染水体，最好不用或少用粉状饲料，如米糠、血粉、麦麸、豆浆，而改用煮熟的大麦粒、小麦粒、黄豆、玉米、碎血浆块。

定量：渔谚说得好，一天不喂，三天不长，喂蟹也同样，尽管河蟹有耐饥饿的本能，如果让河蟹饥饱失度，有食就喂，无食就罢，不让它吃饱，就长得慢，个体小。每次投喂以当晚吃完为度，幼蟹阶段早期一般每天每只幼蟹投喂 3 粒熟大麦粒或小麦粒，如投喂煮熟的黄豆、玉米，只能投喂 1 粒。随着幼蟹蜕壳长大，必须增加投饵量，适当投喂蚯蚓、小鱼、虾等。

定时：河蟹白天常躲在阴暗处或洞穴里，到了晚上或在微光下才出来活动寻食。因此，一般每天下午 4～5 时投喂一次。如果从小驯养，改变了它们吃食习惯，可上午、下午各投喂 1 次。

定位：蟹苗阶段投饵采取遍撒法，蟹巢周围及水花生等水生植物上多撒点。幼蟹阶段可采取池边浅水处搭食台投饵，用毛竹扎成三角形或正方形浮框紧靠缓坡池边，专门投喂浮萍、水草、陆草和各种菜类。沉性饵料用芦席、木框和尼龙网布制成的饵料框沉在池边水底投喂。一龄幼蟹投喂可将饵料沿岸边滩地成"一"字形堆放，每亩池塘摊放 2～3 处，让幼蟹靠岸摄食，减少水质污染。刮风下雨河蟹不爱靠岸觅食，可将饵料台移至深水处投喂。

（七）日常管理

经常巡查池塘：观察河蟹活动和吃食情况，有无残剩饵料、有无死蟹、病蟹情况发生，有条件的可在养殖池塘内安装增氧设施。

及时防除病害：捞除水中污物残渣，经常适量注入新水，保持水透明度 35～50 厘米，水质清新、卫生，驱除鹭、鸥、水蛇、水鼠、泽蛙、猫、凶猛鱼类等危害河蟹的敌害生物。

根据天气、水质变化来调整水位：河蟹生长要求池水溶氧充足，水质清新。为达到这个要求，要坚持定期换水。通常 4～6 月份，每 10～15 天换 1 次水，每次换 1/5～1/4；7～9 月，每周换水 1～2 次，每次换水 1/3；10 月份后每 5～10 天换 1 次，每次换水 1/4～1/3。换水时，要先排除部分老水，再加注新水。平时还要加强观测，如水位过浅要及时加水，水质过浓要换新水。换水时，水位要保持相对稳定。栽种伊乐藻的蟹池，水位一定不能过高，一般掌握在 60～80 厘米，换水时间通常宜先在上午 10～11 时，待河水水温与蟹池水温基本接近时再进行，温差不宜过大。根据水质情况可使用光合细菌等微生态制剂进行水质调控。

拦蟹防逃：拦蟹防逃是池塘养蟹成败的关键，要经常检查栏栅设施，特别是进出水口有无破损之处，做到及时维修。夏末至捕捞前要固定专人值班，加强巡查，严防河蟹攀附逃走。

二、网围养蟹

网围养蟹是近年来在池塘养蟹的基础上，在湖区借鉴网围养鱼技术经验，调整养殖结构，提高养殖经济效益而出现的一种新的养殖方法。

（一）网围养蟹的生态条件与网围选址　网围地点的选择至关重要，地质要求软硬适度，以软泥为好，这样既有利于下纲石笼的贴底沉入，防止河蟹逃逸，又有利于水草的恢复生长蔓延，底栖生物的繁衍。通过测试发现，10 厘米以上软质底泥网围养蟹区，一周年养蟹到翌年 3 月时水草就开始萌发，底栖生物摇蚊幼虫、螺蚬也较硬质湖底网围区为多，两个不同网围区水草分布、恢复则表现较大差异，硬质底泥网围区水草经养蟹则较难恢复。

其次网围区选址要避开行洪区，防止急流的冲击；避开主航道、河口，防止水流过快，引发河蟹逃逸。为适应过水性水位的波动，网围区应平坦无坡度。可以说在过水性湖泊进行网围养殖选址尤为重要，要充分利用水文、地质特点，根据水位变动特征适时建网养殖。网围养殖面积宜适中，每块围养面积30～60 亩为宜。最好是集中勘测，大面积围拦建框架网围区，再在大面积网栏区中实施小面积分栏养殖。这种方式既有利于抗御风浪冲击，有效降低生产成本；又有利于精养高产，分户管理，减少灾害性损失。今后湖区的网围养殖发展应重视区域性建设的要求（图2-13）。

图2-13 围 网

（二）网围设施

1. 网围结构 由网布、竹箔、硬质塑料布、竹片、树桩等构成，网片采用聚乙烯丝，织成网目为1.5～2毫米的密目网并装有上下纲；竹箔为毛竹截断劈成宽0.8～1.2厘米、高2.2米（视水深而定）的竹条，用聚乙烯绳作横筋编织而成，上下共五道筋，上、下筋间隔40厘米；固定树桩间隔1.5米，防逃设施上端的硬质塑料布高40厘米，网箔下端入土30厘米。

2. 网围设计与施工

网围结构：分内、外两层网围，内外网采用3厘米×3厘米聚乙烯网片缝制，内层网为8号网，外层网为10号网，内外两网相隔10米。网围高度以超历史最高水位1米为准。为防河蟹逃逸，内外两围均装置上、下纲绳，下纲制配直径15厘米以上石笼，石笼沉入湖底踩放入泥，为防风浪摇动，每隔5米用竹签固定石笼；内层网端用 6 号聚乙烯网制成倒檐，宽度 50～60 厘米。每隔 2～3 米用一根毛竹固定，每间隔 5 根桩就用地锚固定竹桩两侧，以加强竹桩稳固性。网片收紧扎在竹桩上。

网围高度与形状：网围高度应以常年平均水深为依据，一般增高 50 厘米以上，另做好"备用网"高度为 1 米，汛期加上，汛后拿下，网围形状以圆形或椭圆形为好。内网和外网栏中间区要放些地笼或网箪，以便平时观察有否螃蟹逃逸。

（三）清野除害　养蟹区域要清野除害，使用巴豆清野，水深 1 米，每亩用量 5 千克，将磨细的巴豆汁放到船上均匀洒到围养区，使水体浓度达 7.5 毫克/千克。

（四）种草放螺、网围维护　虽说是湖泊网围养殖，由于连续多年的养殖，网围区内的各种自然生物资源也随即减少。因此，在每年捕捞完成蟹后，需要对该养殖区网拦设施进行周密检查和维护，同时，也要根据该养殖区域内生物资源的多少进行补给。如补种水草、补放鲜活螺蛳等，螺蛳的放养量一般每亩水面 500 千克左右。

（五）蟹种放养　一般选择整齐健康的秋龄幼蟹，规格为 40～60 只/千克，肢体完整，无损无伤，活动力强，亩放养量 300 只左右。有条件的养殖户应改革传统的早春放养蟹种方法，而采用将早春 3 月外购的一龄蟹种经暂养临近湖边的池塘中近 2 个月再放入湖区网围内。这种经暂养的蟹种已在池塘蜕壳 2 次以上，个体规格明显增大，此时放入网围，增强了蟹种觅食活动能力，从而有效地提高蟹种成活率。浅水湖泊网围养蟹多采用早春放养蟹种，可是经越冬后的蟹种，体质较弱，因为越冬消耗大量的体能，所以早春即将蟹种直接放入网围区，势必影响入网后的栖息生长，特别是越冬蟹种早春的第一次蜕壳直接决定了放养蟹种的成活率。经测试发现，3 月中下旬沿湖地区池塘与湖区水温相差 3℃以上，所以此时将外地蟹种引入暂养池塘中强化培育，既可提高运输成活率，又可提高第 1 次蜕壳成活率。待到 5 月中旬后，网围区内水生植物已萌发渐旺盛，底栖生物如螺蛳也繁育大量幼体，水温也达 20℃以上，此时将经 2 次蜕壳后的体质健壮、食欲旺盛的大规格蟹种放入围网区，极有利于河蟹栖息生长。

为了充分利用水体空间、天然饵料资源，在网围区内每亩搭配放 20 尾左右的鲢、鳙鱼种，对提高网围养殖的综合效益十分有利。

（六）饵料投喂　苗种放入网围区后，因环境水温适宜，摄食量较大，所以要加大投饵量。开始应以动物性饵料超量投喂 1 周，待苗种适应网围环境，上网爬攀的河蟹明显减少后，再逐步调整投饵计划。日投饵量为放养蟹种体重的 10%，并逐月调整。5 月中旬主要投喂碾碎的活螺蛳、切碎的野杂鱼，日投饵量为蟹种重的 10％以上，连续投喂至 6 月底，以保证早期河蟹生长蜕壳的营养需求。从 6 月下旬开始逐步增投植物性饵料，至 8 月中旬动植物饵料比为 45：55；从 8 月下旬至 10 月中旬动植物饵料比为 65：35。试验结果表明，这样的投饵既保证了河蟹生长的营养需求，又有效利用了湖区天然饵料资源。饵料投喂要均匀地散撒在水草上，如果投喂的是瓜果类，要切成丝或片，投喂麦类应在水中浸泡一夜第 2 天投喂。每天一次，由于网围区较大，为保证放养蟹种有足够的饵料，又能降低投饵劳动强度，下午 4 时左右投喂为宜。

（七）饲养管理

1. 加强蜕壳期的饲养管理　河蟹从幼蟹到成蟹要经过多次蜕壳，一般 4 月份放养的幼蟹在网围内蜕壳 3 次。河蟹蜕壳期一是要保持环境安静，机械船只尽量不要启动，以免惊扰，影响蜕壳；二是泼洒生石灰，改善水质，保持水中 pH 在 8 以上；三是水草覆盖率不得低于 20％；四是投喂的饲料要保证质量，并注意多投喂一些动物性饵料。

2. 保持养蟹水域有足够的水草资源　网围养蟹初期水草过密时，可用刀割去一些水草，形成一条条水道便于小船行走；过稀时则应多投放一些水草，以供河蟹蜕壳、栖息、摄食。

3. 高温期做好水质管理工作　6～9 月是高温季节，每 20 天左右用生石灰泼洒一次，每次用量 20 千克/亩。经常检查食场，捞去残饵、烂草杂物。

4. 定期做好网围设施检查　养蟹期要定期对网围设施进行探视检查，必要时还要潜入水下用手摸着检查，发现问题及时采取措施。夜间要配备探照灯，加强夜间的管理工作。内外两层网之间及四角处常年设置地笼，每天早晚巡视检查网围一次，并起捕网栏夹道内地笼或网簖，检查是否有河蟹逃逸入笼，如发现异常情况及时维修。发现敌害及时捕杀。在网内巡视则主要侧重查看河蟹吃食、蜕壳、活动情况，以便及时发现异常，采取对应的措施。

（八）适时捕捞　由于湖泊网围养殖环境条件优越，河蟹生长快，性腺成熟较池塘早，再加上大水面环境因子的刺激与诱导，生殖洄游开始也早，一般 9 月上中旬就有相当部分开始向外攀逃，因而要密切注视网围区内河蟹动向，适时捕捞，提高回捕率。由于 9 月中下旬水温尚高，起捕的成蟹中尚有部分蜕壳软蟹，所以从网围中捕获的软壳蟹应放回网围区内继续饲养，以免造成不必要的损伤。

三、河蟹的捕捞、暂养和运输

（一）河蟹的捕捞　池塘养蟹以地笼捕捞为主，干塘捕捉为辅。
湖泊网围养蟹以地笼、网簖捕捞为主，丝网捕捉为辅（图 2-14）。

图 2-14 河蟹的捕捞

（二）河蟹的暂养 将在养殖区内养殖的螃蟹捕捞后进行高密度育肥或囤养的过程称为暂养。育肥是指在养殖区内对还没有体肥时已捕捞上来的螃蟹，经过人工精饲料的饲喂，使其达到膘肥体壮；囤养是指已经育肥的螃蟹，为了延时上市或等待销售时机的过程。根据螃蟹的生物学特性，经过几个月的养殖，已经可以捕捞上市了。此时从养殖区捕获的河蟹还有部分刚蜕壳不久的软壳蟹，故而将一部分成蟹放入暂养区内进行暂养培育、待价销售是非常必要的，这样不仅及时捕获了成蟹，提高了回捕率，而且通过暂养不但提高了成蟹的品质，还有利于提高经济效益。

1. 土池暂养 土池暂养成蟹具有方法简便、养殖周期短、见效快等特点，是湖泊、水库等大水面秋季集中起捕时育肥的好方法，它能避开河蟹上市早、价格低的矛盾，做到待价而沽，提高养蟹效益。商品蟹的暂养主要掌握以下 4 个方面的环节。

（1）暂养池的准备 暂养池大小不一，可因地制宜地开挖或改造，池形最好是东西向长方形，位于排灌自如、水源清新、无污染的地方。池深最好在 1.5 米左右，要求池埂坚硬，坡度较大，埂面宽不得少于 1 米。埂边用坚硬、光滑的防逃材料（如玻璃、钙塑板等）做成高约 60 厘米的防逃墙。防逃材料入土深 20 厘米，交接处应平整无缝，四角呈圆弧形。进、出水口独立，并用铁丝网套住进、出水口。在池塘消毒后，池中应捞入一定量的水草，以便暂养蟹附着、栖息。

（2）暂养蟹的投放 暂养的河蟹要求肢体完整，背青腹白，精神状态良好，活动正常。发现蟹口吐白沫及脱水严重，都要剔除，不能勉强放入暂养池。投放时要小心操作，用 2% ～3% 食盐水浸浴 3～5 分钟后，让其慢慢地爬入池内。放养量为 250 千克/亩，水体条件较好，可适当增加。

（3）放养后的管理 暂养的河蟹放入池中后，由于活动激烈，水体浑浊，可以用明矾或生石灰化水泼洒，净化水质，也可以不定期地加换新水，保持水质良好。换水前应捞除杂物，清除残饵；发现水草不足，还要及时加换。待暂养蟹适合环境后，可适当投饵，促进育肥。根据这时的特点，饵料应以鱼肉、动物血等动物性饵料为主，搭配投喂黄豆、山芋、南瓜等植物性饵料，并注意蛋白质与脂肪的投喂。饵料一定要新鲜、适口、成形成块，防止浪费。投喂量应保持均衡，不能忽多忽少，具体可掌握在池蟹总重的5%左右。平时应经常巡塘，观察河蟹的摄食、活动及有无病害情况。发现老鼠、水蛇等敌害，要人工清除。池边生长的杂草及高秆作物，应及时铲除，以防暂养蟹攀爬外逃。水体要交替使用漂白粉等药物泼洒，预防疾病的发生。一旦发现暂养蟹发病，应及时查找原因，对症下药，进行治疗。

（4）起捕与销售　暂养的河蟹在养殖过程中，一旦市场价格合适时，就应立即起捕销售。起捕可用地笼、网具等捕捉，也可干塘捕捉，还可用微流水刺激进行捕捉。若暂养蟹一时捕捉不完或遇有价格不适时，可加深水位越冬，待次年春季水温升高时，再起捕销售。

2. 网箱暂养　用于对外贸易的螃蟹主要采用网箱暂养，设置网箱的暂养区，要选择在湖泊或靠近包装场的河道，水深适中，无污染、避风浪、有微流水的地方。

（1）暂养箱的制作与吊挂　暂养箱不宜过大，宜于操作，一般面积3米²，制作材料有木条或钢管，用5厘米×8厘米的木条或4分钢管制成长2米、宽1.5米、高1.2米的长方形箱筐，箱身用聚乙烯网布双层缝制结实，暂养箱要有盖，可以开启。制好的暂养箱，用木桩固定，网箱底不着底泥，箱体出水面0.2米（图2-15）。有条件的可在网箱上方搭建遮阳膜。

图2-15　网箱暂养

（2）暂养箱螃蟹的投放与管理　3 米² 的网箱一般放养 50 千克经挑选合格的螃蟹（12 月份后可以适当增加至 100 千克），每天按箱内螃蟹体重 5%投喂，投喂的饲料最好是砸碎的新鲜螺蛳，如果没有新鲜螺蛳，其他如小鱼、红皮玉米也可，每个箱内稍微放些新鲜的水草（水花生、黄草、轮叶黑藻等）。

在确定销售之前，要捞出箱内所有杂物，停食一天，经吐泥滤脏即可取出销售。

（三）河蟹的运输　河蟹的运输主要掌握以下 4 个方面的环节。

1. 严格分级　收购或收获成蟹，首要工作就是分级。要求做到"四分开"：一是大小分开；二是强弱分开；三是健残分开；四是肥瘦分开。分开后，分先后、远近出售，可以卖到好价钱。

2. 搞好包装　分级好准备外运的蟹，必须认真包装好，包装容器和方法对蟹的运输成活率有很大影响；短途运输，包装可以简单一些，长途运输包装一定要完好。目前多采用框笼包装法，在框内衬以蒲包，再把河蟹放入蒲包里，力求把河蟹放平放满，加盖压牢，使河蟹不能爬动，以免损肤断足（图 2-16）。

图 2-16　竹筐包装

3. 及时运输　包装好的河蟹要及时运输，运输器具内最好加冰降温，时间不宜拖得太长，一般情况，3~5 天内死亡较少，超过 5 天，死亡就会逐日增加。

4. 加强运输途中管理　在运输途中要避免日晒、风吹、雨淋，尤其要防高温。为此，运输车船上要设有遮阳棚，时间长还要经常洒水降温、保湿。

第四节　河蟹疾病预防

河蟹的生活环境是水。河蟹一方面要求有好的生活环境，另一方面则一定要有适应环境的能力。如果生活环境发生了不利于河蟹的变化，或者机体机能因其他原因引起变化而不能适应环境条件时，就会引起机体发生疾病。因此，疾病的发生是机体和外界因素双重作用的结果。前者是致病的内因，后者是致病的外因。

一、河蟹发病的原因

（一）河蟹发病的外界因素　能引起河蟹发病的外界因素很多，可概括为生物因素、理化因素和人为因素三类。

1. 生物因素　常见的河蟹疾病大多是由各种病原生物感染、寄生或侵袭而引起。生物因素是使机体致病最重要的外界因素之一。

（1）病原微生物　病毒、细菌、真菌等植物性病原体，称为病原微生物，它们所引起的疾病，通常称为传染病或微生物病。这类生物引起的疾病其特点是：发病快、来势猛、死亡率高，是河蟹的主要疾病，如抖抖病、烂鳃病、水霉病等。

（2）寄生虫　河蟹的寄生虫目前研究得较少。

（3）敌害生物　有些生物可直接吞食或间接危害河蟹，如水鼠、水鸟、水蛇、蛙类、凶猛鱼类、水生昆虫、水螅、水网藻等，统称为敌害生物。

2. 理化因素　理化因素对河蟹的生活有很大的影响，这类因素主要是指水的温度、溶解氧和酸碱度的变化，以及水中化学成分、有毒物质的含量等。

（1）水温　当水温变化过大或者变化太突然，河蟹都将难以适应，轻则发病，重则死亡。此外，各种病原体在水中或机体内大量繁殖，引起机体生病，也需要一定的适温，如多数病原体适宜在 25～30℃ 的水环境中生长。因此，疾病多发生在春末夏初、夏末秋初等季节。

（2）溶解氧　水中的溶解氧为河蟹生存所必需。在一般情况下，溶解氧只有在 4 毫克/升以上，河蟹才能正常生长。通常溶解氧含量高，河蟹对饵料的利用率也高，反之则低。当溶解氧低于 2 毫克/升时，一般养殖河蟹会因缺氧而上岸，长期缺氧会引起机体发生畸变或导致抗病力降低，从而易感染疾病；当溶解氧低于 1 毫克/升时，就会引起严重的泛塘。

（3）酸碱度　大多数河蟹对水的酸碱度有较大的适应能力，但以 pH7～

8.5 为适宜。如果酸性低于 pH 5 或碱性超过 pH 9.5，就会引起河蟹生长不良或死亡。

（4）水中的有毒物质　水中的有毒物质如硫化氢、沼气、氨、酚、单宁酸和重金属等，如果超过一定含量，均可使河蟹发生中毒而死亡。这些有毒物质往往来源于水中微生物对池底有机物质（如过量残饵、动物粪便等）的分解、农药和工业废水等。

3. 人为因素　在河蟹生产中，引起机体生病的管理和技术上的原因，统称为人为因素。主要有以下几方面：

（1）放养密度不当和混养比例不合理　放养密度和混养比例与疾病发生有很大的关系。如单位面积内放养密度过大或底层与上层的水产动物搭配不当，超过一般饵料基础与饲养条件，就会出现饵料不足、营养不良、抵抗力减弱，从而为流行病的产生创造有利条件。

（2）饲养管理不当　饲养管理水平的高低，不仅影响养殖产量，而且与疾病关系密切。如投饵不均，时投时停，就会使河蟹饥饱失常，从而引发各种疾病。又如在高温季节，不及时消除残渣剩饵，不经常加注新水，池水污浊不堪，病原微生物就会大量繁殖，也易使机体患病。另外，投喂腐败变质的饵料、施用未经充分发酵的粪肥，也常诱发不同性质的疾病。

（3）机械性损伤　网捕和运输时，若操作不当，则易使机体受伤，防御能力下降，进而感染水中的细菌、水霉等。因此，在各种操作中，应尽量避免机体受伤。

（4）检疫不严　有些疾病原来只局限于某地区，由于没有建立严格的检疫制度，没有认真进行检疫，加上地区间的亲体、苗种运输频繁，使得这些疾病迅速蔓延、传播，从而引起流行病暴发。

（二）河蟹发病的内在因素　疾病发生与否，与机体的内部因素有重要的关系。对河蟹来讲，主要的内部因素包括防御免疫机能、营养状态和年龄等。它们中有的可直接引起疾病，另一些则可促使疾病的发生。

1. 防御免疫机能　防御免疫机能是指河蟹先天具有的抵抗病原微生物侵袭的能力。如河蟹体表的甲壳、分泌的黏液等都有阻挡微生物进入体内和杀灭微生物的功能。当因网捕、运输或河蟹相互争斗致使体表受伤或附肢脱落时，机体更易受到病原微生物的侵袭而发生疾病。

2. 营养状态　因饲养管理不当，如投饵量不足、不定时、饵料腐败变质等，造成河蟹营养状态差、体小瘦弱、抵抗力下降，也易导致疾病发生。

3. 年龄　某些疾病的发生和消亡与河蟹的年龄有关，或仅仅在某个年龄段才患某种疾病。一般的，幼小的河蟹因其体小嫩弱，机体免疫功能尚未健全，最易感染病原微生物而发生疾病。

二、疾病预防

（一）彻底清塘　池塘是河蟹栖息的场所，也是病原体的滋生及贮藏场所，池塘环境的优劣，直接影响河蟹的生长和健康，所以一定要彻底清塘。彻底清塘通常包括清整池塘及药物清塘。

1. 清整池塘　冬季在并塘或收捕后，排干池水，封闸晒池，维修堤埂池脚、闸门，并清除池底过多的淤泥及池边杂草。

2. 药物清塘　塘底是河蟹致病菌和寄生虫的温床，所以药物清塘是除野和消灭病原的重要措施之一。生产上用于清塘的药物较多，但常用及效果较好的药物有生石灰、漂白粉及强氯精三种。

（1）生石灰清塘　方法有两种：一种是干池清塘，先将池水排干或留水 5～10 厘米，用生石灰 110～180 克/米^2。清塘时，在塘四周挖几个小潭（或用木桶等），让水流入，再把生石灰放入溶化，不待冷却立即均匀遍洒全池（包括池脚），第二天早晨最好用长柄泥耙在塘底推耙一遍，使石灰浆与塘泥充分混合，提高清塘效果。另一种是带水清塘，每平方米水面（水深 1 米）用量 220～450 克，将生石灰溶化后趁热全池均匀遍洒，或将生石灰盛于箩筐中，悬于船边，沉入水中，划动小船在池中缓行，使石灰溶浆后散入水中。生石灰清塘后，经数小时能杀灭野杂鱼类、蝌蚪、水生昆虫、椎实螺、蚂蟥、病菌、寄生虫及其卵等。清塘后 7～10 天药性消失即可放入河蟹。

（2）漂白粉清塘　也有两种方法：一是干池清塘，用药 15～30 克/米^2；二是带水清塘，每平方米水面（水深 1 米）用药 22～52 克。清塘后 4～5 天药力即完全消失。漂白粉有很强的杀菌作用，并能杀灭野杂鱼、蝌蚪、水生昆虫和螺蛳等。

（3）强氯精清塘　用浓度为 10～15 毫克/升的强氯精液带水清塘，1 小时内可杀灭野杂鱼、虾、蛙、水生昆虫、病菌、寄生虫及其卵等，10 天后药性基本消失，即可放入河蟹。

（二）蟹体消毒　经验表明，即使是健壮的苗种、亲本，也难免有病原体寄生。所以，在分塘换池及放养前都应进行蟹体消毒，以预防疾病的发生。在蟹体消毒前，应认真做好病原体的检查工作，针对病原体的不同种类，选择适当药物进行消毒处理，才能取得预期的效果。蟹体消毒采用药浴法，常用的消毒药物有以下几种。

1. 硫酸铜或硫酸铜和硫酸亚铁（5∶2）**合剂**　单用硫酸铜配制浓度为 0.8 毫克/升，合剂为 0.7 毫克/升，浸洗 10～30 分钟。主要预防体表的原生动物病。

2. 漂白粉（含有效氯 30%） 用 10～20 毫克/升的浓度，浸洗 10～30 分钟。具体使用浓度及浸洗时间依水温高低、机体活动情况灵活掌握，可预防体表及鳃部的细菌性疾病。

3. 碘 用 1%～2%碘溶液浸洗河蟹的幼体或成体 5～30 分钟，可杀灭河蟹体表及鳃上的细菌和病毒。

4. 高锰酸钾 用 10～20 毫克/升的浓度，浸洗 10～30 分钟，可杀灭体表及鳃上的细菌等。高锰酸钾是一种氧化剂，应现配现用。药浴用水应选含有机质较少的清水，并避光进行药浴。

5. 漂白粉和硫酸铜合剂 前者配制浓度为 10 毫克/升，后者为 8 毫克/升，分别溶化后再混合，浸洗 10～30 分钟，可杀灭体表及鳃上的细菌和原虫。

（三）饵料消毒 病原体往往能随饵料带入，因此投放的饵料必须清洁、新鲜，最好能经过消毒处理。一般植物性饵料，如水草可用浓度为 6 毫克/升的漂白粉溶液浸泡 20～30 分钟；动物性饵料，一般活的或新鲜的洗净即可；卤虫卵可用 0.03%的漂白粉液浸泡消毒，淘洗至无氯味（也可用 30 毫克/升浓度的硫代硫酸钠去氯后再洗净）再孵化；肥料，如粪肥，每 100 千克加 24 克漂白粉消毒处理后投放入池。

（四）工具消毒 养殖用的各种工具，往往成为传播疾病的媒介，因此发病池所用的工具，应与其他池塘使用的工具分开，避免将病原体从一个池带入另一个池。若工具缺乏，无法做到分开使用，应将发病池用过的工具消毒处理后再使用。一般网具可用浓度为 20 毫克/升硫酸铜水溶液浸洗 30 分钟，晒干后再使用；木制工具可用 5%漂白粉溶液消毒处理后，在清水中洗净再使用。

（五）食场消毒 食场内常有残余饵料，腐败后可成为病原菌繁殖的培养基。此种情况在水温较高、疾病流行季节最易发生，所以除了注意投饵量适当，每天捞除剩饵及清洗食场外，在疾病流行季节，应经常对食场进行消毒，方法通常有挂篓挂袋法和区域泼洒法两种。

（六）水体消毒 养殖池等经一段时间养殖后，水体中有机物质及悬浮物质增加，水质逐渐恶化，并且病原体也逐渐增加。因此，在疾病流行季节，应定期进行水体消毒，以杀灭水体中及河蟹体外的病原体。水体消毒就是在养殖池中遍洒药物。现在最常用的水体消毒药是生石灰，可按 50～60 毫克/升的浓度使用。生石灰不仅具有一定的杀菌作用，而且有良好的改善水质的功效。优良的水体消毒剂，杀菌方面的还有漂白粉（1 毫克/升）、优氯净或强氯精（0.3 毫克/升）；杀虫方面的有硫酸铜和硫酸亚铁（5∶2）合剂（0.7 毫克/升）等。

三、常用消毒预防药及使用方法

（一）常用消毒药物

1. 卤素类 卤素化合物均有强大的杀菌能力，因为卤素易渗入细菌细胞内对原浆蛋白产生卤化氧化作用。常用的卤素为氯和碘，但氯是气体，使用不方便，一般用含氯制剂。

（1）氯化钠 又名食盐。常用于防治细菌、真菌性疾病。

（2）漂白粉 须密封置阴凉干燥处保存。新鲜优质的漂白粉，其有效氯含量应达到30％。漂白粉为广谱消毒剂，加入水中生成具有杀菌能力的次氯酸分子和次氯酸离子，对细菌、病毒、真菌均有不同程度的杀灭作用。一般用于清塘消毒和防治细菌性疾病。

（3）优氯净 学名二氯异氰尿酸钠，又名鱼康。应密封置干燥处保存。常用本品清除水污染和防治河蟹的多种细菌性疾病。

（4）强氯精 学名三氯异氰尿酸，又名鱼安。应密封置通风干燥处保存。常用以清塘消毒和防治细菌性疾病。

（5）碘 应密封放置冷暗处保存。可杀死细菌、霉菌和病毒，对寄生虫也有杀灭作用。

（6）碘伏（PVP-I） 为碘（I_2）和聚乙烯吡咯烷酮（PVP）的络合物，是一种缓放性较好的高分子药物。杀菌谱广，对细菌、真菌、病毒等都具有有效的消毒作用。水产上用10％复方皮维碘溶液，可用于防治河蟹病毒病。

2. 生石灰 又名氧化钙，在空气中易吸水，逐渐变成粉状熟石灰而降低效力，故应密封置于干燥处保存。对大多数细菌和繁殖型病毒有较强的杀灭作用。此外，生石灰还具有改变底质环境、提高水体pH和池水碱度及硬度、增加缓冲能力、澄清池水的作用，同时生石灰中的钙离子还是水生动植物不可缺少的营养元素。主要用于清塘消毒和防治细菌性疾病。

3. 高锰酸钾 易溶于水，水溶液遇有机物分解失效。应放置在有色瓶内密封保存。高锰酸钾为强氧化剂，具有消毒、杀菌和杀虫作用。常用于机体消毒、池水消毒，防治细菌、固着类纤毛虫病和真菌性疾病等。

（二）常用抗寄生虫药

1. 硫酸铜 又名蓝矾、胆矾，对多种寄生虫，特别是对大部分原生动物，有较强的杀伤力。其药效受环境影响较大，与水温成反比，与水中有机物含量、盐含量、pH成正比，用药时要根据水温等因素调整使用浓度。但需增高浓度时，应通过预试验确定，切勿随意增加，以免发生药物中毒。

2. 硫酸亚铁 又名绿矾、青矾，本品在潮湿空气中久置，会吸湿而氧化，生成黄褐色不溶性碱式硫酸铁而失去药效，因此应密封置干燥处保存。本品为辅助药物，常与硫酸铜按比例配用，以增强药物的渗透性和收敛性，起增效作用。

（三）常用中草药

1. 大黄 又名锦纹、黄良，别名将军。其粗壮的肉质根和地下根状茎为药用，含有多种蒽醌衍生物和鞣酸等有机物，以大黄酸、大黄素及芦荟大黄素等抗菌作用最强，用于防治河蟹烂鳃病等。

2. 大蒜 其有效成分为大蒜素，又称蒜辣素，为植物杀菌剂，纯品为一种油状液体，可由大蒜在酶的作用下提取，亦可人工合成。用于防治河蟹细菌性肠炎等病。

3. 五倍子 本品含有大量鞣酸，能凝固蛋白质，有较强的杀菌能力，常用作河蟹细菌性疾病的外用药。

4. 板蓝根和大青叶 板蓝根和大青叶的种类很多，药典正式收载的有：十字花科的菘蓝、蓼科蓼蓝、豆科木蓝等。其叶称大青叶，其根称板蓝根。本品主要含靛蓝、β-谷甾醇、板蓝根乙素等成分，对多种革兰氏阳性菌、阴性菌及一些病毒均有抑制作用。用以防治河蟹细菌病和病毒病。

四、药物的使用

（一）**环境因素对药物作用的影响** 水温、光照、水体酸碱度、水硬度、溶解氧、水体的肥瘦度等环境因素对药物作用的影响在河蟹上尤为明显，特别是外用药。因此，为了确保药物的治疗效果，必须注意水体中各种环境因素对药效的影响。

1. 水温 在化学反应中，温度相差1℃，其反应速度约相差1倍。一年四季中，养殖池的水温差异很大。如果治病时不考虑水温高低，一概采用同一种药物浓度，显然是不科学的。如机体消毒采用10毫克/升浓度的漂白粉，冬季时浸泡消毒30分钟。若在夏季，浸泡时间就应缩短，否则，就易产生药害。

有不少药物，在低温环境下疗效较差，对于这种情况，解决的办法：一是选用在低水温条件下仍有较好疗效的药物替代；二是有条件时应适当升高水温来提高药效。

水温不仅间接影响药物的治疗效果，而且由于各种病原体对温度的适应范围有差异，所以采用升温措施本身也是直接治疗疾病的方法之一。如在治疗河蟹的水霉病时，把水温升至20℃以上，就可以控制病情。

2. 光照 强阳光的照射会影响某些药物的药效，如高锰酸钾，应在避光条件下使用。

3. 水体酸碱度　很多药物的药效都与酸碱度有关，如敌百虫在碱性水体中毒性增强，应根据水体的具体条件，选用适宜的药物或预先改变水体的酸碱度或酌情增减药物的浓度。

4. 水体的肥瘦度　水中的有机质过多，药物会与之发生反应而降低药效，如漂白粉、硫酸铜、高锰酸钾等；此外，水体中含有的氨氮、亚硝酸盐、硫化氢等物质也会影响某些药物的药效。因此，具体用药时，肥水池的用药量应适当提高，否则会影响疗效。

（二）给药方法　防治河蟹疾病的方法主要分体外用药和体内用药两种，前者是发挥局部作用的一种给药措施，后者除驱肠虫药和治疗肠炎病外，主要是利用药物的吸收作用。有时两类以上药物联合应用，或内服、外用同时进行，则主要是发挥药物的协同作用。给药的方法不同，吸收的速度就不一样，体内的浓度也有区别，从而也会影响药物的作用。临床用药时，应根据药物的性质、疾病的种类、病程、机体的大小及养殖条件等采取适当的给药方法。下面介绍河蟹疾病防治中常用的几种给药方法：

1. 挂篓挂袋法　在食场周围悬挂盛有药物的袋或篓形成一定范围的消毒区，当河蟹来摄食时达到消灭体外病原体的目的。使用此法，必须与食场的设置相结合，同时用药浓度不能超过河蟹来吃食的最高忍耐浓度，且该药物浓度必须保持 2～3 小时，一般须持续挂药 3 天。此法用药量少，方法简便，副作用小，但杀灭病原体不彻底。适用于预防及疾病的早期治疗，尤其是面积较大的养殖池，常用此法预防疾病。

2. 药浴法　将河蟹集中在较小容器时，用较高浓度的药液进行强迫性短时间的洗浴，以杀灭其体表的病原体。此法具有用药量少，方法简单，危害性及副作用小等优点，但不能杀灭水体中的病原体，所以一般作为转池或运输前后消毒用。在流水池及换水方便的池塘，可采取降低水位、停止流水或减慢流速，全池遍洒药液，药浴一定时间后再恢复水位及流速的方法。河蟹的亲蟹消毒和幼体的消毒常用此法。

3. 泼洒法　按泼洒的程度和范围分为遍洒法和区域泼洒法。遍洒法是指全池遍洒药液，使池水达到一定浓度，以杀灭河蟹体表及整个池水中的病原体。此法杀灭病原体较彻底，预防、治疗均可用，但用药量大，计算池水体积较麻烦。区域泼洒法是指定期在食场投料后泼入药液，形成区域消毒区，当河蟹来活动或摄食时达到消灭体外病原体的目的。此法有替代挂篓挂袋法的趋势，因为它同样具有用药量少的特点，且方法更简便，效果更好。河蟹的池塘养殖、工厂化育苗、扣蟹培育常用此法。

4. 浸沤法　是将中草药浸沤在池塘的上风处或将捆扎好的草药分成数堆浸入池水中，以其浸出液杀灭池水中及河蟹体表的病原体。此法适用于池塘养殖中的疾病预防和早期治疗。

5. 口服法　将药物与河蟹喜吃的饵料混合，拌以适量的黏合剂，制成大小适口的颗粒药饵投喂，以杀灭体内病原体的方法。此法适用于预防及治疗，但当病情严重，病体已停止摄食或很少摄食时则无效。

6. 间接投药法　此法是一种特殊的投喂药饵的方法。河蟹幼体阶段可摄食活饵，防治其疾病时，采用药物浸泡、注射或投喂给活饵，再行投喂。由于河蟹和摄食药物之间的关系是间接的，因此称为间接投药法。例如，河蟹溞状幼体阶段，可将药物投喂给轮虫，再将活轮虫投喂给溞状幼体。

此外，河蟹一般不用涂抹法、口灌法和注射法。

第三章 出口河蟹安全卫生技术法规及风险管理

随着人民生活水平的不断提高，人们对动物源性食品的质量要求也越来越高，动物源性食品的安全问题已引起了各国社会的广泛关注。而药物残留因具有隐蔽性、积蓄性、长期性、复杂性、危害性，已成为一个影响动物源性食品质量的关键因素。药物残留量已成为世界水产品贸易中的重要安全卫生指标和日益提高的技术壁垒之一。从日本实施的肯定列表以及欧盟新发布的法规来看，在食用水生动物中禁用限用药物已经成为世界共识，是大势所趋。

目前国内对食用水生动物的研究主要侧重于养殖方面。关于药残方面的研究，研究对象局限于封闭养殖水域或者是野生捕捞的水生动物，研究内容局限于国家标准或行业标准的讨论、有毒有害物质残留对人体的危害等。国内目前能查到的主要是上海水产大学在实验室进行过一两种喹诺酮类药物和磺胺类药物的代谢规律研究。

在国外，由于许多国家都将中华绒螯蟹作为有害外来生物看待，认为该物种一旦进入本土将对该地区的水域生物链造成破坏，引起生物、环境等多方面的负面影响，因此都不允许中华绒螯蟹进入本国。由此导致国外对中华绒螯蟹的研究很少，相关的文献和数据也很少。

第一节 我国河蟹安全卫生技术法规

河蟹的安全卫生主要涉及有毒有害物质、农药和兽药残留。我国与世界上许多国家一样，单独针对某一种产品的安全卫生技术法规很少，我国单独针对河蟹的安全卫生技术法规也很少，但与河蟹相关的法规和技术标准很多，目前涉及河蟹的法规和标准主要有三大类：我国对河蟹中有毒有害物质的限量规定、我国对河蟹中兽药残留限量规定、我国对河蟹产品的质量安全要求。

一、我国对河蟹中有毒有害物质的限量规定

（一）GB 2762—2005 食品中污染物限量　卫生部和国家标准委员会于2005年1月25日发布了《食品中污染物限量》卫生标准，但没有将河蟹单独作为食品列入其中，提到与河蟹有关的检测项目只有2项，甲基汞（鱼及其他水产品）和砷（贝类及虾蟹类），其他大部分检测项目只有鱼类的，仅作参考。具体限量要求见表3-1。

表3-1　GB 2762—2005 中有关水产品的安全卫生项目和限量要求

序号	食品名称	安全卫生项目	限量要求（毫克/千克）
1	鱼类	铅	0.5
2	鱼	镉	0.1
3	鱼（不包括食肉鱼类）及其他水产品	甲基汞	0.5
4	贝类及虾蟹类（以鲜重计）	砷	0.5
5	鱼贝类	铬	2.0
6	鱼类	硒	1.0
7	鱼类（淡水）	氟	2.0
8	鱼类	亚硝酸盐	3

（二）GB 2763—2012 食品中农药最大残留限量　GB 2763—2012（《食品中农药最大残留限量》）是我国对食品中农药残留限量规定最全面的一个标准，它代替并废止《食品中农药最大残留限量》（GB 2763—2005）及其第1号修改单、GB 2715—2005《粮食卫生标准》中的4.3.3农药最大残留限量、《食品中百菌清等12种农药最大残留限量》（GB 25193—2010）、《食品中百草枯等54种农药最大残留限量》（GB 26130—2010）、《食品中阿维菌素等85种农药最大残留限量》（GB 28260—2011）等标准。于2013年3月1日起实施。由于农药主要使用于农作物，该标准大部分是针对蔬菜、粮谷等植物源性食品，与河蟹有关仅仅2项，即滴滴涕和六六六（水产品），见表3-2。

表3-2　GB 2763—2012 中有关安全卫生项目和限量要求

序号	食品名称	安全卫生项目	限量要求（毫克/千克）
1	水产品	滴滴涕	0.5
2	水产品	六六六	0.1

（三）NY 5073—2006 无公害食品　水产品中有毒有害物质限量　NY 5073—2006（《无公害食品　水产品中有毒有害物质限量》）是对 NY 5073—2001 进行了修订，增加了产品中石油烃的限量，删除了汞、砷、硒、铬、甲醛、六六六、滴滴涕限量指标，修改了多氯联苯的限量，共规定了 11 种有毒有害物质在水产品中的残留限量，见表 3-3。

表 3-3　水产品中有毒有害物质限量

项　　目	指　　标
组胺，毫克/100 克	≤100（鲐鲹鱼类）
	≤30（其他红肉鱼类）
麻痹性贝类毒素（PSP），MU/100 克	≤400（贝类）
腹泻性贝类毒素（DSP），MU/克	不得检出（贝类）
无机砷，毫克/千克	≤0.1（鱼类）
	≤0.5（其他动物性水产品）
甲基汞，毫克/千克	≤0.5（所有水产品，不包括食肉鱼类）
	≤1.0（肉食性鱼类，如鲨鱼、金枪鱼、旗鱼等）
铅（Pb），毫克/千克	≤0.5（鱼类）
	≤0.5（甲壳类）
	≤1.0（贝类）
	≤1.0（头足类）
镉（Cd），毫克/千克	≤0.1（鱼类）
	≤0.5（甲壳类）
	≤1.0（贝类）
	≤1.0（头足类）
铜（Cu），毫克/千克	≤50
氟（F），毫克/千克	≤2.0（淡水鱼类）
石油烃，毫克/千克	≤15
多氯联苯（PCBs），毫克/千克（以 PCB28、PCB52、PCB101、PCB118、PCB138、PCB153、PCB180 总和计）其中：	≤2.0（海产品）
PCB138，毫克/千克	≤0.5
PCB153，毫克/千克	≤0.5

二、我国对河蟹中兽药残留限量规定

（一）农业部 193 号公告《食品动物禁用的兽药及其他化合物清单》　为

保证动物源性食品安全，维护人民身体健康，农业部根据《兽药管理条例》的规定，制定了《食品动物禁用的兽药及其他化合物清单》，该《禁用清单》共规定了 37 种兽药及其他化合物禁止用于食品动物，除了双甲脒（禁止用于水生食品动物）外，其他都禁止用于所有食品动物，因此对河蟹而言，这些药物都是禁用的，具体见表 3－4。

表 3－4　食品动物禁用的兽药及其他化合物清单

序号	兽药及其他化合物名称	禁止用途	禁用动物
1	兴奋剂类：克仑特罗 Clenbuterol、沙丁胺醇 Salbutamol、西马特罗 Cimaterol 及其盐、酯及制剂	所有用途	所有食品动物
2	性激素类：己烯雌酚 Diethylstilbestrol 及其盐、酯及制剂	所有用途	所有食品动物
3	具有雌激素样作用的物质：玉米赤霉醇 Zeranol、去甲雄三烯醇酮 Trenbolone、醋酸甲孕酮 Mengestrol acetate 及制剂	所有用途	所有食品动物
4	氯霉素 Chloramphenicol 及其盐、酯（包括：琥珀氯霉素 Cholramphenicol succinate）和制剂	所有用途	所有食品动物
5	氨苯砜 Dapsone 及制剂	所有用途	所有食品动物
6	硝基呋喃类：呋喃唑酮 Furazolidone、呋喃它酮 Furaltadone、呋喃苯烯酸钠 Nifurstyrenate sodium 及制剂	所有用途	所有食品动物
7	硝基化合物：硝基酚钠 Sodium nitrophenolate、硝呋烯腙 Nitrovin 及制剂	所有用途	所有食品动物
8	催眠、镇静类：安眠酮 Methaqualone 及制剂	所有用途	所有食品动物
9	林丹（丙体六六六）Lindane	杀虫剂	所有食品动物
10	毒杀芬（氯化烯）Camahechlor	杀虫剂、清塘剂	所有食品动物
11	呋喃丹（克百威）Carbofuran	杀虫剂	所有食品动物
12	杀虫脒（克死螨）Chlordimeform	杀虫剂	所有食品动物
13	双甲脒 Amitraz	杀虫剂	水生食品动物
14	酒石酸锑钾 Antimony potassium tartrate	杀虫剂	所有食品动物
15	锥虫胂胺 Tryparsamide	杀虫剂	所有食品动物
16	孔雀石绿 Malachite green	抗菌、杀虫剂	所有食品动物
17	五氯酚酸钠 Pentachlorophenol sodium	杀螺剂	所有食品动物
18	各种汞制剂包括：氯化亚汞（甘汞）Calomel、硝酸亚汞 Mercurous nitrate、醋酸汞 Mercurous acetate、吡啶基醋酸汞 Pyridyl mercurous acetate	杀虫剂	所有食品动物

（续）

序号	兽药及其他化合物名称	禁止用途	禁用动物
19	性激素类：甲基睾丸酮 Methyltestosterone、丙酸睾酮 Testosterone propionate 苯丙酸诺龙 Nandrolone phenylpropionate、苯甲酸雌二醇 Estradiol benzoate 及其盐、酯及制剂	杀虫剂	所有食品动物
20	催眠、镇静类：氯丙嗪 Chlorpromazine、地西泮（安定）Diazepam 及其盐、酯及制剂	促生长	所有食品动物
21	硝基咪唑类：甲硝唑 Metronidazole、地美硝唑 Dimetronidazole 及其盐、酯及制剂	促生长	所有食品动物

（二）农业部第235号公告《动物性食品中兽药最高残留限量》　2002年12月24日，农业部发布第235号公告《动物源性食品中兽药最高残留限量》，该公告由4个部分组成：一是农业部批准可用于食品动物，不需要制定最高残留限量的有88种药物（表3-5）；二是农业部批准可用于食品动物，需要制定最高残留限量的有94种药物，其中规定了与水产品（包括河蟹）有关的19种药物的最大残留限量（表3-6）；三是农业部批准可用于食品动物，但不得在动物性食品中检出兽药残留的有9种药物，其中与水产品（包括河蟹）有关的有7种药物（表3-7）；四是农业部规定禁止用于所有食品动物，且在动物性食品中不得检出残留的药物有31种，这31种药物都不得用于河蟹（表3-8）。

表3-5　不需要制定残留限量的药物

药物名称	动物种类	其他规定
氢氧化铝 Aluminium hydroxide	所有食品动物	
阿托品 Atropine	所有食品动物	
甲基吡啶磷 Azamethiphos	鱼	
甜菜碱 Betaine	所有食品动物	
碱式碳酸铋 Bismuth subcarbonate	所有食品动物	仅作口服用
碱式硝酸铋 Bismuth subnitrate	所有食品动物	仅作口服用
硼酸及其盐 Boric acid and borates	所有食品动物	

（续）

药物名称	动物种类	其他规定
咖啡因 Caffeine	所有食品动物	
硼葡萄糖酸钙 Calcium borogluconate	所有食品动物	
碳酸钙 Calcium carbonate	所有食品动物	
氯化钙 Calcium chloride	所有食品动物	
葡萄糖酸钙 Calcium gluconate	所有食品动物	
磷酸钙 Calcium phosphate	所有食品动物	
硫酸钙 Calcium sulphate	所有食品动物	
泛酸钙 Calcium pantothenate	所有食品动物	
樟脑 Camphor	所有食品动物	仅作外用
氯己定 Chlorhexidine	所有食品动物	仅作外用
胆碱 Choline	所有食品动物	
肾上腺素 Epinephrine	所有食品动物	
乙醇 Ethanol	所有食品动物	仅作赋型剂用
硫酸亚铁 Ferrous sulphate	所有食品动物	
叶酸 Folic acid	所有食品动物	
促卵泡激素（各种动物天然 FSH 及其化学合成类似物） Follicle stimulating hormone（natural FSH from all species and their synthetic analogues）	所有食品动物	
甲醛 Formaldehyde	所有食品动物	

（续）

药物名称	动物种类	其他规定
戊二醛 Glutaraldehyde	所有食品动物	
垂体促性腺激素释放激素 Gonadotrophin releasing hormone	所有食品动物	
绒促性素 Human chorion gonadotrophin	所有食品动物	
盐酸 Hydrochloric acid	所有食品动物	仅作赋型剂用
氢化可的松 Hydrocortisone	所有食品动物	仅作外用
过氧化氢 Hydrogen peroxide	所有食品动物	
碘和碘无机化合物包括： Iodine and iodine inorganic compounds including： 　碘化钠和钾 　Sodium and potassium-iodide 　碘酸钠和钾 　Sodium and potassium-iodate	所有食品动物	
碘伏包括： Iodophors including： 　聚乙烯吡咯烷酮碘 　polyvinylpyrrolidone-iodine	所有食品动物	
碘有机化合物： Iodine organic compounds： 　碘仿 　Iodoform	所有食品动物	
右旋糖酐铁 Iron dextran	所有食品动物	
氯胺酮 Ketamine	所有食品动物	
乳酸 Lactic acid	所有食品动物	
促黄体激素（各种动物天然 FSH 及其化学合成类似物） Luteinising hormone (natural LH from all species and their synthetic analogues)	所有食品动物	

（续）

药物名称	动物种类	其他规定
氯化镁 Magnesium chloride	所有食品动物	
甘露醇 Mannitol	所有食品动物	
甲萘醌 Menadione	所有食品动物	
新斯的明 Neostigmine	所有食品动物	
缩宫素 Oxytocin	所有食品动物	
胃蛋白酶 Pepsin	所有食品动物	
苯酚 Phenol	所有食品动物	
聚乙二醇（分子量范围从 200 到 10 000) Polyethylene glycols (molecular weight ranging from 200 to 10 000)	所有食品动物	
吐温-80 Polysorbate 80	所有食品动物	
普鲁卡因 Procaine	所有食品动物	
双羟萘酸噻嘧啶 Pyrantel embonate	马	
水杨酸 Salicylic acid	除鱼外所有食品动物	仅作外用
氯化钠 Sodium chloride	所有食品动物	
焦亚硫酸钠 Sodium pyrosulphite	所有食品动物	
水杨酸钠 Sodium salicylate	除鱼外所有食品动物	仅作外用
亚硒酸钠 Sodium selenite	所有食品动物	
硬脂酸钠 Sodium stearate	所有食品动物	

（续）

药物名称	动物种类	其他规定
硫代硫酸钠 Sodium thiosulphate	所有食品动物	
脱水山梨醇三油酸酯（司盘85） Sorbitan trioleate	所有食品动物	
愈创木酚磺酸钾 Sulfogaiacol	所有食品动物	
丁卡因 Tetracaine	所有食品动物	仅作麻醉剂用
硫柳汞 Thiomersal	所有食品动物	多剂量疫苗中作防腐剂使用，浓度最大不得超过0.02%
硫喷妥钠 Thiopental sodium	所有食品动物	仅作静脉注射用
维生素A Vitamin A	所有食品动物	
维生素B_1 Vitamin B_1	所有食品动物	
维生素B_{12} Vitamin B_{12}	所有食品动物	
维生素B_2 Vitamin B_2	所有食品动物	
维生素B_6 Vitamin B_6	所有食品动物	
维生素D Vitamin D	所有食品动物	
维生素E Vitamin E	所有食品动物	
氧化锌 Zinc oxide	所有食品动物	
硫酸锌 Zinc sulphate	所有食品动物	

表3-6　已批准的动物性食品中最高残留限量规定（与水产品有关的 19 种）

药物名	标志残留物	动物种类	靶组织	残留限量（微克/千克）
阿莫西林 Amoxicillin	Amoxicillin	所有食品动物	肌肉	50
			脂肪	50
			肝	50
			肾	50
			奶	10
氨苄西林 Ampicillin	Ampicillin	所有食品动物	肌肉	50
			脂肪	50
			肝	50
			肾	50
			奶	10
苄星青霉素/ 普鲁卡因青霉素 Benzylpenicillin/Procaine benzylpenicillin ADI：0～30 克/（人·天）	Benzylpenicillin	所有食品动物	肌肉	50
			脂肪	50
			肝	50
			肾	50
			奶	4
氯唑西林 Cloxacillin	Cloxacillin	所有食品动物	肌肉	300
			脂肪	300
			肝	300
			肾	300
			奶	30
达氟沙星 Danofloxacin ADI：0～20 克/（人·天）	Danofloxacin	其他动物	肌肉	100
			脂肪	50
			肝	200
			肾	200
溴氰菊酯 Deltamethrin ADI：0～10 克/（人·天）	Deltamethrin	鱼	肌肉	30
二氟沙星 Difloxacin ADI：0～10 克/（人·天）	Difloxacin	其他	肌肉	300
			脂肪	100
			肝	800
			肾	600

（续）

药物名	标志残留物	动物种类	靶组织	残留限量 （微克/千克）
恩诺沙星 Enrofloxacin ADI：0～2 克/（人·天）	Enrofloxacin ＋ Ciprofloxacin	其他动物	肌肉	100
			脂肪	100
			肝	200
			肾	200
红霉素 Erythromycin ADI：0～5 克/（人·天）	Erythromycin	所有食品动物	肌肉	200
			脂肪	200
			肝	200
			肾	200
			奶	40
			蛋	150
氟苯尼考 Florfenicol ADI：0～3 克/（人·天）	Florfenicol-amine	鱼	肌肉＋皮	1 000
		其他动物	肌肉	100
			脂肪	200
			肝	2 000
			肾	300
氟甲喹 Flumequine ADI：0～30 克/（人·天）	Flumequine	鱼	肌肉＋皮	500
氟胺氰菊酯 Fluvalinate	Fluvalinate	所有动物	肌肉	10
			脂肪	10
			副产品	10
苯唑西林 Oxacillin	Oxacillin	所有食品动物	肌肉	300
			脂肪	300
			肝	300
			肾	300
			奶	30
噁喹酸 Oxolinic acid ADI：0～2.5 克/（人·天）	Oxolinic acid	鱼	肌肉＋皮	300

（续）

药物名	标志残留物	动物种类	靶组织	残留限量 （微克/千克）
土霉素/金霉素/四环素 Oxytetracycline/ Chlortetracycline/Tetracycline ADI：0～30克/（人·天）	Parent drug， 单个或复合物	所有食品动物	肌肉	100
			肝	300
			肾	600
		鱼/虾	肉	100
沙拉沙星 Sarafloxacin ADI：0～0.3克/（人·天）	Sarafloxacin	鱼	肌肉＋皮	30
磺胺类 Sulfonamides	Parent drug （总量）	所有食品动物	肌肉	100
			脂肪	100
			肝	100
			肾	100
甲砜霉素 Thiamphenicol ADI：0～5克/（人·天）	Thiamphenicol	鱼	肌肉＋皮	50
甲氧苄啶 Trimethoprim ADI：0～4.2克/（人·天）	Trimethoprim	鱼	肌肉＋皮	50

表3-7 允许作治疗用，但不得在动物性食品中检出的
药物（与水产品有关的 7 种）

药物名称	标志残留物	动物种类	靶组织
氯丙嗪 Chlorpromazine	Chlorpromazine	所有食品动物	所有可食组织
地西泮（安定） Diazepam	Diazepam	所有食品动物	所有可食组织
地美硝唑 Dimetridazole	Dimetridazole	所有食品动物	所有可食组织
苯甲酸雌二醇 Estradiol benzoate	Estradiol	所有食品动物	所有可食组织
甲硝唑 Metronidazole	Metronidazole	所有食品动物	所有可食组织
苯丙酸诺龙 Nadrolone phenylpropionate	Nadrolone	所有食品动物	所有可食组织
丙酸睾酮 Testosterone propinate	Testosterone	所有食品动物	所有可食组织

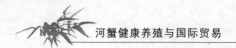

表 3-8 禁止使用的药物，在动物性食品中不得检出

药物名称	禁用动物种类	靶组织
氯霉素 Chloramphenicol 及其盐、酯（包括：琥珀氯霉素 Chloramphenico Succinate）		
克伦特罗 Clenbuterol 及其盐、酯		
沙丁胺醇 Salbutamol 及其盐、酯		
西马特罗 Cimaterol 及其盐、酯		
氨苯砜 Dapsone		
己烯雌酚 Diethylstilbestrol 及其盐、酯		
呋喃它酮 Furaltadone		
呋喃唑酮 Furazolidone		
林丹 Lindane		
呋喃苯烯酸钠 Nifurstyrenate sodium		
安眠酮 Methaqualone		
洛硝达唑 Ronidazole		
玉米赤霉醇 Zeranol		
去甲雄三烯醇酮 Trenbolone		
醋酸甲孕酮 Mengestrol Acetate		
硝基酚钠 Sodium nitrophenolate	所有食品动物	所有可食组织
硝呋烯腙 Nitrovin		
毒杀芬（氯化烯）Camahechlor		
呋喃丹（克百威）Carbofuran		
杀虫脒（克死螨）Chlordimeform		
双甲脒 Amitraz		
酒石酸锑钾 Antimony potassium tartrate		
锥虫砷胺 Tryparsamile		
孔雀石绿 Malachite green		
五氯酚酸钠 Pentachlorophenol sodium		
氯化亚汞（甘汞）Calomel		
硝酸亚汞 Mercurous nitrate		
醋酸汞 Mercurous acetate		
吡啶基醋酸汞 Pyridyl mercurous acetate		
甲基睾丸酮 Methyltestosterone		
群勃龙 Trenbolone		

（三）NY 5071—2002 无公害食品　渔用药物使用准则　《无公害食品　渔用药物使用准则》规定了渔用药物使用的基本原则、渔用药物的使用方法以及禁用渔药，共规定了 26 种渔用药物的用途、用量和注意事项，并规定了部分药物的休药期，以及 32 种禁用药物，这是我国首次对水产养殖用药做出比较全面的规定。32 种禁用渔药见表 3-9。

表 3-9　禁用渔药

药物名称	化学名称（组成）	别　名
地虫硫磷 fonofos	O-2基-S苯基二硫代磷酸乙酯	大风雷
六六六 BHC（HCH） Benzem，bexachloridge	1，2，3，4，5，6-六氯环己烷	
林丹 lindane，agammaxare gamma-BHC gamma-HCH	γ-1，2，3，4，5，6-六氯环己烷	丙体六六六
毒杀芬 camphechlor（ISO）	八氯莰烯	氯化莰烯
滴滴涕 DDT	2，2-双（对氯苯基）-1，1，1-三氯乙烷	
甘汞 calomel	二氯化汞	
硝酸亚汞 mercurous nitrate	硝酸亚汞	
醋酸汞 mercuric acetate	醋酸汞	
呋喃丹 carbofuran	2，3-氢-2，2-二甲基-7-苯并呋喃-甲基氨基甲酸酯	克百威、大扶农
杀虫脒 chlordimeform	N-（2-甲基-4-氯苯基）N'，N'-二甲基甲脒盐酸盐	克死螨
双甲脒 anitraz	1，5-双-（2，4-二甲基苯基）-3-甲基1，3，5-三氮戊二烯-1，4	二甲苯胺脒
氟氯氰菊酯 flucythrinate	（R，S）-α-氰基-3-苯氧苄基-（R，S）-2-（4-二氟甲氧基）-3-甲基丁酸酯	保好江乌、氟氰菊酯

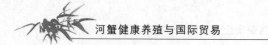

（续）

药物名称	化学名称（组成）	别　名
五氯酚钠 PCP－Na	五氯酚钠	
孔雀石绿 malachite green	$C_{23}H_{25}CIN_2$	碱性绿、盐基块绿、孔雀绿
锥虫胂胺 tryparsamide		
酒石酸锑钾 anitmonyl potassium tartrate	酒石酸锑钾	
磺胺噻唑 sulfathiazolum ST，norsultazo	2－（对氨基苯碘酰胺）-噻唑	消治龙
磺胺脒 sulfaguanidine	N1－脒基磺胺	磺胺胍
呋喃西林 furacillinum，nitrofurazone	5-硝基呋喃醛缩氨基脲	呋喃新
呋喃唑酮 furazolidonum，nifulidone	3－（5-硝基糠叉胺基）－2-噁唑烷酮	痢特灵
呋喃那斯 furanace，nifurpirinol	6-羟甲基-2-〔-（5-硝基-2-呋喃基乙烯基）〕吡啶	P-7138（实验名）
氯霉素（包括其盐、酯及制剂） chloramphennicol	由委内瑞拉链霉素生产或合成法制成	
红霉素 erythromycin	属微生物合成，是 *Streptomyces eyythreus* 生产的抗生素	
杆菌肽锌 zinc bacitracin premin	由枯草芽孢杆菌 *Bacillus subtilis* 或 *B. leicheniformis* 所产生的抗生素，为一含有噻唑环的多肽化合物	枯草菌肽
泰乐菌素 tylosin	*S. fradiae* 所产生的抗生素	
环丙沙星 ciprofloxacin（CIPRO）	为合成的第三代喹诺酮类抗菌药，常用盐酸盐水合物	环丙氟哌酸
阿伏帕星 avoparcin		阿伏霉素
喹乙醇 olaquindox	喹乙醇	喹酰胺醇羟乙喹氧

（续）

药物名称	化学名称（组成）	别　名
速达肥 fenbendazole	5-苯硫基-2-苯并咪唑	苯硫哒唑氨甲基甲酯
己烯雌酚（包括雌二醇等其他类似合成等雌性激素） diethylstilbestrol, stilbestrol	人工合成的非甾体雌激素	己烯雌酚，人造求偶素
甲基睾丸酮（包括丙酸睾丸素、去氢甲睾酮以及同化物等雄性激素） methyltestosterone, metandren	睾丸素 C17 的甲基衍生物	甲睾酮甲基睾酮

（四）NY 5070—2002 无公害食品　水产品中渔药残留限量　该标准是对 NY 5070—2001《无公害食品　水产品中渔药残留限量》的修订。该标准修订主要参考了国际食品法典委员会（CAC）《食品中兽药残留》（*Residue of Veterinary Drugs in Foods*）第 2 版第 3 卷（1995 修订）和《食品中兽药最大残留限量标准》（*Codex Maximum Residue Limit for Veterinary Drugs in Foods*），同时根据我国水产品贸易情况，参考了欧盟法规（EEC Regulation 2377/90.）、美国食品与药品管理局（FAD）法规［21CFRCh. I（4-1-01 Edition）Part 556 Tolerance for Residue of New Animal Drugs in Food］以及日本、加拿大、韩国和我国香港地区的动物性食品中兽药最大残留限量标准（MRL），并结合我国水产品养殖过程中渔药的使用情况。

该标准保持了原标准的结构形式，在内容上保留了原标准中科学、合理的内容，删除了目前我国水产养殖中没有使用的药物，修订了氯霉素测定方法，增加了附录 A、附录 B，同时对部分内容作了修改和补充。该标准规定了 5 类 13 种药物的残留限量，全部与河蟹有关，其中 4 种药物为不得检出。具体限量见表 3-10。

表 3-10　水产品中渔药残留限量

药物类别		药物名称		指标（MPL）（毫克/千克）
		中文	英文	
抗生素类	四环素类	金霉素	Chlortetracycline	100
		土霉素	Oxytetracycline	100
		四环素	Tetracycline	100
	氯霉素类	氯霉素	Chloramphenicol	不得检出

（续）

| 药物类别 | 药物名称 | | 指标（MPL） |
	中文	英文	（毫克/千克）
磺胺类及增效剂	磺胺嘧啶	Sulfadiazine	100（以总量计）
	磺胺甲基嘧啶	Sulfamerazine	
	磺胺二甲基嘧啶	Sulfadimidine	
	磺胺甲噁唑	sulfamethoxazole	
	甲氧苄啶	Trimethoprim	50
喹诺酮类	噁喹酸	Oxilinic acid	300
硝基呋喃类	呋喃唑酮	Furazolidone	不得检出
其他	己烯雌酚	Diethylstilbestrol	不得检出
	喹乙醇	Olaquindox	不得检出

三、我国对河蟹产品的质量安全要求

（一）NY 5064—2005 无公害食品 淡水蟹 2005 年 1 月 19 日我国发布了 NY 5064—2005（《无公害食品 淡水蟹》），该标准是对 NY 5064—2001（《无公害食品 中华绒螯蟹》）的修订，适用于中华绒螯蟹（*Eriocheir sinensis*，又名河蟹、毛蟹）、红螯相手蟹（*Sesarma haematocheir*，又名螃蜞、螃蟧）、日本绒螯蟹（*Eriocheir japonicus*）、直额绒螯蟹（*Eriocheir rectus*）活品。其他淡水蟹活品可参照执行，其安全卫生项目和限量要求见表 3-11。

表 3-11 NY 5064—2005 中有关安全卫生项目和限量要求

项 目	指 标
汞（以 Hg 计），毫克/千克	0.5
砷（以 As 计），毫克/千克	0.5
铅（以 Pb 计），毫克/千克	0.5
镉（以 Cd 计），毫克/千克	0.5
土霉素，微克/千克	100

注：其他农药兽药应符合国家有关规定

（二）NY/T 841—2004 绿色食品 蟹 2004 年 8 月 25 日我国发布了 NY/T 841—2004（《绿色食品 蟹》），该标准适用于绿色食品蟹，包括淡水蟹活品、海水蟹的活品及其冻品。其安全卫生项目和限量要求与 NY 5064—2005（《无公害食品 淡水蟹》）相比，要求更加严格，以重金属镉为例，NY

5064—2005 规定限量为 0.5 毫克/千克，而 NY/T 841—2004 规定限量为 0.05
毫克/千克，整整提高了 10 倍。具体安全卫生项目和限量要求见表 3-12。

表 3-12　NY/T 841—2004 中有关安全卫生项目和限量要求

理化要求	
项　　目	指　　标
挥发性盐基氮，毫克/100 克	≤15（适用于冻品）
总汞，毫克/千克	≤0.2
总砷，毫克/千克	≤0.5（淡水蟹）
铅，毫克/千克	≤0.3
镉，毫克/千克	≤0.05
六六六，毫克/千克	≤0.05
滴滴涕，毫克/千克	≤0.05
多氯联苯，毫克/千克	≤0.2
土霉素、金霉素（以总量计），毫克/千克	≤0.05
磺胺类（以总量计），毫克/千克	不得检出
氯霉素，微克/千克	不得检出（0.3）
甲醛，毫克/千克	<10.0
己烯雌酚，毫克/千克	不得检出
呋喃唑酮，毫克/千克	不得检出
噁喹酸，毫克/千克	不得检出
溴氰菊酯，毫克/千克	不得检出
孔雀石绿，毫克/千克	不得检出
生物学要求	
项　　目	指　　标
寄生虫（蟹奴）	不得检出
沙门氏菌	不得检出
致泻大肠埃希氏菌	不得检出
副溶血性弧菌	不得检出

（三）DB33/540.3—2005 无公害中华绒螯蟹　第 3 部分：安全质量要求
2005 年 4 月 26 日浙江省发布了地方标准 DB 33/540.3—2005（《无公害中华绒
螯蟹　第 3 部分：安全质量要求》），规定了中华绒螯蟹产品的质量安全要求、
试验方法、检验规则等。该标准第三部分适用于中华绒螯蟹活体，规定了重金
属限量 4 项，微生物 1 项，兽药残留限量 5 项，具体见表 3-13。

表 3-13　中华绒螯蟹安全指标

项　目	指标
细菌总数	$\leqslant 10^6$
无机砷（以 As 计），毫克/千克	$\leqslant 1.0$
铅（以 Pb 计），毫克/千克	$\leqslant 0.5$
镉（以 Cd 计），毫克/千克	$\leqslant 0.5$
总汞（以 Hg 计），毫克/千克	$\leqslant 0.5$
土霉素，毫克/千克	$\leqslant 0.1$
磺胺类[a]（以总量计），毫克/千克	$\leqslant 0.1$
恩诺沙星，毫克/千克	$\leqslant 0.2$
喹乙醇[b]	不得检出
环丙沙星[c]	不得检出

a. 磺胺类指磺胺嘧啶、磺胺甲基嘧啶、磺胺二甲基嘧啶、磺胺甲噁唑四种。

b. 喹乙醇检出限为 0.05 毫克/千克。

c. 环丙沙星检出限为 0.02 毫克/千克。

（四）DB3201/T 006—2002 中华绒螯蟹　固城湖大闸蟹产品质量标准　2002年 9 月 19 日南京市发布了 DB3201/T 006—2002（《中华绒螯蟹　固城湖大闸蟹产品质量标准》），该标准适用于固城湖及南京地区条件相似水域增养殖的长江系中华绒螯蟹活品。规定了有毒有害物质限量包括重金属共 7 项，寄生虫 1 项，农兽药残留 7 项，具体见表 3-14。

表 3-14　固城湖大闸蟹中有毒有害物质限量

项　目	指　标
汞（以 Hg 计），毫克/千克	$\leqslant 0.3$
砷（以 As 计），毫克/千克	$\leqslant 0.5$
铅（以 Pb 计），毫克/千克	$\leqslant 0.5$
铜（以 Cu 计），毫克/千克	$\leqslant 50$
镉（以 Cd 计），毫克/千克	$\leqslant 0.05$
铬（以 Cr 计），毫克/千克	$\leqslant 2.0$
多氯联苯（以 PCBs 计），毫克/千克	$\leqslant 0.02$
蟹奴	不得检出
氯霉素，毫克/千克	不得检出
六六六，毫克/千克	$\leqslant 0.05$
滴滴涕，毫克/千克	$\leqslant 0.05$
土霉素，毫克/千克	$\leqslant 0.1$（肌肉）
磺胺类（单种），毫克/千克	$\leqslant 0.1$
呋喃唑酮	不得检出
己烯雌酚	不得检出

第二节　主要贸易国家和地区河蟹
安全卫生技术法规

目前，河蟹出口贸易的国家和地区，主要集中在华人较多的国家和地区，我国香港、澳门和台湾地区为内地出口河蟹的主要目的地，在内地河蟹出口贸易中占有重要地位。除此之外，还有东南亚周边国家，如日本、韩国、新加坡、马来西亚等。

一、中国香港的安全卫生要求和法规

香港对输入河蟹依据的法规和安全卫生要求主要有：

（一）香港对指明食物所含某些物质的最高浓度的管理规定

（1）根据香港《公众卫生（动物及禽鸟）（化学物残余）规例》和《食物内有害物质规例》的规定，禁止使用的药物有 7 种，分别是盐酸克伦特罗（Clenbuterol）、沙丁胺醇（Salbutamol）、氯霉素（Chloramphenicol）、阿伏霉素（Avoparcin）、己二烯雌酚（Dienoestrol）、己烯雌酚（Diethylstiboestrol）、己烷雌酚（Hexoestrol）（参考：http：//www.cfs.gov.hk/tc_chi/food_leg/food_leg_hs.html#hs_sch2）

（2）根据香港《公众卫生（动物及禽鸟）（化学物残余）规例》和《食物内有害物质规例》的规定，第一阶段：从 2001 年 12 月 31 日起，对土霉素、磺胺类药物、金霉素、强力霉素、羟氨苄青霉素、邻氯青霉素、双氯青霉素、氨苄青霉素、苄青霉素、四环素等 10 种药物实施管制。第二阶段：从 2003 年 1 月 31 日起，增加对卡巴氧（carbadox）、二氢链霉素（drhydrostreptornycln）、二甲硝咪唑（dimetridazole）、呋喃他酮（furaltadone）、呋喃唑酮（furazdfdone）、交沙霉素（josamycin）、甲硝唑（metronidazole）、链霉素 streptomycin）、甲氧苄氨嘧啶（trimethoprim）等 9 种药物残留的管制。第三阶段：从 2003 年 12 月 31 日起，将"7+37"种药物残留控制项目中剩余的 18 种药物（即杆菌肽 bacitracin、头孢噻呋 ceftiofur、多粘菌素 ecolistin、丹奴氟沙星 danofloxacin、英氟沙星 enrofloxacin、红霉素 erythromycin、氟甲喹 flumequine、庆大霉素 gentamicin、伊维菌素 ivermectin、柱晶白霉素 kitasamycin、林可霉素 lincomycin、新霉素 neomycin、恶喹酸 oxolinic acid、沙拉氟沙星 sarafloxacin、大观霉素 spectinomycin、替尔谋宁 tiamulin、泰乐菌素 tylosin、维及霉素 nirginiamycin）纳入供港动物及其产品药物残留控制管理范围进行管制。

（3）此后又增加了孔雀石绿和三聚氰胺的残留限量，目前共规定了46种物质的限量要求，其中与河蟹有关的有18种，具体限量见表3-15（参考：http：//www. cfs. gov. hk/tc _ chi/food _ leg/food _ leg _ hs. html # hs _ sch1）。

表 3-15　指明食物所含某些物质的最高浓度

序号	药物名称	动物品种	组织限量（微克/千克）		
			肌肉	肝	肾
1	阿伏霉素 avoparcin	所有食用动物	0	0	0
2	盐酸克伦特罗 clenbuterol	所有食用动物	0	0	0
3	氯霉素 chloramphenicol	所有食用动物	0	0	0
4	己二烯雌酚 dienoestrol，包括其盐类及酯类	所有食用动物	0	0	0
5	己烯雌酚 dinthylstilboestrol，包括其盐类及酯类	所有食用动物	0	0	0
6	己烷雌酚 hexoestrol，包括其盐类及酯类	所有食用动物	0	0	0
7	沙丁胺醇 salbutamol	所有食用动物	0	0	0
8	羟氨苄青霉素 amoxycillin	所有食用动物	50	50	50
9	氨苄青霉素 ampicillin	所有食用动物	50	50	50
10	杆菌肽 bacitracin	牛、猪、家禽	500	500	500
11	苄青霉素 benzylpenicillin	所有食用动物	50	50	50
12	卡巴氧 carbadox	猪	5	30	
13	头孢噻呋 ceftiofur	牛、猪	1 000	2 000	6 000
14	金霉素 chlortetacycline	所有食用动物	100	300	600
15	邻氯青霉素 cloxacillin	所有食用动物	300	300	300
16	多黏菌素 E colistin	牛、猪、家禽	150	150	200
17	丹奴氟沙星 danofloxacin	牛、猪、家禽	200 / 100	400 / 50（猪）	400 / 200（猪）
18	双氯青霉素 dicloxacillin	所有食用动物	300	300	300
19	二氢链霉素 dihydrostreptomycin	牛、猪、家禽	500	500	1 000
20	二甲硝咪唑 dimetridazole	猪、家禽	5	5	5
21	强力霉素 doxycycline	牛、猪、家禽	100	300	600
22	英氟沙星 enrofloxacin	牛、猪、家禽	100	200	300
23	红霉素 erythromycin	牛、猪、家禽	400	400	400

（续）

序号	药物名称	动物品种	组织限量（微克/千克）		
			肌肉	肝	肾
24	氟甲喹 flumequine	牛、猪、家禽	500	500	3 000
25	呋喃他酮 furaltadone	猪、家禽	0	0	0
26	呋喃唑酮 furazolidone	牛、猪、家禽	0	0	0
27	庆大霉素 gentamicin	牛、猪、家禽	100	2 000 100（家禽）	5 000 100（家禽）
28	伊维菌素 ivermectin	牛、猪		100（牛） 15（猪）	
29	交沙霉素 josamycin	家禽	200	200	400
30	柱晶白霉素 kitasamycin	猪、家禽	200	200	200
31	林可霉素 lincomycin	牛、猪、家禽	100	500	1 500
32	甲硝唑 metronidazole	猪、家禽	0	0	0
33	新霉素 neomycin	牛、猪、家禽	500	500	10 000
34	恶喹酸 oxolinic acid	牛、猪、家禽	100	150	150
35	土霉素 oxytetracycline	所有食用动物	100	300	600
36	沙拉氟沙星 sarafloxacin	家禽	10	80	80
37	大观霉素 spectinomycin	牛、猪、家禽	500	2 000	5 000
38	链霉素 streptomycin	牛、猪、家禽	500	500	1 000
39	磺胺药类 sulfonamides	所有食用动物	100	100	100
40	四环素 tetracycline	所有食用动物	100	300	600
41	替尔谋宁 tiamulin	猪、家禽	100	500	
42	甲氧苄氨嘧啶 trimethoprim	牛、猪、家禽	50	50	50
43	泰乐菌素 tylosin	牛、猪、家禽	200	200	200
44	维及霉素 nirginiamycin	猪	100	300	400
45	孔雀石绿 malachite green	任何食物（包括活鱼、活的爬虫及活的家禽）	0	0	0
46	三聚氰胺 melamine	奶类	1 000		
		拟主要供涵盖36个月以下幼儿的某年龄组别的人食用的任何食物	1 000		
		拟主要供怀孕或授乳的女性食用的任何食物	1 000		
		任何其他食物	2 500		

97

（二）香港对食物掺杂（金属杂质含量）的管理规定　根据香港食物掺杂（金属杂质含量）规例（第132章，附属法例Ⅴ）的规定，香港规定了指明食物所天然蕴藏的某些金属的最高准许浓度和指明食物所蕴藏的某些金属的最高准许浓度（参考：http：//www.cfs.gov.hk/tc_chi/food_leg/food_leg_mc.html♯mc_sch1，http：//www.cfs.gov.hk/tc_chi/food_leg/food_leg_mc.html♯mc_sch2），具体限量见表3-16和表3-17。

表3-16　指明食物所天然蕴藏的某些金属的最高准许浓度

A 金属	B 食物类别	C 最高准许浓度（毫克/千克）
砷 (As_2O_3)	固体食物（鱼及鱼产品）	6
	固体食物（介贝类水产动物及介贝类水产动物产品）	10

表3-17　指明食物所蕴藏的某些金属的最高准许浓度

A 金属	B 食物类别	C 最高准许浓度（毫克/千克）
锑（Sb）	谷类及蔬菜	1
	鱼、蟹肉、蚝、明虾及小虾	1
	动物肉类及家禽肉类	1
砷（As_2O_3）	不属于以下类别的固体食物： （i）鱼及鱼产品； （ii）介贝类水产动物及介贝类水产动物产品	1.4
	所有液体食物	0.14
镉（Cd）	谷类及蔬菜	0.1
	鱼、蟹肉、蚝、明虾及小虾	2
	动物肉类及家禽肉类	0.2
铬（Cr）	谷类及蔬菜	1
	鱼、蟹肉、蚝、明虾及小虾	1
	动物肉类及家禽肉类	1
铅（Pb）	所有固体食物	6
	所有液体食物	1
汞（Hg）	所有固体食物	0.5
	所有液体食物	0.5
锡（Sn）	所有固体食物	230
	所有液体食物	230

（三）香港对食物中微生物含量的管理规定　根据香港食物安全管制即食

食品微生物含量指引（参考：http：//www.cfs.gov.hk/sc＿chi/whatsnew/whatsnew＿act/files/MBGL＿RTE％20food＿c.pdf），香港对即食食品微生物的含量要求见表3-18。

表3-18　评估即食食品微生物质素的微生物含量限值

准则		微生物质素（每克食物样本的菌落形成单位，另有订明者除外）			
		A级 满意	B级 可接受	C级 不满意	D级 不可接受
需氧菌落计数（30℃/48h）					
食物类别 （见附表）	1	$<10^3$	$10^3\sim<10^4$	$\geqslant10^4$	不适用
	2	$<10^4$	$10^4\sim<10^5$	$\geqslant10^5$	不适用
	3	$<10^5$	$10^5\sim<10^6$	$\geqslant10^6$	不适用
	4	$<10^6$	$10^6\sim<10^7$	$\geqslant10^7$	不适用
	5	不适用	不适用	不适用	不适用
指示微生物（适用于所有食物类别）					
大肠杆菌含量 （总数）		<20	$20\sim<100$	$\geqslant100$	不适用
致病菌（适用于所有食物类别）					
弯曲菌类		在25g食物样本内没有发现	不适用	不适用	在25g食物样本内发现
大肠杆菌O_{157}		在25g食物样本内没有发现	不适用	不适用	在25g食物样本内发现
李斯特菌		在25g食物样本内没有发现	不适用	不适用	在25g食物样本内发现
沙门氏菌类		在25g食物样本内没有发现	不适用	不适用	在25g食物样本内发现
霍乱弧菌		在25g食物样本内没有发现	不适用	不适用	在25g食物样本内发现
副溶血性弧菌		<20	$20\sim<100$	$100\sim<10^3$	$\geqslant10^3$
金黄葡萄球菌		<20	$20\sim<100$	$100\sim<10^4$	$\geqslant10^4$
产气荚膜梭状芽 孢杆菌		<20	$20\sim<100$	$100\sim<10^4$	$\geqslant10^4$
蜡样芽孢杆菌		$<10^3$	$10^3\sim<10^4$	$10^4\sim<10^5$	$\geqslant10^5$

二、韩国的安全卫生要求和法规

韩国对输入河蟹依据的法规和安全卫生要求主要有：

（1）《中韩进出口活水生动物检验检疫协议》，该协议中"检验检疫项目和适用标准"的要求见表3-19。

表 3-19　活水生动物检验检疫项目和适用标准

(一) 抗生素残留

检测项目	残留限量和检测限量	检测对象	建议方法
孔雀石绿	不得检出 (＜0.005毫克/千克)	鲤鱼 (common carp) 鳗鱼 (cultured live eel) 镜鲤 (香鱼 cyprinus carpio mirror carp) 虹鳟 (rainbow trout) 尖吻鲈 (seebass) 鲫鱼 (carassius auratus) 美国红鱼 (red drum) 鲶鱼 (catfish) 乌鳢 (snackheed)	HPLC 或等效方法
土霉素	0.2毫克/千克	活养殖鱼类和甲壳类	HPLC 或等效方法
氯霉素	不得检出 (＜0.3微克/千克)	活养殖鱼类和甲壳类	HPLC/MS/MS 或 GC/MS 或等效方法
噁喹酸	不得检出 (＜0.01毫克/千克)	养殖活鳗	HPLC 或等效方法

(二) 重金属检测项目

检测项目	残留限量及推荐方法	检测对象
总汞量	0.5毫克/千克, Cold Amalgamation Method 或等效方法	活水生动物
镉	2.0毫克/千克, AAS 或等效方法	活贝类
铅	2.0毫克/千克, AAS 或等效方法	活水生动物

　　注: 1. 深海鱼、金枪鱼、甲壳类、棘皮类和脊索动物不检测总汞。
　　　　2. 甲壳类、棘皮类和脊索动物不检测铅。

　　(2) 出口韩国中华绒螯蟹的养殖场和中转包装场必须在韩国注册备案。

　　(3) 2006 年 4 月韩国对养殖食用的鱼类和甲壳类中恩诺沙星与环丙沙星之和最大残留限量 (MRL) 为 0.1 毫克/千克, 噁喹酸 (oxolinic acid) 最大残留限量 (MRL) 为 0.1 毫克/千克, 氟甲喹 (flumequin) 最大残留限量 (MRL) 为 0.5 毫克/千克。

　　(4) 2007 年 9 月韩国修改了动物药品允许残留限量标准, 增加了阿莫西林、氨苄青霉素、强力霉素三个检测项目, 将土霉素扩大为土霉素、金霉素、四环素, 将磺胺二甲嘧啶扩大为磺胺类药物。

法令修改前后要求			
现行法令		修订法令	
项 目	标 准	项 目	标 准
土霉素	鱼类：0.2 毫克/千克 甲壳类：0.2 毫克/千克	土霉素/金霉素/四环素之和	鱼类：0.2 毫克/千克 甲壳类：0.2 毫克/千克 鲍鱼：0.2 毫克/千克
磺胺二甲嘧啶	不得检出	本项目虽被删除，但被纳入磺胺类药物	

恶喹酸、氟甲喹、恩诺沙星/环丙沙星、螺旋霉素无变更事项。

新设项目	
项 目	标 准
磺胺类	鱼类：0.1 毫克/千克
阿莫西林	鱼类：0.05 毫克/千克 甲壳类：0.05 毫克/千克
氨苄西林	鱼类：0.05 毫克/千克 甲壳类：0.05 毫克/千克
强力霉素	鱼类：0.05 毫克/千克

注：磺胺类药物包括：磺胺氯哒嗪、磺胺嘧啶、磺胺间二甲氧嘧啶、磺胺甲氧哒嗪、磺胺甲基嘧啶、磺胺二甲嘧啶、磺胺甲基异恶唑、磺胺间甲氧嘧啶、磺胺噻唑、磺胺喹喔啉、磺胺多辛、磺胺苯吡唑、磺胺二甲基异恶唑、磺胺氯吡嗪。

(5) 2008 年 5 月据韩国驻华使馆通报，韩国食品药品安全厅对"食品标准及规格"作了修订，其中涉及水生动物及其产品的标准包括铅、镉、孔雀石绿和结晶紫检测限量，修改详细情况如下：

项目	修订前	修订后	实施日期
铅	海产鱼、贝类：2.0 毫克/千克	鱼类：0.5 毫克/千克 贝类：2.0 毫克/千克	2008 年 7 月 1 日
镉	贝类：2.0 毫克/千克	软体类/贝类：2.0 毫克/千克	2008 年 7 月 1 日
孔雀石绿、结晶紫检测限量（限量以下为未检出）	5 微克/千克	2 微克/千克	2008 年 4 月 1 日

(6) 2008 年 11 月，韩国方面通报，将对进口水生动物增加下列卫生项目，其中不得检出的检测限是 0.05 毫克/千克。

序号	项目	适用对象及标准	实行日期
1	己烯雌酚 diethylstilbestrol	梭子蟹：标准待定	
2	孕酮 medroxyprogesterone acetate	梭子蟹：标准待定	2008 年 10 月 20 日
3	磺胺类药物 sulfa	虾：标准待定	
4	诺氟沙星 norfloxacin	鱼类、甲壳类：不得检出	
5	氧氟沙星 ofloxacin	鱼类、甲壳类：不得检出	
6	甲氟哌酸 perfloxacin	鱼类、甲壳类：不得检出	2008 年 11 月 1 日
7	林可霉素 lincomycin	鱼类、甲壳类：0.1 毫克/千克	
8	黏霉素 colistin	鱼类、甲壳类：0.15 毫克/千克	

综上所述，目前韩国对进口河蟹的安全质量卫生要求见表 3-20。

表 3-20　韩国目前对河蟹的安全质量卫生要求

检测项目	残留限量	检测限
氯霉素	不得检出	0.30 微克/千克
诺氟沙星	不得检出	0.05 毫克/千克
氧氟沙星	不得检出	0.05 毫克/千克
甲氟哌酸	不得检出	0.05 毫克/千克
孔雀石绿	不得检出	2 微克/千克
结晶紫	不得检出	2 微克/千克
恩诺沙星/环丙沙星	0.1 毫克/千克	—
阿莫西林	0.05 毫克/千克	—
氨苄西林	0.05 毫克/千克	—
林可霉素	0.1 毫克/千克	—
黏霉素	0.15 毫克/千克	—
土霉素/金霉素/四环素之和	0.2 毫克/千克	—
恶喹酸	0.1 毫克/千克	—
氟甲喹	0.5 毫克/千克	—
白斑病	不得检出	—
强力霉素	鱼类：0.05 毫克/千克；甲壳类：无要求	—
磺胺类	鱼类：0.1 毫克/千克；甲壳类：无要求	—
铅	鱼类：0.5 毫克/千克；贝类：2.0 毫克/千克；甲壳类：不检测	—
镉	软体类/贝类：2.0 毫克/千克；甲壳类：不检测	—
总汞	0.5 毫克/千克；甲壳类：不检测	—
己烯雌酚	标准待定，适用对象：梭子蟹	—
孕酮	标准待定，适用对象：梭子蟹	—

三、日本的安全卫生要求和法规

1. 日本"肯定列表制度" 日本从 2006 年 5 月 29 日开始执行肯定列表制度，日本"肯定列表制度"中涉及河蟹的限量标准主要包括现行标准和暂定标准两大类，另外还有 15 种在任何食品中不得检出的农业化学品（表 3-21、表 3-22、表 3-23）。对未涵盖在上述标准中的所有其他农业化学品，执行"一律标准"，即含量不得超过 0.01 毫克/千克。

表 3-21　日本"肯定列表制度"中涉及甲壳类的限量标准

甲壳纲	现行标准	暂定标准	不得检出的农业化学品	合计
项目数量	2	86	15	103

表 3-22　日本"肯定列表制度"规定的在任何食品中不得检出的农业化学品

编号	名　　称	主要应用
1	2，4，5-T	杀虫剂/除草剂
2	杀草强	杀虫剂/除草剂
3	敌菌丹	杀虫剂/杀真菌剂
4	卡巴氧（卡巴多司），包括 QCA	兽药/合成抗菌剂
5	氯霉素	兽药/抗生素
6	氯丙嗪（冬眠灵）	兽药/镇静剂
7	库马福司/蝇毒磷	兽药/杀虫剂
8	环己锡、三唑锡	杀虫剂/ 杀螨剂
9	丁酰肼	杀虫剂/植物生长调节剂
10	己烯雌酚	兽药/激素
11	二甲硝咪唑（迪美唑）	兽药/驱虫和抗原虫药
12	甲硝唑（灭滴灵）	兽药/驱虫和抗原虫药
13	呋喃类药	兽药/合成抗菌剂
14	苯胺灵	杀虫剂/除草剂、植物生长调节剂
15	洛硝哒唑（罗硝唑）	兽药/驱虫和抗原虫药

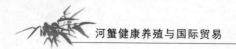

表 3-23　日本"肯定列表制度"规定的甲壳类的限量标准

（参考 http：//www.tbt-sps.gov.cn/Pages/Channel_2/Class/33.html）

化学品英文名	中文名	MRLs（毫克/千克）
abamectin	阿维菌素	0.005
aldrin and dieldrin	艾氏剂和狄氏剂	0.1
altrenogest	烯丙孕素	0.003
amitrole	杀草强	N.D.
amoxicyllin	阿莫西林	0.05
ampicillin	氨苄青霉素	0.05
azocyclotin and cyhexatin	环己锡、三唑锡	N.D.
azoxystrobin	腈嘧菌酯	0.008
bensulfuron-methyl	苄嘧磺隆	0.05
benzylpenicillin	苄青霉素	0.05
betamethasone	倍他米松	0.0003
brodifacoum	溴鼠灵	0.001
bromide	溴（甲基溴）	50
brotizolam	溴替唑仑	0.001
canthaxanthin	角黄素	0.1
captafol	敌菌丹	N.D.
carazolol	卡拉洛尔	0.001
carbadox	卡巴氧，包括 QCA	N.D.
chloramphenicol	氯霉素	N.D.
chlordane	氯丹	0.05
chlormadinone	氯地孕酮	0.002
chlorpromazine	氯丙嗪	N.D.
clenbuterol	克伦特罗	N.D.
clorsulon	氯舒隆	0.02
cloxacillin	邻氯青霉素	0.3
colistin	黏菌素	0.2
coumafos	库马福司/蝇毒磷	N.D.
crostebol	兽医药/激素	0.0005
cypermethrin	氯氰菊酯	0.01
cyprodinil	嘧菌环胺	0.0004
2，4-D	2，4-滴	1
daminozide	丁酰肼	N.D.
danofloxacin	达氟沙星	0.1

（续）

化学品英文名	中文名	MRLs（毫克/千克）
ddt	滴滴涕	1
dexamethasone	地塞米松	N. D.
dicloxacillin	双氯青霉素	0.3
diethylstilbestrol	己烯雌酚	N. D.
difloxacin	二氟沙星	0.3
dimetridazole	地美硝唑	N. D.
diphenylamine	二苯胺	10
dipropyl isocinchomeronate	丙蝇驱	0.004
doramectin	多拉菌素	0.005
emamectin benzoate	因灭汀	0.0005
endosulfan	硫丹	0.004
endrin	异狄氏剂	0.005
enrofloxacin	恩诺沙星	0.1
erythromycin	红霉素	0.2
etyprostontromethamine	兽医药/激素	0.001
eugenol	丁香油酚	0.05
famphur	伐灭磷	0.02
fenamiphos	克线磷	0.005
fenitrothion	杀螟硫磷	0.002
fenpyroximate	唑螨酯	0.005
florfenicol	氟苯尼考	0.1
flumethrin	氟甲喹	0.005
fluridone	氟啶草酮	0.5
glycalpyramide	兽医药/驱虫剂和抗原生动物药物	0.03
glyphosate	草甘膦	3
heptachlor	七氯	0.05
hexachlorobenzene	六氯苯	0.1
hydrogen phosphide	磷化氢	0.01
imazapyr	灭草烟	0.1
imazethapyr ammonium	咪唑乙烟酸	0.1
lasalocid	拉沙里菌素	0.005
lincomycin	林可霉素	0.1

（续）

化学品英文名	中文名	MRLs（毫克/千克）
lindane	林丹	1
malathion	马拉硫磷	0.5
mebendazole	甲苯咪唑	0.02
methidathion	杀扑磷	0.001
metoclopramide	甲氧氯普胺	0.005
metronidazole	甲硝唑	N. D.
nafcillin	奈夫西林	0.005
neomycin	新霉素	0.5
nitrofurans	呋喃类抗生素	N. D.
norgestomet	诺孕美特	0.0001
oxacillin	苯唑青霉素	0.3
oxibendazole	丙氧苯咪唑	0.03
oxolinic acid	喹菌酮	0.03
oxytetracycline	土霉素/金霉素/四环素	0.2
paromomycin	巴龙霉素	0.5
pindone	杀鼠酮	0.001
piperazine	哌嗪	0.05
praziquantel	吡喹酮	0.02
prednisolone	氢化泼尼松	0.0007
propham	苯胺灵	N. D.
propoxycarbazone	丙苯磺隆	0.004
ronidazole	洛硝达唑	N. D.
spectinomycin	壮观霉素	0.3
spiramycin	螺旋霉素	0.2
sulfosulfuron	乙黄隆	0.005
2，4，5-T	2，4，5-T	N. D.
tefluthrin	七氟菊酯	0.001
tetraconazole	四克利	0.0003
thiabendazole	噻菌灵	0.02
tilmicosin	替米考星	0.05
trenbolone acetate	乙酸去甲雄三烯醇酮	N. D.
tribuphos	农药/植物生长调节剂	0.002

（续）

化学品英文名	中文名	MRLs（毫克/千克）
trichlorfon	敌百虫	0.004
trifluralin	氟乐灵	0.001
trimethoprim	甲氧苄氨嘧啶	0.05
tylosin	泰乐霉素	0.1
warfarin	可迈丁	0.001
zeranol	右环十四酮酚	0.002

2. 日本"外来生物法" 按照日本《外来生物法》的规定，日本已于2006年2月将鲜活河蟹列为日本《外来生物法》控制对象，禁止旅客携带入境。中国向日本出口的中华绒毛蟹属于允许进口的特定外来生物，进口商、养殖场以及从事进口业务的餐馆，都必须获得相关的许可方可进口。进口时，须提供出口国主管政府部门出具的物种证明。进口的中华绒毛蟹也不允许鲜活零售，只允许在餐厅进行消费。输日中华绒毛蟹出具证书时，在相关栏目中填写有关内容以满足《外来生物法》的有关要求，其中"动物种类"填写"crustacean"，"动物学名"填写*Eriocheir sinensis*，"动物品种"填写"Chinese mitten-handed crab"。

3. 日本对进口水生动物和水产品中的呋喃类药物及显性、隐性孔雀石绿残留规定为不得检出，呋喃类药物的检测限为1微克/千克，显性和隐性孔雀石绿检测限为2微克/千克。

四、新加坡的安全卫生要求和法规

新加坡对输入河蟹依据的法规和安全卫生要求主要有：

（1）根据新加坡的《THE SALE OF FOOD ACT》〔CHAPTER 283 SECTION 56（1）FOOD REGULATIONS〕（参考：http：//www.ava.gov.sg/NR/rdonlyres/0CA18578-7610-4917-BB67-C7DF4B96504B/17821/52web_SOF_FoodRegulations.pdf），新加坡有关水产品的要求见表3-24。

表3-24 新加坡有关水产品的要求

项目		对象	标准	备注
重金属	汞	鱼及鱼制品	≤0.5毫克/千克	法规第31条（3）款
	锡	所有食品	≤250毫克/千克	法规第31条（4）款
	镉	软体动物（如牡蛎）	≤1毫克/千克	法规第31条（5）款
		固体食品	≤0.2毫克/千克	法规第31条（5）款

（续）

项目		对象	标准	备注
重金属	锑	所有食品	≤1毫克/千克	法规第31条（6）款
	硒	所有食品	≤1毫克/千克	法规第31条（7）款
	砷	鱼、甲壳类、软体动物	≤1毫克/千克	法规表格10
	铅	鱼、甲壳类、软体动物	≤2毫克/千克	法规表格10
	铜	鱼、甲壳类、软体动物	≤20毫克/千克	法规表格10
抗生素		所有食品	不得检出	法规第35条（2）款
微生物		即食固体食品	≤20/克	法规第35条（1）款
致病菌		即食固体食品	不得检出	法规第35条（1）款
细菌总数		即食鱼	≤10^5/克	法规表格12

（2）2005 年 8 月 21 日，新加坡农粮兽医局发表声明，要求严格检查从中国进口的鳗鱼及其他淡水鱼，检测合格后方予以销售。同年 8 月 23 日，新加坡方来函，要求我方在淡水养殖鱼类及其产品的卫生证书中注明"该产品未受孔雀石绿污染，适合人类食用"，并在证书后附加检测报告。

五、中国台湾的安全卫生要求和有关规定

台湾对输入河蟹依据的有关规定和安全卫生要求主要有：

（1）台湾对大陆输台河蟹设定了 16 个药残检测项目（表 3-25），同时根据台《输入食品查验办法》，如连续出现 3 批河蟹检测不合格则暂停进口。

表 3-25　输台河蟹药残检测项目

检测项目	残留限量	检测限
四环素	0.1毫克/千克	—
金霉素	0.1毫克/千克	—
土霉素	0.1毫克/千克	—
氯霉素	不得检出	0.10微克/千克
恶喹酸	0.3毫克/千克	—
孔雀石绿	不得检出	0.5微克/千克
隐性孔雀石绿	不得检出	0.5微克/千克
呋喃唑酮代谢物	不得检出	0.5微克/千克
呋喃西啉代谢物	不得检出	0.5微克/千克
呋喃妥因代谢物	不得检出	0.5微克/千克

（续）

检测项目	残留限量	检测限
呋喃它酮代谢物	不得检出	0.5 微克/千克
磺胺甲基嘧啶	0.1 毫克/千克	—
磺胺二甲基嘧啶	0.1 毫克/千克	—
磺胺 - 6 - 甲氧嘧啶	0.1 毫克/千克	—
磺胺二甲氧嘧啶	0.1 毫克/千克	—
磺胺喹恶啉	0.1 毫克/千克	—

2012 年 3 月 23 日，台湾地区"行政院卫生署"发布公告，修订《动物用药残留标准》第三条，增订恩诺沙星（Enrofloxacin）等 5 种兽药在家禽家畜的肌肉、脂肪、肝及肾等四项残留容许量。10 月，台湾对进口河蟹也增加了恩诺沙星的检测要求（残留限量为 0.1 毫克/千克），但目前台湾地区仅在口岸增加了对该项目的抽检，暂未要求大陆检验检疫机构在出具的证书中注明。

（2）输台河蟹必须来自经检验检疫机构注册和台湾确认的养殖场。截至 2012 年底，全国仅有 26 家通过台方认可的注册养殖场。随着贸易的逐步恢复和常态化，今后将逐步扩大养殖场数量。

（3）输台河蟹须按出口报检批对 16 种药物残留实施批批检测。目前，全国有 7 家直属检验检疫局的检测机构（3 - 26）经过台方确认。

表 3 - 26　输台中华绒螯蟹药残检测机构名单

序号	认可编号	检测机构名称
1	L1425	中华人民共和国江苏出入境检验检疫局动植物与食品检测中心
2	L2128	中华人民共和国安徽出入境检验检疫局化学技术分中心
3	L1733	中华人民共和国湖南出入境检验检疫局检验检疫技术中心
4	L0354	中华人民共和国浙江出入境检验检疫局检验检疫技术中心食品安全实验室
5	L0993	中华人民共和国辽宁出入境检验检疫局检验检疫技术中心
6	L2278	中华人民共和国湖北出入境检验检疫局检验检疫技术中心
7	L1174	中华人民共和国江西出入境检验检疫局检验检疫综合技术中心

（4）每批出口河蟹应随附经台方确认的动物卫生证书（图 3 - 1），在证书中注明 16 种药物（中英文）、检测结果、限量标准和检测仪器信息，并由本局有资质的兽医签发证书。"到达国家/地区"栏应填写"台北"、"高雄"等具体城市名称。

中华人民共和国出入境检验检疫
ENTRY-EXIT INSPECTION AND QUARANTINE
OF THE PEOPLE'S REPUBLIC OF CHINA

正 本
Original

共 1 页第 1 页 page 1 of 1

动 物 卫 生 证 书
编号 No._____

ANIMAL HEALTH CERTIFICATE

发货人名称及地址
Name and Address of Consignor _____

收货人名称及地址
Name and Address of Consignee _____

动物种类   动物学名
Species of Animals 甲壳类 CRUSTACEAN   Scientific Name of Animals 绒螯蟹 ERIOCHEIR SINENSIS

动物品种   产地
Breed of Animal 中华绒螯蟹 CHINESE MITTEN-HANDED CRAB   Place of Origin _____

报检数量   检验日期
Quantity Declared _____   Date of Inspection _____

启运地   发货日期
Place of Dispatch _____   Date of Dispatch _____

到达国家/ 地区   运输工具
Country / region of Destination _____   Means of Conveyance _____

本签字兽医官证明，

1. 上述动物来自中国出入境检验检疫机构注册和监管的养殖场，该养殖场由官方进行了有关项目的检测或监测。
注册养殖场名称和地址：_____

注册号：_____

2. 任意抽取上述商品的代表性样品送 _____ 进行检测，检测仪器
为 高效液相色谱仪(HPLC)或高效液相色谱质谱仪（LC/MS/MS），检测结果符合输入地区之动物卫生检验标准的要求。

3. 上述动物符合卫生要求，适合人类食用。

序号	检测项目 ITEM	检测结果（限量要求, μg/kg）
1	四环素（Tetracycline）	未检出（ <100 ）
2	金霉素（Chlortetracycline）	未检出（ <100 ）
3	土霉素（Oxytetracycline）	未检出（ <100 ）
4	氯霉素（Chloramphenicol）	未检出（ <0.5 ）
5	恶喹酸（Oxolinic acid）	未检出（ <300 ）
6	孔雀石绿（Malachite green）	未检出（ <2 ）
7	隐性孔雀石绿（Leucomalachite green）	未检出（ <2 ）
8	呋喃唑酮代谢物（Nitrofuran metabolites, AOZ）	未检出（ <1 ）
9	呋喃西啶代谢物（Nitrofuran metabolites, SC）	未检出（ <1 ）
10	呋南妥因代谢物（Nitrofuran metabolites, AH）	未检出（ <1 ）
11	呋喃它酮代谢物（Nitrofuran metabolites, AMOZ）	未检出（ <1 ）
12	磺胺甲基嘧啶（Sulfamerazine）	未检出（ <100 ）
13	磺胺二甲基嘧啶（Sulfamethazine）	未检出（ <100 ）
14	磺胺-6-甲氧嘧啶（Sulfamonomethoxine）	未检出（ <100 ）
15	磺胺二甲氧嘧啶（Sulfadimethoxine）	未检出（ <100 ）
16	磺胺喹恶林（Sulfaquinoxaline）	未检出（ <100 ）

****

签发地点 Place of Issue _____   签证日期 Date of Issue _____

印章

Official Stamp   官方兽医 Official Veterinarian _____   签 名 Signature _____

图 3-1 输台河蟹《动物卫生证书》样本

（5）输台河蟹仅允许通过上海、南京、长沙、武汉、合肥、南昌、沈阳、大连、杭州直接空运输台，不得中转。

第三节　出口河蟹的风险分析和风险管理措施

近年来发达国家普遍加强了对进口水产品安全质量的检测，以氯霉素为例，1994 年前，欧洲共同体（EC）氯霉素的最高残留限量（MRL）是 10 微克/千克，1994 年后当氯霉素安全水平不能因数据确定时，该 MRL 改为 0，即不得检出，由于当时使用的高效液相色谱方法的检测限为 5～10 微克/千克，这样实际上氯霉素的 MRL 为 5 微克/千克。但是随着检测方法的改进，检测限达到了 0.1 微克/千克，这样氯霉素的 MRL 又成了 0.1 微克/千克。2002 年因"氯霉素残留事件"，导致我国出口水产品的全面受阻，欧盟发布第 2002/69/EC 号委员会决议，从 2002 年 1 月 31 日对我国水产品的（海捕并直接运抵欧盟市场的鱼产品除外）进口采取封关措施。欧盟是我国第四大水产品的出口市场，是我国远洋捕捞产品的两大主要出口市场之一。据统计，2001 年我国出口到欧盟的水产品为 20.8 万吨，贸易额达 4.5 亿美元。由此可见，欧盟的封关禁令就意味着我国水产品在欧盟市场损失 4.5 亿美元，失去 20 多万吨的水产品市场份额。由于欧盟的禁令，美国、日本等国家也高度关注我国出口水产品的质量。2002 年 1 月，美国 FDA 也作出反应，对我国虾产品发出预警通报，不久又发文强调禁止在动物源性食品中使用氯霉素、磺胺类等 11 种药物。2002 年 3 月日本厚生省也宣布对我国动物源性产品实施严格检查，并公布了 11 种药物的残留限量。水产品的安全问题已制约了我国水产品的出口创汇以及在国际市场上的竞争力，同时影响了我国渔业产业的结构的调整。作为水产品之一的河蟹也不例外，为了解决我国河蟹出口受阻的局面，适应 WTO 框架下 SPS 协议的要求，结合目前我国对河蟹的安全质量的管理现状，针对河蟹自身特点，对影响我国出口河蟹的安全卫生各种危害因素进行评估、鉴定，制定出口河蟹的风险管理措施，对扩大我国河蟹的出口和打破国外技术壁垒具有重要意义。

一、出口河蟹风险分析的依据和方法

按照世界卫生组织（OIE）《国际动物卫生法典》、《国际水生动物卫生法典》和 OIE《水生动物疾病诊断手册》的规定以及有关进口国家或地区对河蟹的要求为依据，参照《进境动物和动物产品的风险分析管理规定》和《进境水生动物检验检疫管理办法》，收集有关进口国家或地区对我国河蟹的检验检疫要求和近几年来我国河蟹在出口过程中遇到的问题，结合我国对河蟹管理和检疫监督的现状及出口检验检疫的实际工作，对出口河蟹进行风险分析。

二、评估影响河蟹安全卫生的危害因素，分析其潜在危害

（一）影响河蟹安全卫生的危害因素主要有以下几种

1. 病原微生物　OIE 规定的水生动物疫病的病原。韩国《水生动物疾病管理法》明确规定，从中国进口的水生动物自 2009 年 2 月 24 日起实施该法规，要求所有向韩国出口的水生动物应经疫病监测合格，并在动物卫生证书中注明检疫内容，其中涉及河蟹的疫病有白斑病。

具有公共卫生意义的病原微生物，如霍乱弧菌、副溶血性弧菌、沙门氏菌等。美国 FDA 对进口水产品实施的抽样检测制度中，包括不得检出单增李斯特菌、霍乱弧菌等，限量指标的有细菌总数、沙门氏菌、致病性大肠杆菌、金黄色葡萄球菌等；日本、韩国等也规定水产品不得检出霍乱弧菌、副溶血性弧菌、沙门氏菌等。

2. 寄生虫　主要是指影响河蟹品质的，如蟹奴和人畜共患的寄生虫病——肺吸虫等。

3. 重金属污染　主要是指出口河蟹受到工业"三废"（包括有害的工业废水、废气和废渣）的污染，大多数为有害化学物质和重金属盐类如含铅、汞等化学物质的污染，造成重金属超标。国外许多国家对河蟹中的重金属有着严格的要求，如美国明确规定铅 1.5 毫克/千克（甲壳纲）、甲基汞 1.0 毫克/千克、砷 76 毫克/千克（甲壳纲）、镉 3 毫克/千克（甲壳纲）的限量要求。

4. 农药残留　主要是指高毒高残留类有机氯、有机磷农药，如六六六、DDT 等。美国对水产品中的 DDT 的最高限量是 5.0 毫克/千克，欧盟要求DDT 和六六六分别小于 1.0 毫克/千克和 0.3 毫克/千克。

5. 兽药残留　兽药残留是影响河蟹安全卫生的最常见和最重要因素。主要包括三大类兽药：

（1）违禁药物和未被批准使用的药物，如氯霉素等。

（2）怀疑有"三致"作用的药物和人畜共用的抗菌药物，如磺胺类、硝基呋喃类等。

（3）其他允许使用的但未遵守停药期规定的兽药。

近几年来，世界各国都比较重视药物残留，欧盟规定了包括氯霉素在内的10 种药物无最高残留限量；FDA 对包括水产品在内的动物源性产品规定要检测 221 类农药、兽药、兴奋剂类的残留，还有 11 种禁止在动物源性食品中使用的药物，包括氯霉素在内；日本对甲壳类也规定了氯霉素、呋喃类抗生素等

103种药物的残留限量，对其余的农业化学品，执行"一律标准"，即含量不得超过0.01毫克/千克；韩国也明确规定在甲壳类中不得检出氯霉素、诺氟沙星、孔雀石绿等；我国也发布了食品动物禁用的兽药及其化合物清单，禁止氯霉素等药物用于水生食品动物。

6. 物理性危害 主要指放射性污染及含有异物等。

（二）危害因素潜在的危害 病原微生物和寄生虫可以感染水生动物和/或人，与放射性污染一样对人类和水生动物的生命构成威胁；重金属污染和农药可以通过生物富集作用，引起人中毒；兽药残留具有"三致"作用和毒性作用，引起过敏和中毒等。而且所有这些危害因素都将影响河蟹的品质，降低其在国际市场上的竞争力，影响我国河蟹的出口创汇，成为有些国家对我国实施限制的借口，使我国遭受巨大经济损失。

三、分析河蟹危害因素的来源及关键控制点

（一）河蟹危害因素的来源

1. 河蟹的生长环境，即河蟹养殖场水域的外源性污染 主要为养殖场的水质和周围环境受到工业"三废"、农药和有害的生活垃圾的污染，其中所含的有害重金属、放射性物质、病原微生物、农药等经过食物链进入河蟹。

2. 河蟹养殖过程中的投入品 主要来自养殖场投放的带疫病的苗种及使用国内外明文规定的禁用、限用的兽药、饲料、添加剂等。

3. 河蟹包装过程的污染 包装发运过程对河蟹的污染是多方面的，几乎每个生产包装发运环节都能造成污染，在最后的包装阶段带进外来杂质也会造成物理性污染。

（二）通过风险分析，确定关键控制点 通过风险分析，发现要保证出口河蟹安全卫生，关键在于控制好出口河蟹生长的水质和周围环境、投放的苗种、投喂的饲料、使用的药物和包装过程等。

四、根据风险分析结果，提出风险管理措施

为加强对出口河蟹中的安全卫生质量的管理，有关政府职能部门要加强对出口河蟹养殖场的水质、疫病的监测和养殖用药的监管，各出口河蟹养殖场必须加强养殖过程中的疫病控制和用药管理，各出口河蟹的中转场必须严格按照中转发运点的卫生要求，加强包装过程监控，最大限度地降低出口河蟹的安全卫生问题的发生。

（一）对出口河蟹的水域环境的控制 河蟹养殖的水域是河蟹赖以生存的

环境，对河蟹的安全卫生影响极大，对它的控制十分关键，因此必须对养殖场进行注册登记，确保注册养殖场的水域周围无化工企业、畜禽养殖场、生活垃圾堆放和生活污水排放等污染源，水域不受工业"三废"、农药等污染，并进行水质和淤泥等本底检测，要符合 GB/T 18407.4—2001《农产品安全质量 水产品产地环境要求》和 NY 5051—2001《无公害食品 淡水养殖用水水质》的要求。

（二）对出口河蟹养殖过程的控制 注册养殖场要积极推行 ISO 9000 或 GAP 认证，建立完整的质量控制体系，具有一整套关于苗种投放、饲料使用、药物使用等管理制度，并严格执行做好相应记录。

检验检疫部门要对注册养殖场的蟹苗放养、饲料投放到药品使用实施监控，并制定疫情、重金属及兽药残留监控计划，加强氯霉素、重金属等残留监测。

（三）对出口河蟹中转发运的控制 鼓励出口河蟹的中转场建立有效运行的 GMP 和 HACCP 管理体系，确保加工发运过程的安全。

五、纠正措施

上述关键控制点失控时，即出口河蟹来自非注册登记养殖场（其养殖的水域环境、投放的蟹苗、饲料、使用的药物及加工过程均无法得到控制），应采取纠正措施，其关键在于养殖场的诚信和检验检疫部门的监管。

（1）积极引导注册养殖场树立创建品牌的自觉性，力争将自己的品牌推向国际市场。

（2）对注册养殖场的河蟹实施原产地保护认证工作，加施产品标识，防止非注册养殖场的河蟹盗用注册场的名义出口。

（3）根据注册养殖场的养殖水域面积，估计河蟹的产量，做到控制出口河蟹的总量，防止"插班生"、"短期培训生"出口。

（4）实施注册养殖场负责人手签备案和供货声明制度。

（5）加大出口时对暂养、包装、出运的检验检疫监管力度和处罚力度。

（6）口岸局和产地局必须及时互通检验检疫、发运及加工过程的监管情况，防止企业和个人隐瞒、恶意混装、携带未经检验检疫或来自非注册登记养殖场的河蟹出口，防止证单倒卖现象的发生。

第四章 出口河蟹养殖场的注册和监管

水生动物是我国出口农产品中最敏感的商品之一。当前主要面临两方面的严峻挑战：一方面，主要进口国家或地区对水生动物的安全卫生标准越来越高，要求越来越严；另一方面，我国生产力发展水平与发达国家存在一定差距，部分水产养殖和出口企业整体质量安全意识不强。为积极应对挑战，规范出境水生动物检验检疫工作，提高出境水生动物安全卫生质量，在总结多年来出口水生动物检验检疫和监督管理工作经验的基础上，针对近几年出口水生动物出现的主要问题，国家质量监督检验检疫总局于 2007 年 8 月 27 日发布了99 号令《出境水生动物检验检疫监督管理办法》（简称《管理办法》），并于 2007 年 10 月 7 日开始实施。

《管理办法》是在总结和分析国内外水生动物安全卫生标准和我国水生动物养殖现状的基础上制定和颁布实施的，从而进一步规范和统一了出境河蟹等水生动物的检验检疫工作。本章就《管理办法》里关于出境河蟹的注册登记和监督管理要求进行阐述。

第一节 养殖场注册登记

出入境检验检疫机构本着坚持从源头抓质量的原则，对养殖场、中转场全面实施注册登记。自 2007 年 10 月 1 日起，河蟹养殖场和中转场新申请注册登记的，严格按照《管理办法》的规定组织考核、评审和注册登记。有关注册登记申请表、文件审核表、受理通知书、现场评审记录表、评审不符合项跟踪记录表、整改通知书、注册登记编号规则、注册登记证、未获批准通知书、出境水生动物供货证明、监管手册样式等见附录（可从国家质检总局动植司子网站http：//dzwjyjgs. aqsiq. gov. cn 下载）。

一、注册登记条件

（1）周边和场内卫生环境良好，无工业、生活垃圾等污染源和水产品加工厂，场区布局合理，分区科学，有明确的标识；

（2）养殖用水符合国家渔业水质标准，具有政府主管部门或者检验检疫机构出具的有效水质监测或者检测报告；

（3）具有符合检验检疫要求的养殖、包装、防疫、饲料和药物存放等设施、设备和材料；

（4）具有符合检验检疫要求的养殖、包装、防疫、饲料和药物存放及使用、废弃物和废水处理、人员管理、引进水生动物等专项管理制度；

（5）配备有养殖、防疫方面的专业技术人员，有从业人员培训计划，从业人员持有健康证明；

（6）中转场的场区面积、中转能力应当与出口数量相适应。

非开放性水域养殖场还应当符合下列条件：

（1）具有与外部环境隔离或者限制无关人员和动物自由进出的设施，如隔离墙、网、栅栏等；

（2）养殖场养殖水面应当具备一定规模，一般水泥池养殖面积不少于20亩，土池养殖面积不少于100亩；

（3）养殖场具有独立的引进水生动物的隔离池；各养殖池具有独立的进水和排水渠道；养殖场的进水和排水渠道分设。

开放性水域养殖场申请注册登记还应当符合下列条件：

（1）养殖、中转、包装区域无规定的水生动物疫病；

（2）养殖场养殖水域面积不少于500亩，网箱养殖的网箱数一般不少于20个。

二、受理申请

出境河蟹养殖场、中转场应当向所在地检验检疫局提出书面申请，并提交下列材料（一式3份）：

（1）注册登记申请表；

（2）工商营业执照（复印件）；

（3）养殖许可证或者海域使用证（不适用于中转场）；

（4）场区平面示意图及彩色照片（包括场区全貌、场区大门、养殖池及其编号、药品库、饲料库、包装场所等）；

（5）水生动物卫生防疫和疫情报告制度；

（6）从场外引进蟹苗的管理制度；

（7）养殖、药物使用、饲料使用、包装物料管理制度；

（8）经检验检疫机构确认的水质检测报告；

（9）专业人员资质证明；

（10）废弃物、废水处理程序；

（11）进口国家或者地区对水生动物疾病有明确检测要求的，需提供有关检测报告。

三、注册登记审查与决定

直属检验检疫局应当在受理申请后 5 日内组成评审组，对申请注册登记的养殖场或者中转场进行现场评审。评审组应当在现场评审结束后 5 日内向直属检验检疫局提交评审报告，经评审合格的，予以注册登记，颁发《出境水生动物养殖场/中转场检验检疫注册登记证》，并上报国家质检总局；经评审不合格的，出具《出境水生动物养殖场/中转场检验检疫注册登记未获批准通知书》。对目前韩国、新加坡和我国香港、台湾等进口国家或地区，对进口河蟹养殖场有注册登记要求的，直属检验检疫局评审合格后，报国家质检总局，由国家质检总局统一向进口国家或地区政府主管部门推荐并办理有关手续。《注册登记证》自颁发之日起生效，有效期 5 年。有效期满后欲继续保留注册资格的，须在有效期届满 30 日前提出换证申请。经注册登记的养殖场或中转场的注册登记编号专场专用。每一注册登记养殖场或中转包装场使用一个注册登记编号。同一企业所有的不同地点的养殖场或中转场应当分别申请注册登记。

四、注册登记变更与延续

出境河蟹养殖场、中转场变更企业名称、法定代表人、养殖品种、养殖能力等的，应当在 30 日内向所在地直属检验检疫局提出书面申请，填写《出境水生动物养殖场/中转包装场检验检疫注册登记申请表》，并提交与变更内容相关的资料（一式 3 份）。

变更养殖品种或者养殖能力的，由直属检验检疫局审核有关资料并组织现场评审，评审合格后，办理变更手续。

养殖场或者中转场迁址的，应当重新向所在地检验检疫机构申请办理注册登记手续。

因停产、转产、倒闭等原因不再从事出境水生动物业务的注册登记养殖场、中转场，应当向所在地检验检疫机构办理注销手续。

直属检验检疫局应当在完成注册登记、变更或者注销工作后 30 日内，将辖区内相关信息上报国家质检总局备案。

直属检验检疫局对已注册的企业实行年度审核管理制度。对逾期不申请年审，或年审不合格且在限期内整改不合格的注册企业，吊销其注册证。对不重新提出申请而超过有效期的企业，所持的注册证自动失效，不得受理其出境报检。

第二节　注册养殖场、中转场的自检自控体系

企业是出口水生动物安全卫生质量的第一责任人。取得注册登记的出境河蟹养殖场、中转场应当建立完善的质量管理体系，尤其应建立疫病和有毒有害物质的自检自控体系，并对其出口河蟹的安全卫生质量负责。

一、疫病的自检自控

取得注册登记的出境河蟹养殖场、中转场应具有完善的疫病监测、控制体系和疫情报告制度，在养殖过程中应做好疫病防治工作，并做好疫病防治记录，记录疾病发生的日期、发病数、所在池塘号、病症诊断结果、治疗处理方法、效果和技术员签名等。

企业应成立由企业负责人为组长、企业质量管理人员和防疫工作人员为成员的监控工作领导小组，领导小组工作接受当地检验检疫局的指导；疫病监控项目应以当地流行的疾病和世界动物卫生组织（OIE）规定需要开展的监测项目为主，并及时按照国家有关出口要求和输入国/地区的要求，根据实际需要，随时调整检测项目；每次样品采集必须由领导小组成员亲自参与，采样区域要覆盖可能出口的围网，采样要充分考虑代表性，真正反映实际情况；公司建立相应记录台账，每次样品采集要做好记录，样品全部送检验检疫部门认可的实验室进行检测；监控检测中如发现疫病阳性，必须在 2 小时内通知当地检验检疫局，并按照检验检疫部门要求，采取相应措施，接受和配合调查处理。监控中未发现异常的，亦在 24 小时内将检测结果报当地检验检疫局，每年年底完成疫病监控总结报告上报当地检验检疫局。

取得注册登记的出境河蟹养殖场、中转场，一旦发生国际动物卫生组织（OIE）规定需要通报或者农业部规定需要上报的重大水生动物疫情时，应当立即启动有关应急预案，采取紧急控制和预防措施，并按照规定上报。

二、有毒有害物质自检自控

为保证出口螃蟹的质量安全，出口螃蟹养殖企业应建立年度有毒有害物质

残留监控计划，并报当地检验检疫局备案。监控计划应明确以下内容：

（1）监控领导小组：成立由企业负责人为组长、企业质量管理人员和防疫工作人员为成员的监控工作领导小组，领导小组工作接受当地检验检疫局的指导。

（2）监控项目的确定：监测项目的确定应考虑以下原则：①国家有监测和检测要求的项目。②输入国有监测或者检测要求的项目。③无法确定水生动物中是否存在的项目。④日常监测、检测以及境外通报的不合格项目。⑤公众关注的项目。⑥影响水生动物质量安全的生存环境因素的变化，包括有毒浮游生物暴发、环境污染、气候异常变化等。⑦自检自控项目应包含水质监测和投入品监测的内容。

（3）样品采集：每次样品采集必须由领导小组成员亲自参与，采样区域要覆盖可能出口的围网，采样要充分考虑代表性，真正反映实际情况。

（4）样品送样：公司建立相应记录台账，每次样品采集要做好记录，样品全部送检验检疫部门认可的实验室进行检测。

（5）检测结果处理：监控检测中如发现残留物质超标或禁用药物阳性，将在 2 小时内通知当地检验检疫局，并按照检验检疫部门要求，采取相应措施，接受和配合调查处理。监控中未发现异常的，亦在 24 小时内将检测结果报当地检验检疫局，每年年底完成残留监控总结报告上报当地检验检疫局。

（6）监控项目完善：按照国家有关出口要求和输入国/地区的要求，根据实际需要，随时调整检测项目，并报当地检验检疫局。

企业自检自控记录、水质检测记录见表 4-1、表 4-2。

表 4-1 企业自检自控记录

采样日期	采样人	检测项目	检测单位	检测结果	是否异常	采取的措施	负责人签名

表 4-2 水质检测记录

采样日期	采样地点	采样人	检测单位	检测日期	检验报告单编号及结果

第三节　注册养殖场、中转场的官方监控体系

目前，我国各级检验检疫机构坚持分析风险、控制风险、以过程监控为主出口前检验为辅的把关原则，建立了基于出境水生动物疫病和有毒有害物质监控计划和实施方案的官方监控体系。养殖场、中转场所在地出入境检验检疫机构按照国家质检总局制定下发的年度监控计划制订实施方案，对养殖场、中转场的水质、河蟹和投入品进行有毒有害物质和疫病监测，并根据国内外关注的监控项目及时进行调整，一旦发现问题，立即启动风险预警机制，紧急暂停该水域的产品出口，查明原因并进行溯源跟踪。

出口河蟹以有毒有害物质、致病性病原微生物为主要监测项目。监测项目确定的原则有：①世界动物卫生组织（OIE）规定需要开展的监测项目。②国家有监测和检测要求的项目。③输入国有监测或者检测要求的项目。④无法确定水生动物中是否存在的项目。⑤日常监测、检测以及境外通报的不合格项目。⑥公众关注的项目。⑦影响水生动物质量安全的生存环境因素的变化，包括有毒浮游生物暴发、环境污染、气候异常变化等。

一、疫病监测

疫病监测是出境水生动物检疫工作的重要内容，通过实施科学监测，及时掌握疫病发生、流行趋势，有效分析和评价出境水生动物疫情，采取针对性风险预警、预防或控制措施，保障出境水生动物质量安全。开展疫病监控，是提高出境水生动物检疫监管水平的重要手段，对提升出口水生动物质量安全水平、促进优势水生动物出口和合理调控水生动物进口、保护国内水产养殖安全都具有重要意义。

（一）疫病监测计划的制定　国家质检总局负责制订《年度出境水生动物疫病监测计划》，各地检验检疫局根据国家的监测计划，结合本地实际，充分考虑本地区出境螃蟹特点以及上年度的监测结果，制订相应的实施方案，切实做到按照规定时限和要求进行监测。

（二）疫病监测计划的实施

1. 样品抽取、送（寄）和接收

（1）采样范围　监测采样场所范围是出口螃蟹注册登记养殖场、中转场。

（2）采样和送样　疫病监测样品要根据疫病病原特点，在规定季节采、送样，避免集中突击完成全年采样任务。样品采集后，按照有关规定进行包装和

送寄，确保样品符合实验室检测要求。送检单位应在 10 日内与实验室确认样品是否安全送（寄）达（图 4 - 1）。

图 4 - 1　做好封识的送样样品

（3）样品接收　样品检测单位收到样品后应认真记录所收样品的封存状态，按规定做好样品接收记录，并向送样单位反馈收样情况。样品随附有关原始凭证应妥善保存，做到记录规范，数据准确，溯源有效。

2. 实验室检测　各地检验检疫局实验室能完成检测的，应在本局当地实验室检测；不能检测的，可送样至系统内其他检验检疫局实验室检测。送样前请与相关实验室联系。监测发现的阳性样品，如有必要，应送水生动物疫病重点实验室进行复核。

3. 监测结果上报　检测实验室应该按照有关规定格式和要求出具检测结果报告单。检测结果阳性的，应在结果确认后立即通知相关直属局，直属局应于 48 小时内填写《水生动物疫病监测信息表》报国家质检总局。有关直属局应及时采取风险控制措施，按规定对螃蟹和/或注册养殖场、中转场进行处理。

4. 信息沟通和公布　各检验检疫局要加强与地方政府相关部门的沟通联系，建立风险通讯渠道。发现的疫病阳性结果，应按照有关规定向地方政府主管部门进行通报。

5. 监测数据汇总和分析　各检验检疫局按规定格式和内容对全年监测结果进行汇总，同时对监测工作进行总结和分析，提出对下一年度监测计划的建议，于每年的 12 月 15 日前以书面和电子形式报送国家质检总局动植司。

（三）技术和经费保障 各级检验检疫局通过不断加强实验室检测技术开发和检测能力建设，进一步提高检测能力和水平，积极参加比对实验、能力验证，尽量增加本局自行检测项目，从而减少环节、提高监测工作的时效性，保质保量地做好监控工作。监控工作所需经费由各地检验检疫局根据国家质检总局有关项目经费管理办法，结合业务工作任务量，统筹安排项目经费，专款专用。

（四）相关记录格式

1. 进出境水生动物疫病监测样品编号规则及样品标签式样

（1）样品编号规则 由 12 位阿拉伯数字加英文字母混合而成（各代码之间加"/"区分）。

代码意义	区域代码	年度代码	日期代码	类别代码	进出口代码	3 位数顺序号
例 1	深圳	2010 年	2010 年 1 月 1 日	甲壳类	进口	第 1 号样品
样品编号	470000	2010	20100101	5	JK	1
例 2	广东	2011 年	2011 年 5 月 26 日	海水鱼苗	出口	第 25 号样品
样品编号	440000	2011	20110526	2	CK	25

例：深圳宝安局 2010 年 3 月 20 日抽取的进口海水鱼第三个样品：470800/20100320/2/JK/003。

（2）标签式样 椭圆形，黄色，长轴 150 毫米、短轴 100 毫米，背面为不干胶。

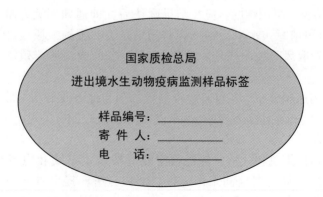

国家质检总局

进出境水生动物疫病监测样品标签

样品编号：＿＿＿＿＿＿

寄 件 人：＿＿＿＿＿＿

电 话：＿＿＿＿＿＿

2. 进出境水生动物疫病监测采样单

被抽采样单位信息	养殖、中转或进出口企业名称			
	注册号、船舶登记号或进口报检单号			
	联系人		联系电话	
样品基本信息	动物品种		拉丁文名	
	样品名称		抽样日期	
	抽样基数		样品数/重量	
样品状态	生产情况（打√）	1. 淡水　2. 海水　3. 养殖　4. 观赏　5. 野生		
	个体年龄（打√）	1. 幼体　2. 种苗　3. 成年　4. 二龄以上		
	采样时样品状态（√）	1. 活体　2. 濒死　3. 部分死亡　4. 死亡　5. 冰鲜 6. 冻结		
	投入品使用情况			
	临床或解剖症状			

取样人仔细阅读以下文字，并签字：	被取样单位见证人仔细阅读以下文字，并签字：
我负责任地填写此采样单，并证实此样品系按规范取样方法合法取得，具有代表性、真实性和公正性。	我证实，此样品系按规范取样方法合法取得，具有代表性、真实性和公正性。
抽样人签名： 　　年　　月　　日	被抽样单位见证人： 　　年　　月　　日

采样单编号：

注：此单一式三联，第一、二联分别由采样单位及被采样单位保存，第三联由直属局联系人保存。

3. 进出境水生动物疫病监测送（收）样单

<table>
<tr><td rowspan="5">采样人填写</td><td>样品编号</td><td></td><td>中文种名</td><td></td></tr>
<tr><td>对应采样单编号</td><td></td><td>拉丁种名</td><td></td></tr>
<tr><td>采样时间</td><td></td><td>个体规格</td><td></td></tr>
<tr><td>水体温度</td><td></td><td>数量/重量</td><td></td></tr>
<tr><td>动物生活状态</td><td colspan="3">正常　异常　病例　死亡</td></tr>
<tr><td rowspan="6">寄样人填写</td><td>运输状态</td><td colspan="3">1. 充氧　2. 加冰　3. 加干冰　4. 干运</td></tr>
<tr><td>运输方式</td><td colspan="3">1. 空运　2. 陆运　3. 水运</td></tr>
<tr><td>监测项目</td><td colspan="3"></td></tr>
<tr><td>收样实验室</td><td>联系人</td><td>联系电话</td><td></td></tr>
<tr><td>寄样人</td><td>邮编</td><td>联系电话</td><td></td></tr>
<tr><td>回邮地址</td><td colspan="2">收件人</td><td></td></tr>
<tr><td rowspan="2">收样实验室填写</td><td>收样实验室</td><td colspan="3">签收人：
单位盖章
　　　　年　　　月　　　日</td></tr>
<tr><td>样品状态描述与建议（打√）</td><td colspan="3">1. 样品已收到；
2. 样品符合实验室检测要求；
3. 样品不符合实验室检测要求，需重新采送样；
4. 采送样品改进具体建议（描述）：</td></tr>
</table>

编号：

注：第一联寄样人（白色）存档，第二联（黄色）随样寄送并邮回，第三联（粉红色）由检测实验室保存。

4. 进出境水生动物疫病监测信息通报表

本件密级：绝密□　机密□　秘密□　非密□

样品编号			
水生动物种类		拉丁文名	
样品来源	养殖群□　野生群□　进口□　观赏□		
采样地点		被采样单位	
不合格项目		检测方法	
检测结果		检测限值	
判定标准			
检测实验室			
检验人		签报人	
采送样单位			

报送人签名：_____　　　　报送单位盖章：

注：此单根据密级需要通过密码电报、传真、邮寄或电子邮件方式传递。

二、有毒有害物质监控

（一）有毒有害物质监控计划的制定　为了保障出口食用农产品和食品安全，避免某些生物、化学物质及其残留会影响食用农产品和饲料的安全和质量，进而影响动植物和人体健康。自 1999 年起，《国家动物及动物源食品中残留物质监控计划》开始正式实施。国家质检总局作为出口食用农产品检验检疫工作的主管部门，近年来先后针对性地开展了相关产品的安全风险监控工作，制定了《进出口食用农产品和饲料安全风险监控计划》，该计划涵盖了出口螃蟹有毒有害物质监控计划。

1. 监控计划制订的主要依据

（1）上年度监控计划的总结报告。

（2）往年进出口食用农产品和饲料的监控报告。

（3）食用农产品和饲料进出口品种、数量、地区分布及变化情况。

（4）我国农用化学品登记、注册和使用情况。

（5）主要进口国家或者地区对食用农产品和饲料中安全风险物质限量要求

及变化情况。

（6）主要进口国或者地区的年度监控计划及不合格通报信息。

（7）进出口食用农产品和饲料中安全风险物质风险评估报告。

（8）主管部门认为需要调整的其他情况。

2. 监控计划制订的原则

（1）体系化原则　全面考虑进出口食用农产品和饲料安全风险监控体系所涉及的"明确目标、选择项目、制订计划、组织实施、抽取样品、样品检测、不合格结果调查处理、结果分析、采取措施"等各个环节的要求，制定系统、完善的年度监控计划，确保整个监控体系的统一性、完整性和可持续改进。

（2）分类管理原则　进出口食用农产品和饲料所包含的产品种类繁多，特点不一，本指南按照产品特性不同，分别制定食用动物、饲料及饲料添加剂、水果、粮食等年度监控计划，以利于风险评估、监控产品和物质的选定以及监控工作的具体实施。

（3）科学性原则　在风险分析的基础上，依据我国国家标准和强制性技术法规的要求，借鉴欧盟等发达国家或地区的监控方案，科学制定监控对象、监控项目、监控频率、抽样方法和检验方法。

（4）可操作性原则　监控计划的制定充分考虑了检验检疫一线工作实际，确保所确定的监测产品是进出口量大或者风险高的产品，确保抽样方法和抽样数量不给执行机构增加不必要的工作量；充分考虑各实验室具备规定监控物质的相应检测能力，确保监控工作能与日常检验检疫工作协调统一。

（5）循序渐进原则　鉴于制定和完善进出口食用农产品和饲料安全风险监控计划是一项长期的工作，本着循序渐进的原则，监测产品首先选择进出口业务量大或者风险高的产品，监控物质的选择重点考虑我国和主要输入国家或者地区禁止、限制使用或被关注的存在安全风险的物质，兼顾覆盖范围和年度重点。各大类产品的安全风险监控计划的制定充分参照上年度监控结果，在风险分析的基础上进行调整。

（6）与日常检验检疫的关系　监控工作是进出口食用农产品和饲料安全管理的基础，是日常检验检疫工作的重要内容，将逐渐成为进出口食用农产品和饲料安全把关的主要手段，列入年度监控计划内监控物质的进出口检测结果可以同时作为年度监控计划的监控结果。当前，对于进口产品，凡有国家强制性标准的监控物质，其监测结果应作为进口合格评定的依据；对于出口产品，监控物质应首先满足进口国家或地区的要求。

3. 监控计划的主要内容

（1）监控内容：明确年度需要监控的产品及其监控物质。

（2）抽样方案和检测任务分配：制订年度各监控产品抽样方案和检测任务

分配计划。

（3）检测方法和判定依据：推荐相关项目的检测方法、提出检测限要求、列明基准实验室和判定的依据、标准，以及不合格结果处理的程序及要求。

（4）《年度监控计划》的调整说明，包括：监控产品和监控物质调整的说明；对判定标准、检测方法及方法测定低限要求调整的说明；其他内容调整的说明。

（5）《年度监控计划》实施的新要求。

（二）有毒有害物质监控计划的实施

1. 监控计划实施单位的职责

（1）国家质检总局　负责与国家农业、食品等相关主管部门沟通和协调，组织制/修订并发布《监控指南》和《年度监控计划》，制定、修订有关进出口食用农产品和饲料安全风险监控的法规和规定；组织或者建议有关主管部门制、修订相关产品安全风险监控的抽采样、检验检疫方法和限量等标准，组织对基准实验室和批准实验室的考核，并实施动态管理；采取有关进出口食用农产品和饲料安全风险的重大的控制措施。

（2）各直属出入境检验检疫局及其分支机构　根据监控计划，结合本辖区进出口食用农产品和饲料实际情况，制订本辖区的年度监控计划实施方案，并组织实施。及时将年度监控计划实施过程中的检出和不合格结果上报主管部门。

（3）检测实验室

①基准实验室：承担监控计划指定的样品检测和验证工作；收集相关限量标准和检测方法；负责检测方法的研发、选择、验证和更新；负责检测方法的培训；参加国内外技术交流活动和技术谈判；有针对性的组织比对试验。

②批准实验室：承担监控计划指定的样品检测工作；按规定及时向直属局和送样单位报告样品检测情况；参加相关部门组织的培训、技术交流、能力验证、比对试验、方法验证等。

（4）生产企业

①任何从事出口食用农产品和饲料生产企业（个人或法人）必须遵守国内的有关管理规定和有关贸易国的规则。

②出口食用农产品和饲料的企业，应采取必要的措施，建立严格的合格供应商评价制度和原料入场验收制度，使自己确信进厂食用农产品和饲料有毒有害物质残留不超过最高限量，不含有禁用物质或制品。

③出口食用农产品和饲料生产企业应建立相应的监控制度，并制定当某环节失控时的纠正措施。出口食用农产品加工企业应设立相对独立的质量管理部门和一定规模的实验室，配备必要的检测仪器、设备和相应检测试剂。没有相

应检测能力的出口食用农产品和饲料生产企业应与具备资质的实验室签订委托检测协议，明确检测项目等。

④出口食用农产品和饲料的生产企业必须接受检验检疫部门的监督检查，厂方有责任向主管部门提供有关信息。

⑤出口食用农产品和饲料的生产企业使用的药品必须是有关法规允许使用的药物，并认真填写"用药登记"内容，至少包括用药名称、用药方式、剂量、停药日期。严防违规用药和使用违禁药物。

⑥出口食用农产品和饲料的生产企业应积极配合检验检疫部门完成监控样品的抽样工作，保证年度监控计划的实施。

2. 实施方案的制定

（1）由各直属局负责制定本局《年度监控计划》实施方案。

（2）实施方案制订的主要依据　《监控指南》和《年度监控计划》；日常进出口抽样检测结果和警示通报；本辖区内各种食用农产品和饲料的进出口情况，包括进出口品种、数重（量）、种养殖场或生产企业分布、养殖或种植周期等；本辖区和主要贸易国家或者地区农用化学品等使用情况。

（3）实施周期　一般一个自然年（1月份到12月份）为一个监控年度。

（4）实施方案的主要内容

①辖区内监控计划实施的组织机构，包括各分支机构及批准实验室。

②监控物质：辖区内年度需要监控的产品及其监控物质，包括《年度监控计划》中规定的一般监控物质和重点监控物质、指令检查物质以及根据实际情况确定的潜在风险监控物质。

③抽样和检测任务安排：辖区内年度各监控产品抽样和检测任务的具体安排，包括抽样的时间、地域或者口岸分布、种养殖场或企业分布、抽样要求、抽样方法等。

④不合格结果追溯程序。

⑤监控结果信息报送要求。

3. 监控方案的实施

（1）监控物质的确定　各直属局应结合国家质检总局制定的《年度监控计划》和本辖区业务特点，确定监控物质。监控物质分为一般监控物质、重点监控物质、指令检查物质、潜在风险监控物质。

一般监控物质：对于进口产品，《年度监控计划》中已明确列出，各实施机构按照《年度监控计划》要求开展监控；对于出口产品，各直属局应参考《年度监控计划》中出口产品监控物质推荐表，结合各自出口工作实际情况，在风险分析的基础上，确定一般监控物质。

重点监控物质：对于进口产品，《年度监控计划》中已明确列出，各实施机构按照《年度监控计划》要求开展监控；对于出口产品，各直属局应参考《年度监控计划》中出口产品监控物质推荐表，结合各自出口工作实际情况，按照"一厂（场、园）一品一案"的要求，在风险分析的基础上，确定重点监控物质。

指令检查物质：各实施单位按照国家质检总局有关命令检查的要求开展监测工作。

潜在风险物质：鼓励各直属局根据辖区业务特点，在风险分析的基础上进行潜在风险物质的监控工作。

（2）抽样原则和方法　进口产品的抽样参照我国国家标准的规定，出口产品的抽样参照输往国家或地区的规定和双边协议的要求，确保取样均匀，有代表性，防止取样、送样过程污染样品。按照有关规定取样、保存、封样、送检，避免突击采样。

①取样。出口样品可从种、养殖场和加工厂（包装厂）抽取，进口样品应在结关地抽取。取样时不得将待取样品和已取样品进行任何洗涤处理，保证抽样所用的设备和所抽取的样品没有受到污染，采样的时间和方式应按照各类产品的《年度监控计划》进行。

②样品保存和运输。应按各类产品《年度监控计划》保存。样品运输过程中要保证样品处于适宜的温度，并及时送达检测实验室，新鲜、易腐烂变质样品应在 24 小时内送达，特殊情况下（必须长途运输等）可适当延长，但须确保样品的性状不发生变化。

③取样记录。在抽取样品的同时应记录所有相关信息，其中包括溯源信息、储存温度等。进口产品需由进口企业提供进口产品的信息。

④样品编号。每个样品和每张采样信息记录表都要使用统一的编号体系。编号规则为"进出口标识/取样局编码/监控品种代码/取样日期/取样序号"，其中进口标识为 I，出口标识为 E；监控品种代码表示如下：粮食-01、水果-02、水生动物-03、陆生动物-04、饲料-05。

（3）样品的接收　承担检测任务的实验室接收样品后，立即核查样品的一致性、确认样品运输时包装未损坏，并填写完成《进出口食用农产品和饲料安全风险监控工作送/收样单》。对于不能立即检测的样品，应在合适的条件下储存。

（4）样品的检测　实验室操作人员要注意避免各阶段样品间的交叉污染和环境污染。如果分析过程出现了不可接受的偏差而终止分析，就要重新取样。

实验室可采用适宜的检测方法如国际标准、国家标准或其他标准规定的方法进行检测，也可以采用经过科学验证的实验室方法进行检测，但应优先采用监控计划中的推荐检测方法。所采用方法的技术指标应满足实施监控计划的检

测要求。

检测实验室应采取措施保证检测结果的准确性，在存在确证方法时，对于不合格结果应采用确证方法加以验证。

各检测实验室应做好技术储备，确保监控检测工作按计划实施，并保证检测结果的准确性和实效性。作为进出口放行依据的监控样品需及时检测出具报告，其他监控样品原则上不超过28个工作日。

（5）监控样本的留存　监控样本应由检测实验室保存在合适的温度、湿度（必要时）环境中。原则上样品保存时间自报告发出后不短于3个月，必要时延长至6个月，对非易腐易烂的超标样品的保存时间不短于1年。应采取措施防止样品的性状在贮存过程发生变化。

（6）执行限量的制定依据　列入监控计划的进口食用农产品和饲料的监控物质应按照国家技术规范的强制性要求；尚未制定国家技术规范强制性要求的，参照国家质检总局指定的有关标准。列入监控计划的出口食用农产品和饲料监控物质的判定标准以主要输入国家或者地区的最严标准为准。

执行机构可将出口食用农产品和饲料及饲料添加剂的监控与日常检验同时进行，监控结果与日常检验结果共同作为该批食用农产品和饲料合格评定的依据，如果监控计划规定的判定标准与该批产品实际输入国家或地区限量标准不一致，以实际输入国家或地区限量标准为依据进行出口前的合格判定。

（7）监控样本检测结果的验证　如果对检测结果有异议，必须由主管部门指定的基准实验室进行验证。

（8）监控不合格处理

①判定和不合格货物处理。对于进口货物，凡有国家强制性标准的重点监控物质，其监测结果应作为进口货物合格评定的依据；凡有国家强制性标准的一般监控物质，其监测结果可作为进口合格评定的依据。

对于出口货物，监控物质应满足进口国家或地区的要求，重点监控物质监测结果应作为合格判定的依据，一般监控物质监测结果可作为合格判定的依据。

不合格货物应按照有关规定进行处理。

②监控不合格结果追溯。各直属局在接到不合格结果监测报告后，应开展问题产品追溯，了解不合格结果货物的有关信息，如产品种类、来源地、企业信息、造成不合格结果原因等。

③监控不合格结果的上报。监控不合格结果，由所在直属局在5个工作日内按照《进出口食用农产品和饲料风险物质监测不合格信息上报表》要求上报主管部门和秘书处；可能造成重大安全隐患或影响的监控不合格结果，应在24小时内上报主管部门和秘书处。

④风险预警及快速反应。对于进口货物发现监控结果不合格情况：在有关直属局辖区范围内，应立即加强对来自该国家或者地区同类货物的监控，有关要求按照各类产品的《年度监控计划》执行；国家质检总局将视风险情况，发布风险预警信息，实行指令检查。

对于出口货物发现不合格情况：在有关直属局辖区范围内，应立即加强该企业同类货物的监控，有关要求按照各类产品的《年度监控计划》执行；国家质检总局将视风险情况，发布风险预警信息，实行指令检查。

（9）监控结果的汇总与上报　各直属局在新季度开始后 20 个工作日内上报上一季度监控结果，并在每年 12 月 15 日前汇总年度监控结果形成监控报告（统计数据限于上一年 12 月至本年度 11 月），通过正式文件上报国家质检总局动植司和秘书处；监控过程中不合格结果信息的上报应按照前述要求执行。

监控总结报告应包括但不限于以下内容：监控计划的执行情况、监控结果的统计分析、不合格结果的原因分析与处理情况、对监控工作的意见和建议、对拟承担下一年度监控计划任务的意向等。

4. 监控体系的完善

（1）每个监控年度，主管部门应组织检查，对监控计划的经费保障、各执行机构工作情况、实验室管理等进行督察。

（2）主管部门指定监控工作专家组对监控计划的执行情况和监测结果进行定期和不定期评估，根据评估结果及时调整监控计划。

（3）各检验检疫协作组应结合检验检疫工作实际，深入调研分析各类产品的安全风险，积极收集、研究和借鉴国际上先进的食用农产品和饲料安全风险监控的法规、标准和管理经验，及时调整和完善各大类产品的年度监控计划。

（4）执行机构及时向主管部门、检验检疫协作组反映监控计划实施过程中发现的问题，并提出合理化建议。

5. 有毒有害物质监控计划的相关记录表格

（1）进出口食用农产品和饲料安全风险监控结果统计报表

序号	样品名称	样品编号	取样单位	检测单位	检测项目	检测结果（毫克/千克）	检测方法	测定低限（毫克/千克）	判定标准/国家（毫克/千克）	判定结果	备注

填表人：（签字）

单位：（盖章）

填表日期：　　　年　　月　　日

（2）进出口食用农产品和饲料安全风险监控工作取样单

样品编号：

<table>
<tr><td rowspan="8">样
品</td><td>样品名称</td><td></td><td>样品包装</td><td></td></tr>
<tr><td>取样日期</td><td></td><td>样品数/重量</td><td></td></tr>
<tr><td>样本基数</td><td colspan="3"></td></tr>
<tr><td>检测项目</td><td colspan="3">一般监测物质（　）　　重点监测物质（　）</td></tr>
<tr><td>产品批号</td><td colspan="3"></td></tr>
<tr><td>产地</td><td colspan="3"></td></tr>
<tr><td>运输方式</td><td colspan="3"></td></tr>
<tr><td rowspan="4">单位名称</td><td colspan="3"></td></tr>
<tr><td rowspan="4">被
取
单
位</td><td>地址</td><td></td><td>产品生产企业注册号</td><td></td></tr>
<tr><td>电话</td><td>传真</td><td>邮政编码</td><td></td></tr>
<tr><td>电子邮件</td><td colspan="3"></td></tr>
<tr><td>备注</td><td colspan="4"></td></tr>
<tr><td colspan="3">取样单位盖章：

取样人签名：

　　　　　　　　年　　月　　日</td><td colspan="2">被取样单位盖章：

被取样单位主管签名：

　　　　　　　　年　　月　　日</td></tr>
</table>

取样人仔细阅读以下文字，并签字：

我认真负责地填写了该样品取样单，承认以上填写的合法性，被该取样单位所证实的样品系按照取样方法取得的，该样品具有代表性、真实性和公正性。

此单一式三联：第一、二联分别由取样单位及其主管处室保存，第三联由被取样单位保存。

填 表 说 明

样品编号：［进出口标识］/［取样局编码］/［监控品种代码］/［取样日期］/［取样序号］。

取样局编码：指直接取样的直属局或分支局的编码。

样品序号：指同大类产品取样的先后顺序编号。

例：2010年6月1日在青岛抽取的第2个出口水果样品，其样品编号为：

E/370100/02/20100601/2。

样品名称：产品名称。

样品包装：单个样品所采用的包装方式。

样本基数：同批产品的数（重）量。

检测项目：按照《年度监控计划》的规定，选择一般或者重点监控物质。

企业注册号：出口企业填写检验检疫部门核发的注册号，内销企业填写生产许可证编号。

（3）进出口食用农产品和饲料安全风险监控工作样品标签

样品名称		取样日期	
样品编号			
检测项目		样品数（重）量	
取样单位			
取样人			

（4）进出口食用农产品和饲料安全风险监控工作送/收样单

样品名称		样品来源 （采样单位）	
样品数量		封装情况	
保存情况		运输情况	
检测项目			
样品编号			
备 注			
送样人： 送样单位：（盖章） 　　　　　　　年　　月　　日		收样人： 收样单位：（盖章） 　　　　　　　年　　月　　日	

　　此单一式三联，第一联由送样单位保存，第二、第三联随样品送到收样单位，收样单位收到样品后，第二联由收样单位保存，第三联为收样单位反馈给送样单位的回执。同一次送样的样品可填写一份送样单，但需分别注明各样品要检测的项目。备注栏由收样单位填写对所收样品的封存、储藏状态等情况。

（5）进出口食用农产品和饲料安全风险监控工作检测结果报告单

报告单编号：

样品编号			
样品名称		样品重量	
保存方式		封装情况	
送样单位		收样日期	
检测项目			
检测方法		检测依据	
测定低限与检测结果			
检测项目	检测结果		测定低限（LOQ）
备注			

签发单位：（盖章）　　　　　　　　　　　　　　　签发人：

年　　月　　日

此单一式二联，第一联交送样单位保存，第二联由检测单位留存。

报告单编号由检测单位按照本实验室的质量保证体系自行编制。

第四节　注册养殖场、中转场的监管体系

出口螃蟹养殖场、中转场所在地检验检疫机构按照国家质检总局 99 号令附件《出境水生动物养殖场/中转场检验检疫监管手册》所规定的监管内容进行日常监管和年度审核。监管的内容包括蟹苗引进、化学投入品管理、饲料管理、中转包装发运管理和溯源记录管理，并将监管结果记录在"监管手册"的"监管记事"上。监管频次为每年不少于 3 次，出口季节应加强监管。根据上一年度的疫病和有毒有害物质监控、自检自控、日常监督、年度审核、出口贸易、检验检疫等情况进行分类，建立良好记录企业名单和不良记录企业名单，并逐步引导和扶持良好记录企业自律自强，合理调配检验检疫资源，重点加强对不良记录企业的监督管理。

一、蟹苗投放管理

（一）**蟹苗来源要求**　蟹苗必须是来自无污染区域和非疫区的健康种苗，应建立蟹苗供应商合格评价制度，主要评价供应商的人工育苗场的疫情和污染状况、培育期间的用药、饲喂情况以及包装运输等环节。要与蟹苗供应商签订购苗协议，明确安全卫生质量管理要求和经济责任。蟹苗供应商名录要报检验检疫部门备案登记。

（二）**苗种验收要求**　注册养殖场要选择体质健壮、活动力强、体表光滑、无病无伤无畸形的蟹苗，投放前要进行隔离检疫观察并抽样进行孔雀石绿、氯霉素、氟喹诺酮类、硝基呋喃类等禁用药物的检测，只有经检验检疫合格后方可投入正常的养殖（图4-2）。应具有完善的苗种验收记录，记录中应包括验收日期、规格、数量、来源（包括供应商名称）、验收项目、验收人员签名等。

图4-2　蟹苗验收

（三）**苗种消毒和放养要求**　苗种验收合格后，在投放前最好用2%～3%的食盐水浸浴5～10分钟（不得使用违禁药物消毒），以杀灭其体表的病原体。投放时应保持合理的放养密度，积极提倡稀放优质蟹种，使河蟹养殖由粗放型转为精养型，进而由精养型向生态、健康型方向发展，以减少病害的发生，并做好苗种消毒记录和投放记录。在投放记录中应该详细记录投放蟹苗的规格、数量、网围号、检验检疫情况、拟出口国家或地区、技术员签名等，保持苗种投放的可追溯性。养殖场投苗后，必须及时向检验检疫机构上报投苗的基本情况，包括规格、数量、来源、网围号、投放密度、蟹苗的检测报告（图4-3）。

图 4-3　蟹苗放养

二、化学投入品管理

为保证动物源性食品安全，维护人民身体健康，根据《兽药管理条例》的规定，农业部发布了《食品动物禁用的兽药及其他化合物清单》（农业部公告第 193 号）和《无公害食品　渔用药物使用准则》（NY 5071—2002），"渔用药物使用准则"规定了渔用药物使用的基本原则、渔用药物的使用方法以及禁用渔药，共规定了 26 种渔用药物的用途、用量和注意事项，并规定了部分药物的休药期和 32 种禁用药物。

注册登记养殖场应严格遵守国家和进口国或地区有关药物管理和使用的规定，不存放、不使用国家和进口国家或地区政府规定禁止使用的药物。严禁使用未经国家政府部门批准生产的或无生产厂家、无成分及使用说明、无批准生产文号的药物；养殖场要及时了解水生动物的疫情，建立河蟹养殖病害防治体系，通过预防和改善饲养管理，不用药或减少药物的使用；对允许使用的药物，要严格遵守药物的使用对象、使用期限、使用剂量以及休药期等规定；允许使用的兽药应从有"兽药生产许可证"的兽药厂购进，要有合法的批准文号，防止假冒伪劣药物进入养殖场。

养殖场应配备具有水生动物疫病防治资质的专业技术人员，技术人员应熟悉我国和主要进口国家或地区《禁用药物清单》，用药应严格遵守兽医处方制度。对允许使用的药物，必须严格按照药物使用管理规定执行，养殖场要加强管理，实行采购、使用核销制度。药物存放要有专门的仓库，有专人管理，仓库要保持清洁卫生，干燥、通风，不能让阳光直晒，药品摆放整齐，标识清晰。应建立药物进出库记录表，记录内容至少应包括进库日期、数/重量、药物名称及主要成分、生产厂家、出库时间、出库数量、技术员签名等。使用药物时应填写用药记录，用药记录内容至少应包括用药时间、药物名称和成分、剂量/浓度、用药方式、用药原因、网围号、技术人员签名等。

对使用的中药应检测合格后方可投入使用，处于治疗阶段的水生动物不得用于加工出口。中转、包装、运输期间，食用水生动物不得饲喂和用药，使用的消毒药物应当符合国家有关规定。

三、饲料使用管理

（一）饲料生产企业检验检疫备案　为加强出口食用动物饲用饲料的检验检疫管理，确保出口食用动物的卫生质量，国家质检总局于 1999 年 11 月 24 日颁布了《出口食用动物饲用饲料检验检疫管理办法》。该办法要求对生产的饲料用于饲喂出口食用动物的生产企业实施检验检疫备案管理制度。

国家质检总局统一管理全国出口食用动物饲用饲料的检验检疫和监督管理工作。国家质检总局设在各地的直属出入境检验检疫机构（以下简称直属检验检疫机构）负责各自辖区内出口食用动物饲用饲料的检验检疫、生产企业的登记备案和监督管理工作，包括受理申请、审核、登记备案和监督管理工作等。

1. 饲料生产企业登记备案要求　本着自愿原则，出口食用动物饲料的生产企业可以向所在地直属检验检疫机构申请登记备案。

（1）申请登记备案的饲料生产企业应具备下列条件：

①具有企业法人资格。

②饲料添加剂、添加剂预混合饲料生产企业具有农业行政主管部门颁发的生产许可证。

③具备与饲料生产规模相适应的厂房、设备、工艺和仓储设施。

④具有基本的质量、卫生检验设备和相应技术人员。

⑤具备科学的质量管理或质量保证手册，或具有健全的质量和卫生管理体系及完善的出入厂（库）、生产、检验等管理制度。

⑥严格仓储管理。原料库与成品库严格分离；原料库和成品库中不同种类、不同品名、不同批次的原料和饲料分开堆放，码放整齐，标识明确。

⑦在全企业范围内不储存、在生产的饲料或饲料添加剂中不添加我国及食用动物进口国家或地区规定的禁用或未允许添加的药品（含激素）等，并自愿遵守本办法的规定和自愿接受检验检疫机构的监督管理。

（2）申请登记备案的饲料生产企业所生产的出口食用动物饲用饲料必须符

下列条件：

①符合《饲料卫生标准》（GB 13078—2001）规定。

②符合《饲料和饲料添加剂管理条例》第十四条和《饲料标签》（GB 10648—93）的规定。

③符合相应的饲料或饲料添加剂的产品质量国家标准或行业标准。

④不使用国家淘汰、禁止使用的药物；不使用国务院农业行政主管部门或省级人民政府饲料主管部门公布的允许作饲料药物添加剂的药物品种以外的药物，允许添加的药物，必须制成饲料药物添加剂后方可添加；不添加激素类药品（如荷尔蒙）；严格按规定使用国家限制使用的药物；不使用进口国家或地区有特殊禁止使用要求的药物。

⑤饲料添加剂、添加剂预混合饲料具有省、自治区、直辖市人民政府饲料主管部门核发的产品批准文号。

⑥使用的进口鱼粉、豆粕等所有动植物性饲料原料及饲料药物添加剂或矿物质添加剂等均应符合国家进口检验检疫标准和要求，具有检验检疫机构出具的检验检疫合格证明。

2. 饲料生产企业申请登记备案的程序

（1）申请登记备案的饲料生产企业向所在地检验检疫机构办理申请手续，填写《出口食用动物饲用饲料生产企业登记备案申请表》（一式3份），并提交以下资料（各一式2份）：

①工商行政管理部门核发的企业法人营业执照复印件；

②国务院农业行政主管部门颁发的生产许可证复印件（饲料添加剂、添加剂预混合饲料生产企业提供）；

③质量管理（保证）手册或相应的质量管理体系及出入厂（库）、生产、检验管理制度等材料；

④申请登记备案的出口食用动物饲用饲料和饲料添加剂的品种清单及其原料的描述材料；

⑤省级人民政府饲料主管部门核发的饲料药物添加剂或添加剂预混合饲料产品批准文号（批准文件复印件）及产品说明书；

⑥饲料中使用的药物添加剂、矿物质添加剂和动植物性饲料原料为进口产品的，应提交检验检疫机构出具的检验检疫合格证明。

（2）接受申请的直属检验检疫机构根据规定，在15个工作日内对申请单位提交的申请书和有关材料进行书面审核，决定是否受理；经审核受理申请的，对申请单位进行实地考核，并按申请的饲料及添加剂品种抽取样品并封样。

（3）申请单位将封存的样品送检验检疫机构或其指定的检测部门按规定的

方法和项目进行检测。检测部门根据实际检测结果如实出具检测报告。

（4）预考核：受理申请的所在地检验检疫机构对经实地考核和饲料样品检验合格的饲料生产企业，在5个工作日内将材料上报所在地直属检验检疫局。

（5）直属检验检疫局在收到材料后，组成由专业评审员组成的评审组在10个工作日内完成对申请企业的考核。考核合格的给予登记备案，并颁发《出口食用动物饲料生产企业登记备案证》［以下简称《登记备案证》（一正本、一副本）］。考核不合格的限期整改，整改后验证合格，颁发《登记备案证》。

（6）《登记备案证》的有效期为5年。有效期满后拟继续生产出口食用动物饲用饲料的，应在有效期满前3个月依据本办法重新提出申请。

（7）已取得《登记备案证》的饲料生产企业变更登记备案内容时，应提前向发证的直属检验检疫机构申请办理变更手续。

3. 检验检疫与监督管理

（1）出口食用动物注册饲养场从登记备案的饲料生产企业直接购买的经检验检疫机构检验合格的配合饲料、添加剂预混合饲料和浓缩料，检验检疫机构不再进行检验；从非登记备案的饲料生产企业购买的前述饲料，必须经检验检疫机构逐批检验合格后方可使用。注册饲养场自配饲料的，必须使用前款规定的添加剂预混合饲料或浓缩料，并不得擅自在饲料配制和饲喂过程中添加任何药物（包括激素）。

（2）登记备案的饲料生产企业生产的每一新品种的第一批出口食用动物饲料或更改饲料添加剂种类后生产的第一批出口食用动物饲料均应由检验检疫机构抽样检验或由检验检疫机构认可的检测部门进行规定项目的检验，经检验合格的方可出售。

（3）根据登记备案的饲料生产企业和自配饲料的出口食用动物饲养场的信誉程度、对检验检疫法规的遵守情况、自身管理水平和检验条件等，检验检疫机构对其生产或自配的出口食用动物饲用饲料实行逐批检验、不定期抽检等分类管理办法。

（4）登记备案的饲料生产企业及出口动物饲养场的原料采购、检验、入出库、饲料生产与检验及饲料成品的入出库、出厂等均必须有真实完整的记录；每批产品均应留样，其留样期应满足质量责任追溯的需要，一般至少保存60～180天。

（5）检验检疫机构对登记备案的饲料生产企业实行日常监督检查与年审相结合的办法进行监督管理。登记备案的企业应按规定每年向直属检验检疫机构申请年审。

（6）登记备案的饲料生产企业，将饲料销往所在地直属检验检疫机构辖区外的出口食用动物饲养场时，应持《登记备案证》（副本）到该动物饲养场所在地直属检验检疫机构办理异地备案手续。直属检验检疫机构办理异地备案手续时，审验《登记备案证》，并在《登记备案证》（副本）上签章。

（7）登记备案的饲料生产企业与出口食用动物饲养场应建立直接的（包括通过其授权的销售代理直销的）购销关系。

（8）严禁登记备案的饲料生产企业和出口食用动物饲养场存放、使用下列物品：

①国家淘汰、禁止使用的药物，国务院农业行政主管部门或省级人民政府饲料主管部门公布的允许作饲料药物添加剂的药物品种以外的药物；

②激素类药物；

③进口国家或地区（包括香港、澳门和台湾地区）禁止使用的药物；

④未经国务院农业行政主管部门登记和/或未经检验检疫机构检验检疫或检验检疫不合格的进口饲料和饲料添加剂；

⑤未经检验检疫机构检验检疫或检验检疫不合格的进口动植物性饲料原料。

⑥严禁登记备案的饲料生产企业销售未经检验检疫机构登记备案的饲料和未经检验及检验不合格的饲料；

⑦严禁出口食用动物饲养场使用未经检验检疫机构检验合格的饲料，及在配制饲料和饲喂动物过程中擅自添加任何药品及添加剂。

（9）出口食用动物饲用饲料的外包装上，应附具标签，标明产品名称、代号、原料组成、生产日期、保质期、厂名、厂址、检验检疫机构的登记备案编号、产品标准代号、适用动物种类、使用方法和注意事项等。加入饲料药物添加剂的，还应当标明"加入药物饲料添加剂"字样，并标明其化学名称、含量、使用方法及注意事项和饲料添加剂的产品批准文号。

（10）登记备案的饲料生产企业有下列行为之一的，由检验检疫机构注销其《登记备案证》：

①存放、使用国家淘汰、禁止使用的药物，国务院农业行政主管部门或省级人民政府饲料主管部门公布的允许作饲料药物添加剂的药物品种以外的药物；激素类药物；

②日常监督检查不合格、不按规定参加年审或年审不合格且限期内又未改正的；

③伪造、变造《登记备案证》或检验检疫机构及其指定检测部门的检验合格证的；或将非本企业生产的饲料以本企业的名义销售给出口食用动物饲养企业的；

④私自改变登记备案的饲料种类及药物或矿物质添加剂成分的；

⑤不接受或不配合检验检疫机构监督管理的。

（11）登记备案或非登记备案的饲料生产企业生产的饲料中含有违禁药品的，检验检疫机构将在全国范围内禁止出口动物饲养场使用其生产的饲料或饲料添加剂。

（12）登记备案、非登记备案饲料生产企业和出口食用动物饲养场使用违禁药品的，检验检疫机构应及时将有关情况书面通知其所在地的省级人民政府饲料主管部门。

（13）各直属检验检疫机构应将登记备案、办理变更手续的企业名称、地址、邮政编码、法定代表人、电话、传真、备案的饲料名称、代号和组成成分及适用动物种类等内容及时报国家质检总局备案，并应将违反《出口食用动物饲用饲料检验检疫管理办法》第二十一条规定的登记备案与非登记备案的饲料生产企业和出口动物饲养场的名称、地址、邮政编码、法定代表人、电话、传真、违规情节及处罚决定报国家质检总局备案。

违反《出口食用动物饲用饲料检验检疫管理办法》规定的，检验检疫机构将依据《进出境动植物检疫法》等有关法律法规予以处罚。

（二）饲料使用要求 河蟹养殖过程中投喂的配合饲料应符合《出口食用动物饲用饲料检验检疫管理办法》的要求，必须来自经检验检疫机构备案的饲料生产企业，养殖场必须能够提供饲料生产企业的检验检疫备案证书。饲料包装必须标明产品名称、代号、原料组成、生产日期、保质期、厂名、厂址、检验检疫机构的登记备案编号、产品标准代号、适用动物种类、使用方法和注意事项等。加入饲料药物添加剂的，还应当标明"加入药物饲料添加剂"字样，并标明其化学名称、含量、使用方法及注意事项和饲料添加剂的产品批准文号。对异地备案饲料场应向当地直属检验检疫局进行异地备案，养殖场应与备案饲料场签订供货协议，声明没有添加任何违禁药物，明确双方责任。注册养殖场应建立饲料验收制度，向备案饲料生产企业索要每批进场饲料的检验合格证明，重点验收饲料生产企业提供的合格证明和安全卫生项目检测报告，并建立饲料验收台账和领用台账，投喂时要填写饲喂记录。

注册养殖场使用自配饲料的，应在饲喂前将产品配方报所在地检验检疫机构备案，同时由所在地检验检疫机构抽样送有关实验室检测合格方可投入使用。

鼓励养殖场采取生态健康养殖模式，投放足够的螺蛳和水草，尽量采用本养殖水域中水草、螺蛳、小鱼虾等作为主要饲料。使用其他水域鲜活饵料如水草、螺蛳、蚬子、小杂鱼等，不得来自水生动物疫区或者污染水域，在使用时需经所在地检验检疫机构抽样检测合格方可投入使用。使用其他植物性饵料如南瓜、玉米等，须经检验检疫机构认可的方法进行检疫处理，要求不得含有我国和进口国家或者地区政府规定禁止使用的药物。

四、中转包装发运管理

中转场所在地检验检疫机构对中转场实施监管，内容包括：溯源管理情况，包括河蟹的来源和流向；河蟹暂养期间安全卫生质量控制；环境、场地、设备、人员和加工等的卫生状况管理。监管结果记录在"监管手册"中的"监管记事"上。监管频次为每年不少于2次。

（一）监管要求　出口河蟹的中转包装场应满足下列要求：

暂养期间不得投喂药品；

包装暂养用水或冰符合国家渔业水质标准或国家生活饮用水卫生标准；

具有专门用于出口的暂养、存放场所，并有明显的标识；

具备洗手、消毒设备，生产、质量管理人员进入中转包装场时应穿着工作服、鞋；

对养殖池、暂养池、工器具、冷库、包装材料、场地、工作服（鞋）等做好消毒防疫工作，并具有消毒防疫记录。

（二）管理制度　应具备完善的管理制度，包括人员进出场制度、加工卫生制度、消毒防疫制度、溯源制度、召回制度、员工培训制度等，并具有相应的记录台账。

（三）包装、标识和运输要求　包装容器必须经过消毒并符合进口国的检疫要求，不得带有土壤和危害动植物、人体健康的有害生物。

外包装上必须加施标识，包括品名、规格、重量、生产批号、注册场编号等内容。

运输工具应符合相关适载和卫生的规定及要求。

五、溯源记录管理

取得注册登记的出境河蟹养殖场、中转场应当建立完善的养殖生产和中转包装的投入品记录档案，如实填写《出境水生动物养殖场/中转场检验检疫监管手册》，详细记录生产过程中蟹苗的投放、药物和饲料的采购及使用情况以及出口等情况，并存档备查。具体记录表格如下（表4-3至表4-8）。

表4-3　药物进出库记录表

进库日期	数/重量	药物名称及主要成分	生产厂家	出库数量	出库时间	技术员签名

表 4-4　饲料、饵料进出库记录

进库日期	数/重量	饲料、饵料名称及主要成分和添加药物名称	生产厂家	出库数量	出库时间	技术员签名

表 4-5　药物使用登记表

用药日期	药物名称及主要成分	用药方式	剂量/浓度	用药原因	用药网箱/池塘编号	技术员签名

表 4-6　饲料、饵料使用记录

使用日期	名称	生产厂家	使用池塘/网箱	技术员签字

表 4-7　水生动物引进记录表

进场时间	品种	数量	规格	来源*	隔离时间	隔离检疫状况	隔离检疫结果	技术员签字

表 4-8　投苗、养殖情况登记表

日期	品种	数/重量	池塘（网箱）	转塘（网箱）情况			检验检疫情况	技术员签名	拟出口国家或地区
				编号	时间	数量			

六、年度审核和延续审核

养殖场/中转场所在地检验检疫机构对辖区内注册登记的养殖场和中转场实施年度审核和延续审核。

七、问题的处理

检验检疫机构在监管过程中发现一般问题的，企业要及时进行整改，在整改期间暂停该养殖场的出口报检；对于存在严重问题或整改期以后仍不到位的，要及时上报，停止该养殖场的出口报检或吊销其注册登记资格。

同时，对检验检疫机构工作人员滥用职权，故意刁难，徇私舞弊，伪造检验结果，或者玩忽职守，延误检验出证，应依法给予行政处分；构成犯罪的，依法追究刑事责任。

第五章　国际贸易与出口检验检疫

第一节　河蟹出口贸易历史

我国河蟹出口贸易开始于 20 世纪 60 年代初期，出口贸易非常集中，即由内地运往香港。当时的年出口量很少，每年的贸易量不足 200 吨，贸易方式为香港五丰行向中国粮油食品进出口总公司提出申请，经批准后（当时实行批文配给制度），中国粮油食品进出口公司委托湖北省粮油食品公司代办经营业务，由江苏、安徽、江西、湖北和上海市水产公司提供货源，当时的河蟹均为长江流域天然野生。包装容器为 100 厘米×50 厘米直径的圆形木桶，桶内加冰块降温，经运送食品的专用列车运往香港。每年出口贸易运作的时间很短，大概 1 个月左右（时间基本在 9 月 15 日至 10 月 15 日之间）。当时由于运输时间长，导致到香港后的成活率很低。

70 年代初，由于列车运输成活率太低，操作方法又不妥当，后改为用民航货运专机直接由安徽的芜湖机场运抵香港，输入香港的螃蟹逐年增多。此时香港以外的国家和地区暂时还没有经营河蟹这一业务，后经香港经销商的推介，将河蟹产品逐步推介到华人较多的日本、新加坡、韩国、马来西亚、泰国、美国、加拿大和我国台湾地区等市场。

80 年代开始，中国粮油食品进出口总公司将河蟹出口业务分配给了江苏、安徽、江西、湖北和上海市，并分配批文，香港方面还是由五丰行统一经营，将内地发来的河蟹分配给香港的老三阳、成隆行、荣兴行、广隆行、天龙行等主要几个销售行经销，运输方式亦由原来的专机运输改为民航托运，包装也由原来的木桶改为竹筐，每筐 12.5 千克的定量包装。

2000 年开始，由于航空公司的要求，竹筐必须加包泡沫箱，以防有水漏出，污染其他托运货物。2000 年前的出境河蟹不需要实施安全卫生项目检测，出境时只要经过商检和安检即可。

随着我国对出口农产品政策的改变，自 2000 年起河蟹的出口被规定为一般贸易，不再由中国粮油食品进出口总公司统一归口经营，供货商和经销商可以直接洽谈，从此香港五丰行也不再统管河蟹这一行了。

为了提高成活率，在运输操作方面也作了很大改进，发往香港的河蟹，90%以上都只需要发到广州和深圳，必须具备《出境货物通关单》和《动物卫生证书》，才能经深圳口岸发往香港，并在香港顺利通关。发往其他国家和地区的河蟹经属地检验检疫合格后，可在不同的口岸出关。

第二节 河蟹出口现状与展望

开拓河蟹国际市场，为国家创汇、渔民创收、渔业增效，这是我国河蟹行业的热点问题。本节笔者依据相关文献和海关统计、检验检疫统计数据，分析我国河蟹出口市场的现状和特征，提出了促进河蟹出口外贸进一步发展的对策，并对出口前景进行了展望。

一、我国河蟹出口的现状及其特点

（一）我国历年河蟹出口国家和地区的基础数据及市场分析 近年来，我国出口螃蟹数量有一定波动，但均价总体比较平稳，详见表5-1。

表5-1 2008—2012年我国出口螃蟹数据表

年份	批次	重量（吨）	金额（万美元）	均价（美元/千克）
2008	2 082	4 538.4	2 363.9	5.21
2009	1 728	4 642.6	2 572.6	5.54
2010	1 609	5 040.5	3 529.3	7.00
2011	1 902	5 866.3	5 136.5	8.76
2012	2 384	6 723.4	7 893.5	11.74

随着出口河蟹贸易的便捷和华人饮食文化在世界范围的传播，在华人较多的国家，河蟹的进口需求越来越大，市场拓展较快，但出口河蟹的主要消费对象仍以各地华人为主，还有日本、韩国等与中国传统文化比较相近的国家和地区的消费者。以2011年为例，按照河蟹出口交易额排序，河蟹主要出口国家和地区为：中国香港、韩国、日本、新加坡、中国澳门、马来西亚等，详见表5-2。

表5-2 2011年我国出口河蟹市场分布情况

序号	出口市场	批次	重量（千克）	金额（万美元）	均价（美元/千克）
1	中国香港	583	670 126	2 516.09	37.55
2	韩国	590	4 995 800	1 872.47	3.75
3	日本	427	153 353	577.45	37.66

（续）

序号	出口市场	批次	重量（千克）	金额（万美元）	均价（美元/千克）
4	新加坡	202	26 228	108.54	41.38
5	中国澳门	71	13 139	44.71	34.03
6	马来西亚	25	5 392	10.78	19.98
7	其他	4	2 200	6.49	29.52
	合计	1 902	5 866 238	5 136.54	8.76

2012 年，祖国大陆时隔 6 年成功恢复河蟹对台贸易，对河蟹出口量的增加有一定贡献。全年按出口交易额排名，主要出口国家或地区为：中国香港、韩国、中国台湾、日本、新加坡、中国澳门等，详见表 5-3。

表 5-3 2012 年我国出口河蟹市场分布情况

序号	出口市场	批次	重量（千克）	金额（万美元）	均价（美元/千克）
1	中国香港	753	886 458	3 407.3	38.44
2	韩国	557	5 172 460	1 923.9	3.72
3	日本	468	163 542	628.3	38.42
4	新加坡	250	49 257	188.0	38.17
5	中国澳门	187	35 401	65.0	18.37
6	中国台湾	118	394 374	1 641.0	41.61
7	马来西亚	50	8 502	34.3	40.39
8	朝鲜	1	13 410	5.6	4.2
	合计	2 384	6 723 404	7 893.5	11.74

长期以来，我国河蟹出口市场仅局限于我国香港、澳门地区及日本、韩国和东南亚地区，出口市场过分集中的问题一直十分突出，从而限制了国际市场空间的进一步拓展。从海关统计数据可以看出，目前河蟹不属于国际性产品，出口的国际市场狭窄，东亚和东南亚市场占据了我国河蟹对外出口的绝大多数份额。历年来，出口东亚和东南亚地区数量占到出口总量的 99% 左右。下面简要分析几个主要出口对象国家和地区的河蟹贸易情况：

1. 我国香港市场 香港市场是我国内地食用河蟹第一进口市场，香港消费者要求食用大规格、有膏有黄的高品质河蟹。香港市场认为十只蟹有八只来自常州宣塘桥。由海关数据分析可知，近年来香港从内地进口河蟹呈现大起大落的态势。香港进口河蟹量由 1999 年的 59.48 吨，上升到 2000 年的 120.3

吨，超过日本跃居进口总量第一；2001 年回落到 80 吨，2002 年又上升到 145.01 吨，占我国总出口量的 45.1％，2011 年上升到 670.13 吨，但仅占我国出口总量的 11％。同时出口价格也有起落，1999 年 14.46 美元/千克，2001 年下跌至 8.64 美元/千克，2002 年略升为 9.28 美元/千克，直到 2011 年上升为 37.55 美元/千克，2012 年为 38.44 美元/千克。

香港市场还是我国河蟹出口重要的中转市场，部分河蟹出口经过香港机场直达我国台湾、美国等市场。

2. 韩国市场　如图 5-1 和图 5-2 所示，从重量上来说，韩国市场是我国出口河蟹最大的市场，2011 年和 2012 年分别占全部出口市场的 85％和 77％。但由于韩国是以大量进口小螃蟹作为章鱼钓饵或做蟹酱使用，因此尽管出口韩国螃蟹数量大，但平均价格很低，2011 年出口均价仅为 3.75 美元/千克，为香港等市场价格（37.55 美元/千克）的 1/10。因此，出口至韩国市场的价格拉低了整个出口市场平均价格。

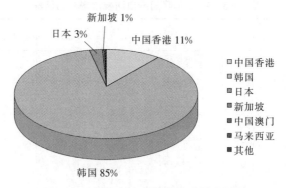

图 5-1　2011 年出口河蟹按重量比例图

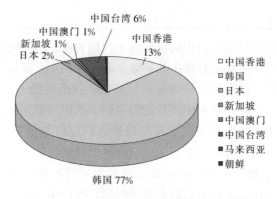

图 5-2　2012 年出口河蟹按重量比例图

3. 日本市场　日本是我国河蟹出口重要市场之一。日本从我国进口河蟹由 1999 年的 63.32 吨发展到 2002 年的 114.56 吨，平均每年增长速度 25.3%，有明显上涨趋势，至 2012 年大体稳定在 150 吨左右。2002 年日本从我国进口的河蟹占我国总出口量的比例为 35.7%。向日本出口的河蟹单价处在高位，1999—2002 年平均单价为 19.28 美元/千克，2011 年出口日本的河蟹价格为 37.66 美元/千克，2012 年为 38.42 美元/千克。

4. 新加坡市场　我国河蟹的出口价格在新加坡得到很好支撑，2001 年以来一直维持在 20～40 美元/千克以上，2011 年出口价格为 41.38 美元/千克，为所有出口市场的最高价，2012 年仍以 38.17 美元/千克的价格居高。但新加坡市场总体销量不大，2001 年和 2011 年新加坡的河蟹进口量分别为 11 吨和 26 吨左右，仅占我国出口总量的 4.7% 和 1%。

5. 我国台湾市场　台湾是中国的一部分，饮食习惯和文化背景相同，因此台湾历来是一个重要的进口河蟹地区，台湾每年对大闸蟹的需求量达 3 000 吨。在过去相当长一段时间内，河蟹出口台湾一直需要通过第三地转运，我国海关没有河蟹出口台湾的统计，但是我国台湾是河蟹消费的主要市场之一，据 2003 年 11 月 6 日《新华日报》报道："在常州宣塘桥水产品批发市场，来自台湾的荣华水产公司每周要把 10 吨左右的河蟹发回台湾。"台湾人偏爱产自自然湖泊的中华绒螯蟹。

2006 年受"毒螃蟹"事件的影响，台湾各界对大陆输台螃蟹质量卫生问题高度关注，2007 年 8 月台湾方面以其"正面列表"没有列出任何可用于河蟹药物为由，要求大陆对输台河蟹检测 16 种药物残留，且都必须不得检出。这些要求，特别是对限用药的标准过于严格，且缺乏科学依据，不符合有关贸易规则。就此，国家质检总局主动通过协会与台湾方面多次多渠道进行沟通，但未能最终达成一致意见。直到 2011 年，在大陆质检部门的积极协调和推动下，台湾方面调整了硝基呋喃代谢物之呋喃西林的检测限量标准，消除了大陆河蟹输台的主要技术障碍，最终商定了 16 项药物残留检测等各相关技术细节。随后双方确认了《动物卫生证书》和大陆允许输台的首批河蟹注册养殖场 19 家，检验检疫问题的圆满解决为大陆河蟹输台铺平了道路。

2012 年是大陆河蟹时隔 6 年恢复出口台湾的开局之年，在 2012 年的整个出口季，产自江苏、湖北、安徽、辽宁、江西、浙江、湖南等 7 省的河蟹源源不断顺利输台，共计 118 批，394 374 千克，货值 1 641.0 万美元。输台河蟹以 41.61 美元/千克的价格高居出口市场价之首，两岸各方反映良好，收到了很好的经济和社会效益。

6. 欧美市场　目前美国、西班牙等欧美的河蟹出口市场较小，因为饮食习惯不同，欧美很少消费河蟹，消费者以当地华人和一些亚裔为主，他们将河蟹看作难求的佳肴，在旧金山和纽约市场的河蟹价格高达 30 美元/千克以上。

7. 其他市场　泰国、马来西亚及中国澳门等国家和地区的进口量较小，价格总体较低，且各个市场差异较大，其市场发展潜力亦不相同。另外，这几个东南亚国家和地区的外贸价格存在明显的差异。例如 2011 年，向马来西亚出口的价格只有 19.98 美元/千克，而向澳门出口价格却高达 34.03 美元/千克，相差 1.7 倍。而 2012 年马来西亚 40.39 美元/千克的出口价格却是中国澳门 18.37 美元/千克的 2.2 倍，这可能和这些国家需求量不大，螃蟹规格需求变化比较大有关。

（二）河蟹出口的国内运作特点的分析　从海关统计数字来看，我国河蟹基本没有进口，河蟹的出口数量一直在不断攀升，增长迅速，1999—2002 年平均增速高达 30.28%，但自 2008 年以来基本保持稳定。今后，在满足国内河蟹需求的基础上，稳固日本等东南亚河蟹市场，未来河蟹的出口仍将有较大的发展。我国河蟹出口特点分析如下：

1. 出口省份相对固定　2002 年以出口吨数排序，主要出口地区为广东、上海、浙江、江苏、安徽、辽宁等六省，六省市出口总计占全国总出口量的 98.6%。福建、山东、湖北、江西等省份所占份额很小。2011 年以出口吨数排序，主要出口地区为辽宁、江苏、湖北、上海，四省市合计出口 5 801.83 吨，占全国出口总量的 98.90%。安徽和浙江出口量下降明显，与养殖量不成正比。

从以上情况可以看出，河蟹的出口虽形成了一定规模，但地区间竞争较激烈，已经进入"群雄割据"的时代。

2. 各省份出口量与产量不成正比　海关数据分析表明，各省份河蟹出口量与产量不成正比。2002 年，最明显的是江苏省，总产量几乎占全国的一半，而出口量只是占全国总出口量的 14.2%；辽宁的产量占 10.3%，出口量仅占 5.9%；与江苏和辽宁形成反差的是生产总量只有全国的 12% 的广东省，出口量却占 35.7%；同样的情况，浙江、上海总产量只占 4.6%、3.2%，而出口量达 15.3%、16.1%。

产生这种比例失调的原因是出口量与外贸口岸有关，与出口报关统计口径有关。出口日本和我国香港时，上海、广东具有地理位置优势和运输便捷条件，上海、广州、深圳等重要的外贸口岸，被更多地连接国际市场，河蟹出口需求相对显著。

调查发现，河蟹出口主要由上海、广东等出口经营商组织，他们在江苏、湖南、湖北、江西等省的湖泊产蟹区和相关的产地批发市场大量收购河蟹供出口，然后再由上海或广州、深圳等海关报关，于是上海、广东河蟹出口的统计量就较大。

3. 我国河蟹出口大部分在上海海关报关　上海背靠长江三角洲河蟹产地，

又具有国际空运的便利交通，适合进行出口贸易，上海是河蟹出口的主要口岸，因此我国河蟹出口大部分在上海报关。对比分析全国与上海海关数据可知，2000 年、2001 年主要河蟹产地江苏、浙江、安徽、上海等四省份，几乎100％在上海海关报关出口。

上海口岸河蟹的出口占全国出口总量的比例较大。1999—2001 年，上海海关河蟹平均出口量占全国平均总出口量的 64.03％，平均出口额占全国平均总额的 74.2％。但从 2002 年起，出现河蟹出口广东报关增多的现象。

4. 出口的主要运输线路　河蟹出口地区和国家是我国台湾、香港及日本、韩国和东南亚一带。由于采用空运，河蟹出口主要运输线路是：产地（车运）→上海浦东机场（或广州、深圳机场）（空运）→日本、我国香港、韩国、东南亚（空运）→我国台湾（台北）。2012 年，应台湾方面要求，出口至台湾地区的河蟹仅允许通过上海、南京、长沙、武汉、合肥、南昌、沈阳、大连、杭州直接空运输台，不得中转。这样的路线，一般能在河蟹保活的 36 小时之内完成报关等各项手续，顺利进入市场。

河蟹出口经营商往往有自己相对固定的批发市场经营户，通过手机或传真向市场经营户发出河蟹出口求购或订单，市场经营户按照出口需要的时间、地点、航班配货发运。在这个过程中，我国海关及检验检疫机构对出口河蟹进行部分抽检。

5. 河蟹的出口有很强的季节性　追踪海关每月的出口报关数据可知，河蟹的出口有很强的季节性。河蟹出口量值的 85％～90％集中在下半年，上半年只有 10％左右。出口的高峰期在 9～12 月，12 月份后出口数量明显减少。出口季节性与河蟹每年固定的成熟期有关，由于河蟹不能四季生产和不适宜冷冻保藏，制约了河蟹出口的发展。根据调查，大部分进出口公司每年 7 月份开始出口，但是"六月黄"蟹小，出口数量也不多。早期（8 月）出口蟹主要来自辽宁等北方地区，因为北方蟹比南方蟹早成熟；中期（9 月）主要来自安徽及苏北地区；晚期（10～11 月）主要来自太湖、阳澄湖等地区。其中 9～11月以出口湖蟹为主，12 月后则以出口塘蟹为主。

6. 出口价格差异大

（1）不同种质的河蟹出口价格差异大。以 2002 年的海关数据为例，全国河蟹出口平均价格为 14.6 美元/千克。上海、江苏出口的是长江蟹，平均价格分别为 18 美元/千克、15 美元/千克，高于全国平均水平。然而 1999—2002年，辽宁、云南等省则以出口辽河蟹、瓯江蟹为主，平均出口价徘徊在 5～6美元/千克的低价水平。

（2）不同规格的河蟹出口价格差异大。目前，出口市场将河蟹分为特大规格、大规格、中规格、小规格等几种，我国河蟹出口以大规格的为主，小规格河蟹可以用于出蟹粉（蟹肉），主要出口国家为韩国，近年来虽然出口批次不多，出口重量却非常可观，甚至占到出口总量的 80% 以上；特大规格出口数量极少，用作规格齐全的搭配。不同规格的河蟹出口价格差异大，2011 年出口韩国的小螃蟹均价仅为 3.75 美元/千克，而出口香港的大闸蟹价格为 37.55 美元/千克，出口日本的阳澄湖大闸蟹价格更是高达 60 美元/千克。

7. 出口的包装特征　出口河蟹的包装一般用泡沫塑料作外包装，平均 12.5 千克/箱。内部的河蟹扎好、排队，用海绵隔开，放置冰块。这样的空运包装能在 36 小时甚至更长时间之内使河蟹保鲜保活（图 5 - 3、图 5 - 4）。

图 5 - 3　出口内包装

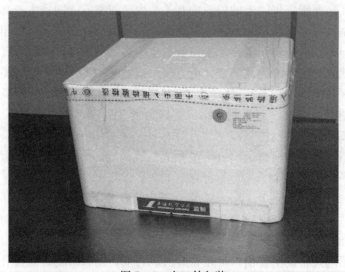

图 5 - 4　出口外包装

此外，出口河蟹雌、雄一般分开包装。从近几年出口来看，日本市场偏好雌的，我国香港、台湾地区及新加坡市场则偏爱雄的。例如一家台湾出口经销商认为，出口台湾的河蟹10箱之中，往往只有1～2箱是雌的。

（三）卫生要求高，出口难度大，出口数量波动大　近年来，随着输入国家或地区的人民生活水平的提高，对水产品的安全卫生要求也越来越高，进口国家或地区也提高相应的卫生标准，检测的项目越来越多；同时，随着河蟹贸易不断发展，进口国家或地区为了保护国内或本地区市场少受市场开放和进口产品的冲击，抓住水产品管理难度大、质量不易控制等特点，利用提高对重金属、农兽药残留、疫病等卫生标准的非关税壁垒技术措施，不断提高水生动物准入门槛。还有就是媒体关注程度越来越高，每年都会出现新的炒作话题，导致近几年出口河蟹一波三折。

以江苏为例，据统计，2004年江苏全省河蟹养殖面积超过330万亩，占全省淡水养殖总面积的34.81%，全年河蟹养殖产量达到22.56万吨，年产值超100亿元，占江苏全省渔业年总产值的40%左右，占全国河蟹年总产量和总产值的50%以上。江苏省每年的养殖产量呈不断增长趋势，目前，江苏省河蟹养殖面积已发展到400多万亩，产量超过30万吨，产值近200亿元，但出口数量波动幅度较大，具体见表5-4。

表5-4　2004—2010年江苏出口河蟹情况统计

年份	出口批次	出口重量（吨）	货值（万美元）	输往国家或地区
2004	207	526.5	285.2	日本、新加坡、马来西亚、泰国、韩国及我国香港、澳门、台湾
2005	868	1 234.1	1 213.9	日本、新加坡、马来西亚、泰国、韩国及我国香港、澳门、台湾
2006	940	1 084.13	953.3	日本、新加坡、马来西亚、泰国、韩国及我国香港、澳门、台湾
2007	845	738.223	701.48	我国香港、澳门及日本、马来西亚、新加坡
2008	658	577.91	702.95	我国香港、澳门及日本、韩国、新加坡
2009	644	586.78	720.56	我国香港及日本、韩国、新加坡
2010	370	346.17	604.25	我国香港及日本、韩国、新加坡

（四）政府部门高度重视，对出口扶持力度加大　出口河蟹业作为螃蟹产业的龙头，一方面肩负着螃蟹养殖的示范和带头作用，另一方面也肩负着维护产业声誉、决定着螃蟹价格的杠杆作用。因此，出口河蟹的安全卫生质量的优劣，不仅影响到河蟹的出口声誉，更影响到整个螃蟹产业的声誉乃至整个产业的发展。为此，出口河蟹得到了检验检疫部门和渔业管理部门等政府主管部门

的高度重视和大力扶持，实现了检验检疫的具体要求与渔业部门的日常质量管理体系有机融合，真正起到了齐抓共管、无缝衔接的作用（图5-5）。

在严峻的出口形势面前，出入境检验检疫机构积极应对挑战，将出口河蟹检验检疫工作作为业务工作的重中之重来抓，以建立长效机制为重点，积极探索和完善各项监管和服务措施，在风险分析的基础上对出口河蟹采取全程监管、关键点控制、动态管理。

一是按照"政府主导、检验检疫引领、部门联动、产业经济化"的原则打造质量安全、规模养殖的地方优势农产品出口基地。在地方政府的领导下，出入境检验检疫机构和农林渔业部门齐抓共管、通力合作，一方面对出口养殖基地进行"五统一"养殖管理，另一方面加强出口食品农产品质量安全培训宣贯，逐步引导出口河蟹养殖走上健康、生态养殖之路。

图5-5　促进水生动物出口联席会议

二是主动推进出口河蟹养殖基地质量安全示范基地建设。出入境检验检疫机构充分利用与地方渔政部门建立的合作机制，共同把好源头质量关，通过上门走访、召开座谈会、政策宣贯等形式开展质量安全宣传，帮助养殖户增强质量安全意识和社会责任意识；主动帮扶基地健全质量管理控制体系，定期做好养殖基地和企业生产管理人员、技术推广人员和企业食品安全质量监督员的培训工作（图5-6）。

三是利用科技手段做好出口河蟹全程溯源管理，力促地方优势农产品出口。出入境检验检疫机构大力开展科技兴检活动，通过二维码-移动技术结合地理信息系统（GIS）建立包括养殖基地基本信息、备案基地信息、基地农业投入品信息、种植养殖管理信息、原料收获、原料验收、生产加工、检测信

图5-6 政府引导出口大闸蟹质量安全示范区建设

息、包装、储存、报检、检验检疫、出口、国外反馈等重要信息的质量溯源管理系统，实现对出口产品从基地到市场的全方位信息追溯查询。

四是减免检验检疫费用，切实减轻出口企业经济压力。继续推进出口食品农产品检验检疫收费减免政策，对出口养殖基地内送样监测的河蟹、投入品、水质等全部实行免费检测，大大减轻了出口企业的成本压力，进而增加了企业出口的信心，为出口河蟹树立了良好的风向标，切实给渔民带来经济效益。

（五）出口河蟹已初步实现品牌化和规模化 例如，江苏省是养殖螃蟹的大省，是首个产值超百亿的水产行业，现产值已近 200 亿元，已经形成了从苗种、养殖、销售、餐饮的"螃蟹产业链"，成为推动高效农业发展、促进农民增收、保障农民就业的重要手段。通过各地政府和海洋渔业局的推介，检验检疫部门的出口把关和服务，各大龙头企业的自身努力，江苏各地螃蟹品牌的知名度和市场的认可度都走在全国前列，已经从以往的"阳澄湖河蟹"一枝独秀逐步发展到了"太湖清水河蟹"、"万倾牌河蟹"、"固城湖螃蟹"、"洪泽湖螃蟹"等众多知名品牌（图5-7），洪泽湖、高宝湖、长荡湖等地的螃蟹也纷纷受到市场青睐，价格随着品牌知名度和美誉度的提升而不断拉高。

近年来，江苏省河蟹的出口批次虽然有所减少，但平均价格却普遍拉高。如 2009 年以来阳澄湖大闸蟹出口价格始终保持在 60 美元/千克以上，体现了阳澄湖大闸蟹的优质优价。阳澄湖大闸蟹历来产量较少，加上受气候及养殖水面和产量减少的影响，以及国内市场需求强劲，产品供不应求，价格一年比一

年高。随着近年来地方政府对阳澄湖大闸蟹地理标志的保护和推介力度加大，
出口河蟹的规模效应和品牌效应基本形成（图5-8）。

图5-7　某品牌阳澄湖大闸蟹包装

图5-8　地理标志产品保护专营单位

二、我国河蟹出口面临的问题

（一）出口市场控制在外商处，河蟹出口只是赢得了小利　目前河蟹出口经销商大部分是外商，出口市场控制在外商处。因此，如上所述，国内从事的河蟹出口，事实上更多的是间接代理，只是按照出口外商的意图，组织货源，配送发运到上海等目的地，由出口外商报关出口。因此，出口外商完全控制了这样的出口行为，包括出口价格。出口外商常常故意选择多家国内河蟹经营户竞价交易，然后压价收购供出口，以获取最大的收益。

分析一例报道。《民生报》（台湾 2003 年 9 月）：目前是河蟹产季之初，台北鱼市最大的 A 级品重约 375 至 400 克（含绳），每只售价 500 元（台币），B 级品重量 300 至 325 克，每只 330 元（台币），C 级品重量也有 275 克，每只250（台币）。

折算分析可知，台北河蟹的 A 级、B 级、C 级相当于大陆河蟹出口的大规格、中规格。内地 28～32 美元/千克的价格，到台湾成为 50～70 美元/千克的价格。因此，目前境外市场上的销售价格常常是出口价格的 1～2 倍甚至更高，我国的河蟹出口往往只是赢得了小利。

（二）出口撞上"绿色壁垒"和"恶意炒作"，河蟹产业不时遭受经济损失　随着我国渔业的迅速发展，人民生活水平的不断提高，消费者对动物源性食品的质量要求也越来越高，食品的安全问题已引起了全社会的广泛关注。从 2001 年的香港"氯霉素事件"开始，我国水产品出口频频受阻，氯霉素、硝基呋喃、恩诺沙星、孔雀石绿等违禁药物被检出，严重影响了我国农产品的健康发展。出口活河蟹因其高营养、高价值、高效益成为高风险、高敏感的产品，其药物残留问题也就成为国内外消费者关注的焦点。

2001 年 11 月在香港出现"河蟹有毒"报道，送检结果显示，大部分河蟹含有氯毒素、土霉素等禁用抗生素。消息发布后，使内地生产的河蟹遭受到前所未有的信任危机。后经香港食物环境卫生署再次化验，声明在港销售的内地产河蟹均未发现含有过量的抗生素，才使我国河蟹行业未受太大的打击。

2003 年 10 月在日本又出现"河蟹有毒"报道，无端宣称中国没有检测河蟹抗生素的能力，于是又引发了一场危机。不少日本企业因此要求解除河蟹的合约并退货，再次给我国河蟹行业造成较大经济损失。

2006 年 10 月 18 日，台湾媒体以"含禁药黑心河蟹入侵台湾"为题在网上予以报道，进行负面宣传，引起了我国香港、新加坡、日本、韩国等主要河蟹的进口国家和地区的高度关注，严重影响了国内外消费者对河蟹的消费信心。被媒体"曝光"的公司来自阳澄湖，是江苏检验检疫局注册的出口河蟹企业。此次"曝光"，正值河蟹刚上市之际，一旦处理不善，必将对江苏河蟹的出口造成严重影响，也对江苏高达110亿元产值的河蟹行业带来严重后果。获悉相关信息后，江苏检验检疫局第一时间启动突发事件应对机制，立即于10月18日当天派员赴现场调查，分析情况，排除了养殖企业和贸易企业的原因，此事件纯属境外莫须有的炒作，随即连续采取一系列紧急应对措施，包括加强正面宣传，积极协助政府代表团赴台进行协商和宣传，积极引导和扶持企业通过相关途径与台湾主管部门交涉，接待香港卫生福利及食物局和食物环境卫生署一行实地考察等，取得了良好效果，成功化解了此次危机。

（三）河蟹对台贸易仍需进一步扩大　2006年，受"毒螃蟹"的影响，台湾各界对大陆输台河蟹质量卫生问题高度关注，2007年7月1日，台湾开始实施新修订的食品查验办法，对从大陆输往台湾地区的河蟹实施严格的批批扣留检测，对输台河蟹设定了多达16个药残检测项目，严重影响了河蟹的出口。

直到2011年11月，在大陆与台湾出入境动植物检疫部门的共同努力下，双方就大陆出口河蟹的检验检疫技术问题基本达成一致，大陆经检验检疫合格的河蟹在2012年才得以恢复直接出口台湾市场。2012年9月19日至12月28日整个出口季，产自江苏、湖北、安徽、辽宁、江西、浙江、湖南等7省的河蟹源源不断顺利输台，共计118批，394 374千克，货值1 641.0万美元，两岸各方反映良好，收到了很好的经济和社会效益。

大陆河蟹已经达到绿色、生态化养殖，形成以阳澄湖大闸蟹、太湖大闸蟹等著名品牌为主的养殖行业，在国内国际上有很高的知名度和美誉度。而台湾人民非常钟爱大闸蟹美食，大陆每年都要向台湾市场供应活的河蟹，同时出口河蟹的销售价格往往起着标定内销价格的重要作用，因此河蟹输台既有助于缓解大陆销售的压力，又有助于提升河蟹大陆销售价格，扩大其出口对于解决蟹农就业乃至"三农"问题具有重要的意义。

然而，目前经台方确认的注册养殖场仅有26家，且按照台方的要求，输台河蟹需要批批实施抽样检测，这从货源和通关速度上严重限制了输台河蟹的数量。目前，大陆输台河蟹的数量远远不能满足台湾庞大的市场需求，大陆河蟹对台贸易仍需要进一步扩大。因此，大陆质检部门将进一步加强与台方沟通，通过增加台方认可的注册养殖场数量、促进台湾调整检测批次等途径，进一步扩大河蟹对台出口。

三、我国河蟹出口对策研究及前景分析

（一）对策研究　为提高河蟹在国内外市场上的竞争力，拓展我国河蟹的出口市场，现提出以下几点建议：

1. 防止恶性竞争　作为高价的高档水产品，河蟹的需求弹性比较大，即河蟹的市场需求情况很容易受到价格因素的影响。

国内有些商家试图通过低价倾销的策略来占领更多的出口市场份额，降价策略虽然能获得短期利润，但过度的降价最终将扰乱整个出口市场的秩序，引起消费者对河蟹品质的怀疑，严重影响河蟹生产和科技投入的积极性，使整个生产供应链处在一个非良性的轨道上。

为了保持河蟹的创汇能力，必须加强政府引导和行业协会协调，在生产和流通的环节给予正确的指导，避免不必要的内部恶性竞争。

2. 提高产品品质　在激烈的竞争中必须以质量取胜。应该重视提高河蟹品质，河蟹品质是赢得国内外市场的关键。必须加强河蟹的科研力度，采用科学先进的技术手段，对"中华绒螯蟹"正宗种质资源进行科学保护，抓好河蟹良种生产，保证蟹种质量，培养高质精品河蟹。

必须组织河蟹的标准养殖。建设河蟹标准化、规模化、无公害生产基地，健全养殖基地的标准化管理和生产档案管理制度，对苗种放养、饲料投喂、水质、水生动物病害、渔药使用、产品检测和市场销售等方面进行全程记录。尽量消除毒药、农药和违禁药品的残留问题。

3. 继续打造河蟹品牌　"健康和美味"是品牌河蟹的内涵，适应日趋成熟的消费者的偏好，必须培养名牌产品，积极采用"大水体、低密度、大规格、无公害"的河蟹养殖模式。正式注册商标，扩大知名度，增加出口河蟹的竞争力。

一旦品牌河蟹深入人心，利用品牌效应，将维持较高出口价位和经济效益。

4. 树立公众对消费河蟹的信心　必须吸取"河蟹有毒"的教训，积极应对进口国或地区的"绿色壁垒"和其他技术堡垒。必须进一步实行河蟹的生态化养殖，选用优良河蟹苗，搞好养殖区域水体监测工作，接受出入境检验检疫部门、环境监测机构和水产品质量监测机构的指导和监督，实施卫生质量监控和用药管理监控，提升河蟹安全卫生质量，提升产品的美誉度，树立公众对河蟹的信心。

目前，我国河蟹绿色健康养殖已经展开，有关政府部门也早就对出口水产品的检验检疫制定了标准和法规，建立了一整套从出口养殖场的注册备案、日常监管，直到出口前检验检疫的完整制度。同时，应该加强我国海关统计，力求完整和正确统计河蟹的出口数量，对河蟹的出口实施严格而有效的监管。

5. 宣传河蟹的餐饮文化和营养价值　应该依据世界不同的市场消费特征、饮食习惯和文化背景，弘扬蟹文化，宣传介绍河蟹的营养价值、食蟹方法和风趣，以及相关文化理念和风俗礼仪。逐步改变欧美人的食品消费习惯和对河蟹的偏见，扩大国外河蟹的消费群体，拓宽河蟹的国际市场。

6. 创新外贸体制　迅速发展多种所有制外贸经营主体，采用灵活的企业经营体制，提高外贸代理服务的质量，开拓跨国经营之路。把贸易公司开到国外去，直接把握国外消费渠道和市场行情，提高出口贸易的经济效益。

应该建设适应河蟹出口的市场营销网络体系。在上海、深圳等地建立分销网点，促进产销两地结合，推动河蟹订单贸易的发展。不断改进保鲜技术和装运设备，提供河蟹产、供、销一条龙服务。针对国外市场的不同特点和各地消费者的不同偏好，采用多样性的营销策略和竞争策略，开创出口的新局面。

（二）前景分析

1. 未来国际市场对河蟹的需求将进一步增加　河蟹作为中国传统美食珍品，营养丰富，口味独特，闻名海内外，在所有淡水产品中优势十分明显。虽然中国河蟹进入国际市场的时间不长，但在日本和我国港、澳等地区受到普遍欢迎，具有较大的出口增长潜力。随着中国国际影响力的不断提高，随着中国社会经济文化的发展和对外交流的不断深入，就像鹅肝和黑松露作为法国美食的代表一样，河蟹作为一种高档的美食，将完全可能成为中国饮食文化的代表，成为外国友人对中国美食的深刻记忆，越来越受到世界各地人民的喜爱和追捧。

2. 中国河蟹出口增产潜力巨大　中国河蟹资源丰富，淡水捕捞和养殖历史悠久，传统的河蟹产区的渔民积累了丰富的生产经验。据统计，2009 年全国养殖成蟹 574 100 多吨，繁育蟹苗 787 多吨，扣蟹 42 620 多吨。但目前供出口的河蟹全部来自于天然湖泊养殖。近年来随着渔业发展政策的完善和健康养殖技术的不断进步，为促进河蟹健康养殖持续发展创造了良好的环境。国内还有许多未被开发的天然湖泊和管理较好的池塘养殖水面将成为未来出口河蟹产业的后备力量，可供出口的河蟹养殖资源还蕴藏着较大的深度开发的潜力。

3. 扩大河蟹等优质农产品出口是加快渔业发展、促进农民增收的迫切要求　随着加入 WTO 后市场的进一步开放，中国淡水渔业也面临"不进则退"的问题，如果中国的淡水产品不能或"不愿"进入国际市场，别国的水产品不但要进入中国市场，还要抢占中国水产品原有的市场，中国淡水渔业同样会面临激烈的竞争。因此，农民增产增收，仅仅依赖国内市场是远远不够的，必须努力扩大河蟹等优质农产品的出口，以出口价格拉动国内市场价格，或者以国内市场价格拉动国际市场价格，促进农民增产增收。

同时，随着出口环境的逐步改善，也为进一步扩大河蟹等名优特色水产品的国际贸易提供了新的良好的契机。相信通过出入境检验检疫机构、地方政府和相关部门、企业和行业协会等多方共同努力，小螃蟹一定会冲破种种艰难险阻，出口贸易取得大发展，切实实现渔业增产增效和渔民增收。

第三节　出口检验检疫

一、受理报检

出境河蟹的货主或者其代理人应当在河蟹出境前 7 天向注册登记养殖场、中转场所在地检验检疫机构报检，申报拟组织货源的出口注册养殖场、中转场名称、出境口岸、输往国家或地区。

报检时须提供出境货物报检单、合同（售货确认书或函电）和/或信用证、发票、装箱单、厂检合格单、出境河蟹供货证明、有效的检测报告。

二、检验检疫依据

检验检疫机构按照下列依据对出境河蟹实施检验检疫：

（1）中国法律法规规定的检验检疫要求、强制性标准；

（2）双边检验检疫协议、议定书、备忘录；

（3）进口国家或地区的检验检疫要求；

（4）贸易合同或者信用证中注明的检验检疫要求。

三、检验检疫方式

实行产地检验检疫、口岸查验的方式。

（一）产地检验检疫

1. 现场查验　产地检验检疫机构受理报检后，应当查验注册登记养殖场或者中转场出具的《出境水生动物供货证明》（表 5-5），根据疫病和有毒有害物质监控结果、日常监管记录、企业分类管理等情况，对出境养殖河蟹进行检验检疫。

（1）核对货证是否相符：核对出口河蟹的规格、数量、重量、包装、标记唛头和批号等是否与有关单证相符。

（2）查看出口注册养殖场、包装发运点的生产日志，详细了解该场的用药、投料及其他养殖管理情况；向货主和饲养管理人员查询该批河蟹有无异常情况。

（3）查看各饲养池或网箱内水生动物的情况，重点检查活力、死亡、病变、损伤等情况（图 5-9）；筛选出病残动物，同时确认无传染病和寄生虫病临床症状（图 5-10）。死亡率在 30% 以上的立即停止现场检验检疫，并禁止该批货物出口。

（4）检查包装是否卫生、完整、牢固；外包装、内包装上的品名、规格、生产批号、注册场编号等标识是否清晰、规范。

表 5 - 5　出境水生动物供货证明

兹证明：

　　我场为　　　　　　　　检验检疫局批准的出境水生动物注册登记养殖场/中转场，注册登记编号为　　　　　　　，本场于　　　年　　　月　　　日向　　　　　　　提供的下列水生动物，全部来自我场，符合出境水生动物检验检疫的有关规定。如有虚假，愿意承担有关法律责任和经济责任。

品种	规格	数（重）量	池塘/网箱编号	备注

注册养殖场/中转场负责人签字：

　　（单位公章）

　　　　　　　　　　　　　　　　　　　日期：　　　年　　　月　　　日

图 5 - 9　活力检查

2. 实验室检测　按照 GB/T 18088 标准进行采样、填写送样单、送指定的检验检疫机构实验室进行检测，检测项目应按照检验检疫依据的要求，只有检测合格的方能出口。

3. 检验检疫原始记录　检验检疫原始记录内容一般包括报检编号、出口企业名称、品名、输往国家或地区、数/重量、生产日期、生产批号、检验检

图 5-10　养殖场检验检疫

疫依据、抽样依据、抽样数/重量、检验检疫项目、温度、包装情况、检验时间、地点、检测报告单号、养殖场/围网编号、供货证明编号等基本要素。

4. 检验检疫出证　经检验检疫合格的，出具《出境货物换证凭单》或者《出境货物通关单》，并按照进口国家或地区的要求出具《动物卫生证书》，准予出境。经检验检疫不合格的，签发《出境货物不合格通知单》，不准出境。单证的拟制、证书格式和用语按规定执行，换证凭单、对外证书一般应以检讫日期作为签发日期。活河蟹的出运期限及换证凭单的有效期按国家规定执行，如对外证书必须标明集装箱号的，以集装箱装箱日期作为签证日期；对外证书必须标明铅封号的，以提单标明日期作为签证日期。

5. 出口监装　在发运时，检验检疫人员应到现场监装，有条件的中转场可以应用计算机远程视频监管（图 5-11）。在监装时，要确认：

（1）所有出口和进入中转包装场的河蟹来自注册的养殖场，并经检验检疫合格。临床检查无任何传染病、寄生虫病症状和伤残；

（2）包装容器必须全新的或者经过消毒的并符合进口国或地区的检疫要求，不得带有土壤和危害动植物、人体健康的有害生物；

（3）包装用水或冰符合国家渔业水质标准或国家生活饮用水卫生标准；

（4）外包装上必须加施标注出口企业全称、注册登记养殖场和中转场名称及注册登记编号、出境水生动物的品名、规格、重量、生产批号等内容。来自不同注册登记养殖场的水生动物，应当分开包装；

（5）运输和装卸河蟹的运输工具及装载器具要符合卫生要求，保温条件适宜。

6. 加施标识　经检验检疫合格的，检验检疫机构对装载容器或者运输工

图 5 - 11　现场监装

具加施检验检疫标识，以便口岸局查验（图 5 - 12）。目前，江苏出入境检验检疫机构已将二维码-移动技术应用于出口河蟹标识和溯源管理。

（二）口岸查验

1. 离境申报　货主或其代理人须向离境口岸检验检疫机构申报，提供合同（售货确认书或函电）和/或信用证、发票、装箱单、运单、产地检验检疫机构出具的《出境货物换证凭单》、《动物卫生证书》等。

2. 口岸查验　口岸检验检疫机构按照《出境货物口岸查验规定》对出境河蟹实施查验，经查验合格的予以放行。

3. 查验项目　查验外包装标识、品名、注册场编号、生产批号、数/重量等是否货证相符，包装是否完整卫生，是否加施了检验检疫封识，封识是否完整，开箱检查发现异常情况的须抽样检验。

在审核单证及查验中，凡有下列情况之一者，不准出境。

图 5-12　加施标识

（1）证单检测项目与合同、信用证不一致或必检项目不全的；

（2）运输温度及包装受损可能影响其品质；

（3）发现货证不符或封识不完整；

（4）换证凭单过期。

4. 对实施验证查验的货物，口岸检验检疫机构凭产地检验检疫机构签发的换证凭单验证放行。

5. 经检验检疫合格的出境水生动物，不更换原包装异地出口的，经离境口岸检验检疫机构现场查验，货证相符、封识完好的准予放行。

需在离境口岸换水、加冰、充氧、接驳更换运输工具的，应当在离境口岸检验检疫机构监督下，在检验检疫机构指定的场所进行，并在加施封识后准予放行。

出境水生动物运输途中需换水、加冰、充氧的，应当在检验检疫机构指定的场所进行。

6. 产地检验检疫机构与口岸检验检疫机构应当及时交流出境河蟹信息。口岸检验检疫机构在查验中发现的问题应及时通报给产地检验检疫机构，如在检验检疫过程中发现疫病或者其他卫生安全问题，应当采取相应措施，并及时上报国家质检总局。

第四节　二维码技术在河蟹出口检验检疫中的应用

条码是当今应用最广泛的一种自动识别技术。二维条码就是将一维条码

165

存储信息的方式在二维空间上扩展，从一维条码对物品的"标识"转为对物品的精确"描述"。目前，二维码已经在生猪、牛羊等活动物饲养管理中得到广泛应用，同时在国内食品、烟草、医药以及电子商务等诸多领域得到了应用。

自2001年境外媒体报道"毒螃蟹事件"以来，一些境外媒体不断对我国出口河蟹进行恶意炒作，致使我国河蟹出口一再受阻，不仅降低了农民收入，也挫伤了农民养殖河蟹的积极性。如何消除上述不良影响，加强出口河蟹质量安全监督管理，杜绝类似问题重复发生，给检验检疫部门提出了严峻的课题。同时，河蟹作为江苏省的优势农产品，近年来随着出口量的不断上升，在出境检验检疫监管工作上遇到的问题也日益趋多。

为了保证产品的安全性、可追溯性、加强产地和口岸的沟通，有效防止换货、窜货等问题的出现，加快口岸查验通关速度；为了帮助企业建立产品的生产、加工、收购和发运等环节有效质量控制体系，确保出口产品的质量安全，出入境检验检疫部门将二维码—移动技术应用到出境河蟹的检疫监管工作中。

来自注册养殖场的河蟹经过出口报检后由产地CIQ根据报检信息以及检验检疫监管信息生产二维码并打印于防伪标签，并将该标签加贴在CIQ专用塑料锁扣上，使用塑料锁扣对出口河蟹的外包装进行扣封（图5-13），在口岸通关时，口岸查验人员通过二维码PDA识读器对包装上的二维码进行识

图5-13　二维码标识

读，通过 GPRS/SMS 方式和后台数据库进行数据交互并及时得知货物的详细
情况。当两者信息一致时，口岸查验人员可以判断该批货物可以放行，否则为
串货或换货产品。通过二维码的信息，可以在后台的数据库中实时查询指定批
次河蟹的相关信息，如：苗种来源—养殖过程中的饲料、药物等投入品使用情
况—苗种/饵料/水质的检测情况—生产组批—出口组批—出口产品检验检疫监
管信息等。通过二维码信息核对，确保出口河蟹是来自注册养殖场，经过检验
检疫机构的监督管理，可以对出口河蟹进行溯源，保证了出口河蟹的卫生安全
和质量安全（图 5-14）。

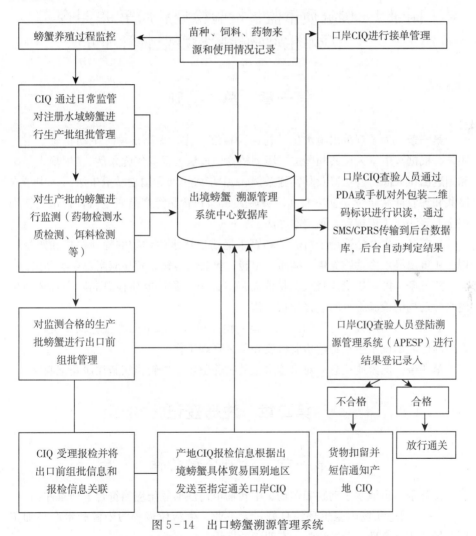

图 5-14　出口螃蟹溯源管理系统

附　　录

附录1　国家质量监督检验检疫总局第99号令 出境水生动物检验检疫监督管理办法

第一章　总　　则

第一条　为了规范出境水生动物检验检疫工作，提高出境水生动物安全卫生质量，根据《中华人民共和国进出境动植物检疫法》及其实施条例、《中华人民共和国进出口商品检验法》及其实施条例、《中华人民共和国食品卫生法》、《中华人民共和国农产品质量安全法》、《国务院关于加强食品等产品安全监督管理的特别规定》等法律法规规定，制定本办法。

第二条　本办法适用于对养殖和野生捕捞出境水生动物的检验检疫和监督管理。从事出境水生动物养殖、捕捞、中转、包装、运输、贸易应当遵守本办法。

第三条　国家质量监督检验检疫总局（以下简称国家质检总局）主管全国出境水生动物的检验检疫和监督管理工作。

国家质检总局设在各地的出入境检验检疫机构（以下简称检验检疫机构）负责所辖区域出境水生动物的检验检疫和监督管理工作。

第四条　国家质检总局对出境水生动物养殖场、中转场实施注册登记制度。

第二章　注册登记

第一节　注册登记条件

第五条　出境水生动物养殖场、中转场申请注册登记应当符合下列条件：

（一）周边和场内卫生环境良好，无工业、生活垃圾等污染源和水产品加工厂，场区布局合理，分区科学，有明确的标识；

（二）养殖用水符合国家渔业水质标准，具有政府主管部门或者检验检疫机构出具的有效水质监测或者检测报告；

（三）具有符合检验检疫要求的养殖、包装、防疫、饲料和药物存放等设施、设备和材料；

（四）具有符合检验检疫要求的养殖、包装、防疫、饲料和药物存放及使用、废弃物和废水处理、人员管理、引进水生动物等专项管理制度；

（五）配备有养殖、防疫方面的专业技术人员，有从业人员培训计划，从业人员持有健康证明；

（六）中转场的场区面积、中转能力应当与出口数量相适应。

第六条　出境食用水生动物非开放性水域养殖场、中转场申请注册登记除符合本办法第五条规定的条件外，还应当符合下列条件：

（一）具有与外部环境隔离或者限制无关人员和动物自由进出的设施，如隔离墙、网、栅栏等；

（二）养殖场养殖水面应当具备一定规模，一般水泥池养殖面积不少于 20 亩，土池养殖面积不少于 100 亩；

（三）养殖场具有独立的引进水生动物的隔离池；各养殖池具有独立的进水和排水渠道；养殖场的进水和排水渠道分设。

第七条　出境食用水生动物开放性水域养殖场、中转场申请注册登记除符合本办法第五条规定的条件外，还应当符合下列条件：

（一）养殖、中转、包装区域无规定的水生动物疫病；

（二）养殖场养殖水域面积不少于 500 亩，网箱养殖的网箱数一般不少于 20 个。

第八条　出境观赏用和种用水生动物养殖场、中转场申请注册登记除符合本办法第五条规定的条件外，还应当符合下列条件：

（一）场区位于水生动物疫病的非疫区，过去 2 年内没有发生国际动物卫生组织（OIE）规定应当通报和农业部规定应当上报的水生动物疾病；

（二）养殖场具有独立的引进水生动物的隔离池和水生动物出口前的隔离养殖池，各养殖池具有独立的进水和排水渠道。养殖场的进水和排水渠道分设；

（三）具有与外部环境隔离或者限制无关人员和动物自由进出的设施，如隔离墙、网、栅栏等；

（四）养殖场面积水泥池养殖面积不少于 20 亩，土池养殖面积不少于 100 亩；

（五）出口淡水水生动物的包装用水必须符合饮用水标准；出口海水水生动物的包装用水必须清洁、透明并经有效消毒处理；

（六）养殖场有自繁自养能力，并有与养殖规模相适应的种用水生动物；

（七）不得养殖食用水生动物。

第二节　注册登记申请

第九条　出境水生动物养殖场、中转场应当向所在地直属检验检疫局申请注册登记，并提交下列材料（一式 3 份）：

（一）注册登记申请表；

（二）工商营业执照（复印件）；

（三）养殖许可证或者海域使用证（不适用于中转场）；

（四）场区平面示意图及彩色照片（包括场区全貌、场区大门、养殖池及其编号、药品库、饲料库、包装场所等）；

（五）水生动物卫生防疫和疫情报告制度；

（六）从场外引进水生动物的管理制度；

（七）养殖、药物使用、饲料使用、包装物料管理制度；

（八）经检验检疫机构确认的水质检测报告；

（九）专业人员资质证明；

（十）废弃物、废水处理程序；

（十一）进口国家或者地区对水生动物疾病有明确检测要求的，需提供有关检测报告。

第十条 直属检验检疫局应当对申请材料及时进行审查，根据下列情况在 5 日内作出受理或者不予受理决定，并书面通知申请人：

（一）申请材料存在可以当场更正的错误的，允许申请人当场更正；

（二）申请材料不齐全或者不符合法定形式的，应当当场或者在 5 日内一次书面告知申请人需要补正的全部内容，逾期不告知的，自收到申请材料之日起即为受理；

（三）申请材料齐全、符合法定形式或者申请人按照要求提交全部补正申请材料的，应当受理申请。

第十一条 每一注册登记养殖场或者中转包装场使用一个注册登记编号。

同一企业所有的不同地点的养殖场或者中转场应当分别申请注册登记。

第三节 注册登记审查与决定

第十二条 直属检验检疫局应当在受理申请后 5 日内组成评审组，对申请注册登记的养殖场或者中转场进行现场评审。

第十三条 评审组应当在现场评审结束后 5 日内向直属检验检疫局提交评审报告。

第十四条 直属检验检疫局收到评审报告后，应当在 10 日内分别做出下列决定：

（一）经评审合格的，予以注册登记，颁发《出境水生动物养殖场/中转场检验检疫注册登记证》（以下简称《注册登记证》），并上报国家质检总局；

（二）经评审不合格的，出具《出境水生动物养殖场/中转场检验检疫注册登记未获批准通知书》。

第十五条 进口国家或者地区有注册登记要求的，直属检验检疫局评审合格后，报国家质检总局，由国家质检总局统一向进口国家或者地区政府主管部门推荐并办理有关手续。进口国家或者地区政府主管部门确认后，注册登记生效。

第十六条　《注册登记证》自颁发之日起生效，有效期 5 年。

经注册登记的养殖场或者中转场的注册登记编号专场专用。

第四节　注册登记变更与延续

第十七条　出境水生动物养殖场、中转场变更企业名称、法定代表人、养殖品种、养殖能力等的，应当在 30 日内向所在地直属检验检疫局提出书面申请，填写《出境水生动物养殖场/中转包装场检验检疫注册登记申请表》，并提交与变更内容相关的资料（一式 3 份）。

变更养殖品种或者养殖能力的，由直属检验检疫局审核有关资料并组织现场评审，评审合格后，办理变更手续。

养殖场或者中转场迁址的，应当重新向检验检疫机构申请办理注册登记手续。

因停产、转产、倒闭等原因不再从事出境水生动物业务的注册登记养殖场、中转场，应当向所在地检验检疫机构办理注销手续。

第十八条　获得注册登记的出境水生动物养殖场、中转包装场需要延续注册登记有效期的，应当在有效期届满 30 日前按照本办法规定提出申请。

第十九条　直属检验检疫局应当在完成注册登记、变更或者注销工作后 30 日内，将辖区内相关信息上报国家质检总局备案。

第三章　检验检疫

第二十条　检验检疫机构按照下列依据对出境水生动物实施检验检疫：

（一）中国法律法规规定的检验检疫要求、强制性标准；

（二）双边检验检疫协议、议定书、备忘录；

（三）进口国家或者地区的检验检疫要求；

（四）贸易合同或者信用证中注明的检验检疫要求。

第二十一条　出境野生捕捞水生动物的货主或者其代理人应当在水生动物出境 3 天前向出境口岸检验检疫机构报检，并提供下列资料：

（一）所在地县级以上渔业主管部门出具的捕捞船舶登记证和捕捞许可证；

（二）捕捞渔船与出口企业的供货协议（含捕捞船只负责人签字）；

（三）检验检疫机构规定的其他材料。

进口国家或者地区对捕捞海域有特定要求的，报检时应当申明捕捞海域。

第二十二条　出境养殖水生动物的货主或者其代理人应当在水生动物出境 7 天前向注册登记养殖场、中转场所在地检验检疫机构报检，报检时应当提供《注册登记证》（复印件）等单证，并按照检验检疫报检规定提交相关材料。

不能提供《注册登记证》的，检验检疫机构不予受理报检。

第二十三条 除捕捞后直接出口的野生捕捞水生动物外，出境水生动物必须来自注册登记养殖场或者中转场。

注册登记养殖场、中转场应当保证其出境水生动物符合进口国或者地区的标准或者合同要求，并出具《出境水生动物供货证明》。

中转场凭注册登记养殖场出具的《出境水生动物供货证明》接收水生动物。

第二十四条 产地检验检疫机构受理报检后，应当查验注册登记养殖场或者中转场出具的《出境水生动物供货证明》，根据疫病和有毒有害物质监控结果、日常监管记录、企业分类管理等情况，对出境养殖水生动物进行检验检疫。

第二十五条 经检验检疫合格的，检验检疫机构对装载容器或者运输工具加施检验检疫封识，出具《出境货物换证凭单》或者《出境货物通关单》，并按照进口国家或者地区的要求出具《动物卫生证书》。

检验检疫机构根据企业分类管理情况对出口水生动物实施不定期监装。

第二十六条 出境水生动物用水、冰、铺垫和包装材料、装载容器、运输工具、设备应当符合国家有关规定、标准和进口国家或者地区的要求。

第二十七条 出境养殖水生动物外包装或者装载容器上应当标注出口企业全称、注册登记养殖场和中转场名称和注册登记编号、出境水生动物的品名、数（重）量、规格等内容。来自不同注册登记养殖场的水生动物，应当分开包装。

第二十八条 经检验检疫合格的出境水生动物，不更换原包装异地出口的，经离境口岸检验检疫机构现场查验，货证相符、封识完好的准予放行；

需在离境口岸换水、加冰、充氧、接驳更换运输工具的，应当在离境口岸检验检疫机构监督下，在检验检疫机构指定的场所进行，并在加施封识后准予放行；

出境水生动物运输途中需换水、加冰、充氧的，应当在检验检疫机构指定的场所进行。

第二十九条 产地检验检疫机构与口岸检验检疫机构应当及时交流出境水生动物信息，对在检验检疫过程中发现疫病或者其他卫生安全问题，应当采取相应措施，并及时上报国家质检总局。

第四章 监督管理

第三十条 检验检疫机构对辖区内取得注册登记的出境水生动物养殖场、中转场实行日常监督管理和年度审查制度。

第三十一条 国家质检总局负责制定出境水生动物疫病和有毒有害物质监控计划。

直属检验检疫局根据监控计划制定实施方案，上报年度监控报告。

取得注册登记的出境水生动物养殖场、中转场应当建立自检自控体系，并对其出口水生动物的安全卫生质量负责。

第三十二条　取得注册登记的出境水生动物养殖场、中转场应当建立完善的养殖生产和中转包装记录档案，如实填写《出境水生动物养殖场/中转场检验检疫监管手册》，详细记录生产过程中水质监测、水生动物的引进、疫病发生、药物和饲料的采购及使用情况，以及每批水生动物的投苗、转池/塘、网箱分流、用药、用料、出场等情况，并存档备查。

第三十三条　养殖、捕捞器具等应当定期消毒。运载水生动物的容器、用水、运输工具应当保持清洁，并符合动物防疫要求。

第三十四条　取得注册登记的出境水生动物养殖场、中转场应当遵守国家有关药物管理规定，不得存放、使用我国和进口国家或者地区禁止使用的药物；对允许使用的药物，遵守药物使用和停药期的规定。

中转、包装、运输期间，食用水生动物不得饲喂和用药，使用的消毒药物应当符合国家有关规定。

第三十五条　出境食用水生动物饲用饲料应当符合下列规定：

（一）国家质检总局《出境食用动物饲用饲料检验检疫管理办法》；

（二）进口国家或者地区的要求；

（三）我国其他有关规定。

鲜活饵料不得来自水生动物疫区或者污染水域，且须经检验检疫机构认可的方法进行检疫处理，不得含有我国和进口国家或者地区政府规定禁止使用的药物。

观赏和种用水生动物禁止饲喂同类水生动物（含卵和幼体）鲜活饵料。

第三十六条　取得注册登记的出境水生动物养殖场应当建立引进水生动物的安全评价制度。

引进水生动物应当取得所在地检验检疫机构批准。

引进水生动物应当隔离养殖30天以上，根据安全评价结果，对疫病或者相关禁用药物残留进行检测，经检验检疫合格后方可投入正常生产。

引进的食用水生动物，在注册登记养殖场养殖时间需达到该品种水生动物生长周期的三分之一且不少于2个月，方可出口。

出境水生动物的中转包装期一般不超过3天。

第三十七条　取得注册登记的出境水生动物养殖场、中转场发生国际动物卫生组织（OIE）规定需要通报或者农业部规定需要上报的重大水生动物疫情时，应当立即启动有关应急预案，采取紧急控制和预防措施并按照规定上报。

第三十八条　检验检疫机构对辖区内注册登记的养殖场和中转场实施日常监督管理的内容包括：

（一）环境卫生；

（二）疫病控制；

（三）有毒有害物质自检自控；

（四）引种、投苗、繁殖、生产养殖；

（五）饲料、饵料使用及管理；

（六）药物使用及管理；

（七）给、排水系统及水质；

（八）发病水生动物隔离处理；

（九）死亡水生动物及废弃物无害化处理；

（十）包装物、铺垫材料、生产用具、运输工具、运输用水或者冰的安全卫生；

（十一）《出口水生动物注册登记养殖场/中转场检验检疫监管手册》记录情况。

第三十九条　检验检疫机构每年对辖区内注册登记的养殖场和中转场实施年审，年审合格的在《注册登记证》上加注年审合格记录。

第四十条　检验检疫机构应当给注册登记养殖场、中转场、捕捞、运输和贸易企业建立诚信档案。根据上一年度的疫病和有毒有害物质监控、日常监督、年度审核和检验检疫情况，建立良好记录企业名单和不良记录企业名单，对相关企业实行分类管理。

第四十一条　从事出境水生动物捕捞、中转、包装、养殖、运输和贸易的企业有下列情形之一的，检验检疫机构可以要求其限期整改，必要时可以暂停受理报检：

（一）出境水生动物被国内外检验检疫机构检出疫病、有毒有害物质或者其他安全卫生质量问题的；

（二）未经检验检疫机构同意擅自引进水生动物或者引进种用水生动物未按照规定期限实施隔离养殖的；

（三）未按照本办法规定办理注册登记变更或者注销手续的；

（四）年审中发现不合格项的。

第四十二条　注册登记养殖场、中转场有下列情形之一的，检验检疫机构应当注销其相关注册登记：

（一）注册登记有效期届满，未按照规定办理延续手续的；

（二）企业依法终止或者因停产、转产、倒闭等原因不再从事出境水生动物业务的；

（三）注册登记依法被撤销、撤回或者《注册登记证》被依法吊销的；

（四）年审不合格且在限期内整改不合格的；

（五）一年内没有水生动物出境的；

（六）因不可抗力导致注册登记事项无法实施的；

（七）检验检疫法律、法规规定的应当注销注册登记的其他情形。

第五章　法律责任

第四十三条　从事出境水生动物捕捞、养殖、中转、包装、运输和贸易的企业有下列情形之一的，由检验检疫机构处三万元以下罚款，情节严重的，吊销其注册登记证书：

（一）发生应该上报的疫情隐瞒不报的；

（二）在检验检疫机构指定的场所之外换水、充氧、加冰、改变包装或者接驳更换运输工具的；

（三）人为损毁检验检疫封识的；

（四）存放我国或者进口国家或者地区禁止使用的药物的；

（五）拒不接受检验检疫机构监督管理的。

第四十四条　从事出境水生动物捕捞、养殖、中转、包装、运输和贸易的企业有下列情形之一的，由检验检疫机构按照《国务院关于加强食品等产品安全监督管理的特别规定》予以处罚。

（一）以非注册登记养殖场水生动物冒充注册登记养殖场水生动物的；

（二）以养殖水生动物冒充野生捕捞水生动物的；

（三）提供、使用虚假《出境水生动物供货证明》的；

（四）违法使用饲料、饵料、药物、养殖用水及其他农业投入品的；

（五）有其他逃避检验检疫或者弄虚作假行为的。

第四十五条　检验检疫机构工作人员滥用职权，故意刁难，徇私舞弊，伪造检验结果，或者玩忽职守，延误检验出证，依法给予行政处分；构成犯罪的，依法追究刑事责任。

第六章　附　　则

第四十六条　本办法下列用语的含义是：

水生动物：指活的鱼类、软体类、甲壳类及其他在水中生活的无脊椎动物等，包括其繁殖用的精液、卵、受精卵。

养殖场：指水生动物的孵化、育苗、养殖场所。

中转场：指用于水生动物出境前短期集中、存放、分类、加工整理、包装等用途的场所。

第四十七条　出境龟、鳖、蛇、蛙、鳄鱼等两栖和爬行类动物的检验检疫和监督管理参照本办法执行。

第四十八条　本办法由国家质检总局负责解释。

第四十九条　本办法自 2007 年 10 月 1 日起施行。原国家出入境检验验检疫局 1999 年 11 月 24 日发布的《出口观赏鱼检疫管理办法》，国家质检总局 2001 年 12 月 4 日发布的《供港澳食用水生动物检验检疫管理办法》自施行之日起废止。

附录2 国家质量监督检验检疫总局第5号令
出口食用动物饲用饲料检验检疫管理办法

第一章 总 则

第一条 为加强出口食用动物饲用饲料的检验检疫管理，确保出口食用动物的卫生质量，根据《中华人民共和国进出境动植物检疫法》、《中华人民共和国进出口商品检验法》、《中华人民共和国食品卫生法》、《兽药管理条例》、《饲料和饲料添加剂管理条例》等法律法规，制定本办法。

第二条 本办法所称出口食用动物是指出口（含供台港澳，下同）的供人类食用的活动物，如屠宰用家畜、家禽和水生动物、两栖动物、爬行动物等。

本办法所称饲料是指用于饲喂出口食用动物的饲料，包括单一饲料、配合饲料、添加剂预混合饲料、浓缩饲料、精料补充料、各类饲料药物、矿物质添加剂和饵料等。

本办法所称饲料生产企业是指生产的饲料用于饲喂出口食用动物的生产企业。

第三条 国家出入境检验检疫局（以下简称国家检验检疫局）统一管理全国出口食用动物饲用饲料的检验检疫和监督管理工作。国家检验检疫局设在各地的直属出入境检验检疫机构（以下简称直属检验检疫机构）负责各自辖区内出口食用动物饲用饲料的检验检疫、生产企业的登记备案和监督管理工作，包括受理申请、审核、登记备案和监督管理工作等。

第四条 出口食用动物在饲养场及从饲养场至进口国家和地区（包括台、港、澳）的运输途中所用的饲料，不得含有危害动物健康及可能对人体健康和生命安全造成危害的病原微生物及各种有害物质（如农药、兽药、激素及其他药物残留和重金属残留等），并须经检验检疫机构或其认可的检测机构检验合格。

出口水生动物所用鲜活饵料须来自非疫区，并须用经检验检疫机构认可的有效消毒药物进行消毒处理后方可使用。

第二章 饲料生产企业登记备案

第五条 本着自愿原则，出口食用动物饲料的生产企业可以向所在地直属检验检疫机构申请登记备案。

第六条 申请登记备案的饲料生产企业应具备下列条件：

（一）具有企业法人资格；

（二）饲料添加剂、添加剂预混合饲料生产企业具有国务院农业行政主管部门颁发的生产许可证；

（三）具备与饲料生产规模相适应的厂房、设备、工艺和仓储设施；

（四）具有基本的质量、卫生检验设备和相应技术人员；

（五）具备科学的质量管理或质量保证手册，或具有健全的质量和卫生管理体系及完善的出入厂（库）、生产、检验等管理制度；

（六）严格仓储管理。原料库与成品库严格分离；原料库和成品库中不同种类、不同品名、不同批次的原料和饲料分开堆放，码放整齐，标识明确；

（七）在全企业范围内不储存、在生产的饲料或饲料添加剂中不添加我国及食用动物进口国家或地区规定的禁用或未允许添加的药品（含激素）等，并自愿遵守本办法的规定和自愿接受检验检疫机构的监督管理。

第七条　申请登记备案的饲料生产企业所生产的出口食用动物饲用饲料必须符合下列条件：

（一）符合《饲料卫生标准》（GB 13078—91）规定；

（二）符合《饲料和饲料添加剂管理条例》第十四条和《饲料标签》国家标准（GB 10648—93）的规定；

（三）符合相应的饲料或饲料添加剂的产品质量国家标准或行业标准；

（四）不使用国家淘汰、禁止使用的药物（如：在活猪的饲料中不得添加盐酸克伦特罗等乙类促效剂等）；不使用国务院农业行政主管部门或省级人民政府饲料主管部门公布的允许作饲料药物添加剂的药物品种以外的药物，允许添加的药物，必须制成饲料药物添加剂后方可添加；不添加激素类药品（如荷尔蒙）；严格按规定使用国家限制使用的药物；不使用进口国家或地区有特殊禁止使用要求的药物；

（五）饲料添加剂、添加剂预混合饲料具有省、自治区、直辖市人民政府饲料主管部门核发的产品批准文号；

（六）使用的进口鱼粉、豆粕等所有动植物性饲料原料及饲料药物添加剂或矿物质添加剂等均应符合国家进口检验检疫标准和要求，具有检验检疫机构出具的检验检疫合格证明。

第八条　申请登记备案的饲料生产企业向所在地直属检验检疫机构办理申请手续，填写《出口食用动物饲用饲料生产企业登记备案申请表》（一式 3 份，式样见附件1），并提交如下材料（各一式 2 份）：

（一）工商行政管理部门核发的企业法人营业执照复印件；

（二）国务院农业行政主管部门颁发的生产许可证复印件（饲料添加剂、添加剂预混合饲料生产企业提供）；

（三）质量管理（保证）手册或相应的质量管理体系及出入厂（库）、生产、检验管理制度等材料；

（四）申请登记备案的出口食用动物饲用饲料和饲料添加剂的品种清单及其原

料的描述材料；

（五）省级人民政府饲料主管部门核发的饲料药物添加剂或添加剂预混合饲料产品批准文号（批准文件复印件）及产品说明书；

（六）饲料中使用的药物添加剂、矿物质添加剂和动植物性饲料原料为进口产品的，应提交检验检疫机构出具的检验检疫合格证明。

第九条 接受申请的直属检验检疫机构根据本办法第六条、第七条的规定，在 15 个工作日内对申请单位提交的申请书和有关材料进行书面审核，决定是否受理；经审核受理申请的，对申请单位进行实地考核，并按申请的饲料及添加剂品种抽取样品并封样。

第十条 申请单位将封存的样品送检验检疫机构或其指定的检测部门按规定的方法和项目进行检测。检测部门根据实际检测结果如实出具检测报告。

第十一条 受理申请的直属检验检疫机构对经实地考核和饲料样品检验合格的饲料生产企业，给予登记备案，并颁发《出口食用动物饲料生产企业登记备案证》（以下简称《登记备案证》（一正本、一副本，式样见附件 2 和附件 3）。

《登记备案证》的有效期为 5 年。有效期满后拟继续生产出口食用动物饲用饲料的，应在有效期满前 3 个月依据本办法重新提出申请。

第十二条 已取得《登记备案证》的饲料生产企业变更登记备案内容时，应提前向发证的直属检验检疫机构申请办理变更手续。

第三章 检验检疫与监督管理

第十三条 出口食用动物注册饲养场从登记备案的饲料生产企业直接购买的经检验检疫机构检验合格的配合饲料、添加剂预混合饲料和浓缩，检验检疫机构不再进行检验；从非登记备案的饲料生产企业购买的前述饲料，必须经检验检疫机构逐批检验合格后方可使用。

注册饲养场自配饲料的，必须使用前款规定的添加剂预混合饲料或浓缩料，并不得擅自在饲料配制和饲喂过程中添加任何药物（包括激素）。

第十四条 登记备案的饲料生产企业生产的每一新品种的第一批出口食用动物饲料或更改饲料添加剂种类后生产的第一批出口食用动物饲料均应由检验检疫机构抽样检验或由检验检疫机构认可的检测部门进行规定项目的检验，经检验合格的方可出售。

第十五条 根据登记备案的饲料生产企业和自配饲料的出口食用动物饲养场的信誉程度、对检验检疫法规的遵守情况、自身管理水平和检验条件等，检验检疫机构对其生产或自配的出口食用动物饲用饲料实行逐批检验、不定期抽检和免检的分类管理办法。

第十六条 登记备案的饲料生产企业及出口动物饲养场的原料采购、检验、入出库、饲料生产与检验、饲料成品的入出库、出厂等均必须有真实完整的记录；每批产品均应留样并至少保存 60 天。

登记备案或未登记备案的饲料生产企业销往出口动物饲养场的每批饲料均须附具有由生产企业出具的产品质量检验合格证。

第十七条　检验检疫机构对登记备案的饲料生产企业实行日常监督检查与年审相结合的办法进行监督管理。登记备案的企业应按规定每年向直属检验检疫机构申请年审，年审期限为每年的 12 月 1 日至翌年的 1 月 30 日。

第十八条　登记备案的饲料生产企业，将饲料销往所在地直属检验检疫机构辖区外的出口食用动物饲养场时，应持《登记备案证（副本）》到该动物饲养场所在地直属检验检疫机构办理异地备案手续。

直属检验检疫机构办理异地备案手续时，审验《登记备案证》，并在《登记备案证（副本）》上签章。

登记备案的饲料生产企业与出口食用动物饲养场应建立直接的（包括通过其授权的销售代理直销的）购销关系。

第十九条　严禁登记备案的饲料生产企业和出口食用动物饲养场存放、使用下列物品：

（一）国家淘汰、禁止使用的药物，和国务院农业行政主管部门或省级人民政府饲料主管部门公布的允许作饲料药物添加剂的药物品种以外的药物；

（二）激素类药物；

（三）进口国家或地区（包括港、澳、台）禁止使用的药物；

（四）未经国务院农业行政主管部门登记和/或未经检验检疫机构检验检疫或检验检疫不合格的进口饲料和饲料添加剂；

（五）未经检验检疫机构检验检疫或检验检疫不合格的进口动植物性饲料原料。

严禁登记备案的饲料生产企业销售未经检验检疫机构登记备案的饲料和未经检验及检验不合格的饲料；

严禁出口食用动物饲养场使用未经检验检疫机构检验合格的饲料，及在配制饲料和饲喂动物过程中擅自添加任何药品及添加剂。

第二十条　出口食用动物饲用饲料的外包装上应附具标签标明产品名称、代号、原料组成、生产日期、保质期、厂名、厂址、检验检疫机构的登记备案编号、产品标准代号、适用动物种类、使用方法和注意事项等。加入饲料药物添加剂的，还应当标明"加入药物饲料添加剂"字样，并标明其化学名称、含量、使用方法及注意事项和饲料添加剂的产品批准文号。

第二十一条　登记备案的饲料生产企业有下列行为之一的，由检验检疫机构注销其《登记备案证》：

（一）违反第十九条第一款、第二款规定的；

（二）日常监督检查不合格、不按规定参加年审或年审不合格且限期内又未改正的；

（三）伪造、变造《登记备案证》或检验检疫机构及其指定检测部门的检验合格证的；或将非本企业生产的饲料以本企业的名义销售给出口食用动物饲养企业的；

（四）私自改变登记备案的饲料种类及药物或矿物质添加剂成分的；

（五）不接受或不配合检验检疫机构监督管理的。

第二十二条　出口食用动物注册饲养场有下列行为之一的，由检验检疫机构注销其《注册登记证》，并禁止其饲养的动物用于出口：

（一）违反第十九条第一款、第三款规定的；

（二）以冒充登记备案的饲料生产企业生产的饲料饲喂出口食用动物的。

第二十三条　登记备案或非登记备案的饲料生产企业生产的饲料中含有违禁药品的，检验检疫机构将在全国范围内禁止出口动物饲养场使用其生产的饲料或饲料添加剂。

登记备案、非登记备案饲料生产企业和出口食用动物饲养场使用违禁药品的，检验检疫机构应及时将有关情况书面通知其所在地的省级人民政府饲料主管部门。

第二十四条　各直属检验检疫机构应将登记备案、办理变更手续的企业名称、地址、邮政编码、法定代表人、电话、传真、备案的饲料名称、代号和组成成分及适用动物种类等内容及时报国家检验检疫局备案，并应将违反第二十一条规定的登记备案与非登记备案的饲料生产企业和出口动物饲养场的名称、地址、邮政编码、法定代表人、电话、传真、违规情节及处罚决定报国家检验检疫局备案。

国家检验检疫局将对前款所述企业、饲养场及时予以公布。

第四章　附　　则

第二十五条　违反本办法规定的，检验检疫机构将依据《进出境动植物检疫法》等有关法律法规予以处罚。

第二十六条　本办法由国家检验检疫局负责解释。

第二十七条　本办法自 2000 年 1 月 1 日起施行。

附件：

1.《出口食用动物饲料生产企业登记备案申请表》（略）

2.《出口食用动物饲料生产企业登记备案证（正本）》（式样）（略）

3.《出口食用动物饲料生产企业登记备案证（副本）》（式样）（略）

附录3　GB 11607—89　渔业水质标准

　　为贯彻执行中华人民共和国《环境保护法》、《水污染防治法》和《海洋环境保护法》、《渔业法》，防止和控制渔业水域水质污染，保证鱼、虾、贝、藻类正常生长、繁殖和水产品的质量，特制订本标准。

1　主题内容与适用范围

　　本标准适用于鱼虾类的产卵场、索饵场、越冬场、洄游通道和水产增养殖区等海、淡水的渔业水域。

2　引用标准

GB 5750　生活饮用水标准检验法

GB 6920　水质　pH 的测定　玻璃电极法

GB 7467　水质　六价铬的测定　二碳酰二肼分光光度法

GB 7468　水质　总汞测定　冷原子吸收分光光度法

GB 7469　水质　总汞测定　高锰酸钾-过硫酸钾消除法　双硫腙分光光度法

GB 7470　水质　铅的测定　双硫腙分光光度法

GB 7471　水质　镉的测定　双硫腙分光光度法

GB 7472　水质　锌的测定　双硫腙分光光度法

GB 7474　水质　铜的测定　二乙基二硫代氨基甲酸钠分光光度法

GB 7475　水质　铜、锌、铅、镉的测定　原子吸收分光光度法

GB 7479　水质　铵的测定　纳氏试剂比色法

GB 7481　水质　氨的测定　水杨酸分光光度法

GB 7482　水质　氟化物的测定　茜素磺酸锆目视比色法

GB 7484　水质　氟化物的测定　离子选择电极法

GB 7485　水质　总砷的测定　二乙基二硫代氨基甲酸银分光光度法

GB 7486　水质　氰化物的测定　第一部分：总氰化物的测定

GB 7488　水质　五日生化需氧量（BOD_5）稀释与接种法

GB 7489　水质　溶解氧的测定　碘量法

GB 7490　水质　挥发酚的测定　蒸馏后 4-氨基安替比林分光光度法

GB 7492　水质　六六六、滴滴涕的测定　气相色谱法

GB 8972　水质　五氯酚钠的测定　气相色谱法

GB 9803　水质　五氯酚的测定　藏红 T 分光光度法

GB 11891　水质　凯氏氮的测定

GB 11901　水质　悬浮物的测定　重量法

GB 11910　水质　镍的测定　丁二铜肟分光光度法

GB 11911　水质　铁、锰的测定　火焰原子吸收分光光度法

GB 11912　水质　镍的测定　火焰原子吸收分光光度法

3　渔业水质要求

3.1　渔业水域的水质，应符合渔业水质标准（见表1）。

表1　渔业水质标准

单位：mg/L

项目序号	项目	标准值
1	色、臭、味	不得使鱼、虾、贝、藻类带有异色、异臭、异味
2	漂浮物质	水面不得出现明显油膜或浮沫
3	悬浮物质	人为增加的量不得超过10，而且悬浮物质沉积于底部后，不得对鱼、虾、贝类产生有害的影响
4	pH	淡水6.5~8.5，海水7.0~8.5
5	溶解氧	连续24h中，16h以上必须大于5，其余任何时候不得低于3；对于鲑科鱼类栖息水域冰封期，其余任何时候不得低于4
6	生化需氧量（五天、20℃）	不超过5，冰封期不超过3
7	总大肠菌群	不超过5 000个/L（贝类养殖水质不超过500个/L）
8	汞	≤0.000 5
9	镉	≤0.005
10	铅	≤0.05
11	铬	≤0.1
12	铜	≤0.01
13	锌	≤0.1
14	镍	≤0.05
15	砷	≤0.05
16	氰化物	≤0.005
17	硫化物	≤0.2
18	氟化物（以F⁻计）	≤1
19	非离子氨	≤0.02
20	凯氏氮	≤0.05
21	挥发性酚	≤0.005
22	黄磷	≤0.001

（续）

项目序号	项　　目	标　准　值
23	石油类	≤0.05
24	丙烯腈	≤0.5
25	丙烯醛	≤0.02
26	六六六（丙体）	≤0.002
27	滴滴涕	≤0.001
28	马拉硫磷	≤0.005
29	五氯酚钠	≤0.01
30	乐果	≤0.1
31	甲胺磷	≤1
32	甲基对硫磷	≤0.0005
33	呋喃丹	≤0.01

3.2　各项标准数值系指单项测定最高允许值。

3.3　标准值单项超标，即表明不能保证鱼、虾、贝正常生长繁殖，并产生危害，危害程度应参考背景值、渔业环境的调查数据及有关渔业水质基准资料进行综合评价。

4　渔业水质保护

4.1　任何企、事业单位和个体经营者排放的工业废水、生活污水和有害废弃物，必须采取有效措施，保证最近渔业水域的水质符合本标准

4.2　未经处理的工业废水、生活污水和有害废弃物严禁直接排入鱼、虾类的产卵场、索饵场、越冬场和鱼、虾、贝、藻类的养殖场及珍贵水生动物保护区。

4.3　严禁向渔业水域排放含病源体的污水；如需排放此类污水，必须经过处理和严格消毒。

5　标准实施

5.1　本标准由各级渔政监督管理部门负责监督与实施，监督实施情况，定期报告同级人民政府环境保护部门。

5.2　在执行国家有关污染物排放标准中，如不能满足地方渔业水质要求时，省、自治区、直辖市人民政府可制定严于国家有关污染排放标准的地方污染物排放标准，以保证渔业水质的要求，并报国务院环境保护部门和渔业行政主管部门备案。

5.3　本标准以外的项目，若对渔业构成明显危害时，省级渔政监督管理部门应组织有关单位制订地方补充渔业水质标准，报省级人民政府批准，并报国务院环境

保护部门和渔业行政主管部门备案。

5.4 排污口所在水域形成的混合区不得影响鱼类洄游通道。

6 水质监测

6.1 本标准各项目的监测要求，按规定分析方法（见表 2）进行监测。

6.2 渔业水域的水质监测工作，由各级渔政监督管理部门组织渔业环境监测站负责执行。

表 2 渔业水质分析方法

序号	项目	测定方法	试验方法标准编号
1	悬浮物质	重量法	GB 11901
2	pH	玻璃电极法	GB 6920
3	溶解氧	碘量法	GB 7489
4	生化需氧量	稀释与接种法	GB 7488
5	总大肠菌群	多管发酵法滤膜法	GB 5750
6	汞	冷原子吸收分光光度法	GB 7468
		高锰酸钾-过硫酸钾消解 双硫腙分光光度法	GB 7469
7	镉	原子吸收分光光度法	GB 7475
		双硫腙分光光度法	GB 7471
8	铅	原子吸收分光光度法	GB 7475
		双硫腙分光光度法	GB 7470
9	铬	二苯碳酰二肼分光光度法（高锰酸盐氧化）	GB 7467
10	铜	原子吸收分光光度法	GB 7475
		二乙基二硫代氨基甲酸钠分光光度法	GB 7474
11	锌	原子吸收分光光度法	GB 7475
		双硫腙分光光度法	GB 7472
12	镍	火焰原子吸收分光光度法	GB 11912
		丁二铜肟分光光度法	GB 11910
13	砷	二乙基二硫代氨基甲酸银分光光度法	GB 7485
14	氰化物	异烟酸-吡啶啉酮比色法 吡啶-巴比妥酸比色法	GB 7486
15	硫化物	对二甲氨基苯胺分光光度法[1]	
16	氟化物	茜素磺酸锆目视比色法	GB 7482
		离子选择电极法	GB 7484
17	非离子氨[2]	纳氏试剂比色法	GB 7479
		水杨酸分光光度法	GB 7481

（续）

序号	项目	测定方法	试验方法标准编号
18	凯氏氮		GB 11891
19	挥发性酚	蒸馏后 4-氨基安替比林分光光度法	GB 7490
20	黄磷		
21	石油类	紫外分光光度法[1]	
22	丙烯腈	高锰酸钾转化法[1]	
23	丙烯醛	4-乙基间苯二酚分光光度法[1]	
24	六六六（丙体）	气相色谱法	GB 7492
25	滴滴涕	气相色谱法	GB 7492
26	马拉硫磷	气相色谱法[1]	
27	五氯酚钠	气相色谱法	GB 8972
		藏红剂分光光度法	GB 9803
28	乐果	气相色谱法[3]	
29	甲胺磷		
30	甲基对硫磷	气相色谱法[3]	
31	呋喃丹		

注：暂时采用下列方法，待国家标准发布后，执行国家标准。

1）渔业水质检验方法为农牧渔业部 1983 年颁布。

2）测得结果为总氨浓度，然后按表 A1、表 A2 换算为非离子氨浓度。

3）地面水水质监测检验方法为中国医学科学院卫生研究所 1978 年颁布。

附　录　A
总 氨 换 算 表
（补充件）

表 A.1　氨的水溶液中非离子氨的百分比

温度（℃）	pH								
	6.0	6.5	7.0	7.5	8.0	8.5	9.0	9.5	10.0
5	0.013	0.040	0.12	0.39	1.2	3.8	11	28	56
10	0.019	0.059	0.19	0.59	1.8	5.6	16	37	65
15	0.027	0.087	0.27	0.86	2.7	8.0	21	46	73
20	0.040	0.13	1.40	1.2	3.8	11	28	56	80
25	0.057	0.18	1.57	1.8	5.4	15	36	64	85
30	0.080	0.25	2.80	2.5	7.5	20	45	72	89

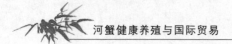

表 A.2　总氨（$NH_4^+ + NH_3$）浓度，其中非离子氨浓度 0.020mg/L（NH_3）

单位：mg/L

温度（℃）	pH								
	6.0	6.5	7.0	7.5	8.0	8.5	9.0	9.5	10.0
5	160	51	16	5.1	1.6	0.53	0.18	0.071	0.036
10	110	34	11	3.4	1.1	0.36	0.13	0.054	0.031
15	73	23	7.3	2.3	0.75	0.25	0.093	0.043	0.027
20	50	16	5.1	1.6	0.52	0.18	0.070	0.036	0.025
25	35	11	3.5	1.1	0.37	0.13	0.055	0.031	0.024
30	25	7.6	2.5	0.81	0.27	0.099	0.045	0.028	0.022

附录4　GB/T 18407.4—2001　农产品安全质量无公害水产品产地环境要求

1　范围

GB/T 18407 的本部分规定了无公害水产品的产地环境、水质要求和检验方法。本部分适用于无公害水产品的产地环境的评价。

2　规范性引用文件

下列文件中的条款通过 GB/T 18407 的本部分的引用而成为本部分的条款。凡是注日期的引用文件，其随后所有的修改单（不包括勘误的内容）或修订版均不适用于本部分，然而，鼓励根据本部分达成协议的各方研究是否可使用这些文件的最新版本。凡是不注日期的引用文件，其最新版本适用于本部分。

GB/T 8170　数值修约规则

GB 11607—1989　渔业水质标准

GB/T 14550　土壤质量　六六六和滴滴涕的测定　气相色谱法

GB/T 17134　土壤质量　总砷的测定　二乙基二硫代氨基甲酸银分光光度法

GB/T 17136　土壤质量　总汞的测定　冷原子吸收分光光度法

GB/T 17137　土壤质量　总铬的测定　火焰原子吸收分光光度法

GB/T 17138　土壤质量　铜、锌的测定　火焰原子吸收分光光度法

GB/T 17141　土壤质量　铅、镉的测定　石墨炉原子吸收分光光度法

3　要求

3.1　产地要求

3.1.1　养殖地应是生态环境良好，无或不直接受工业"三废"及农业、城镇生活、医疗废弃物污染的水（地）域。

3.1.2　养殖地区域内及上风向、灌溉水源上游，没有对产地环境构成威胁的（包括工业"三废"、农业废弃物、医疗机构污水及废弃物、城市垃圾和生活污水等）污染源。

3.2　水质要求

水质质量应符合 GB 11607 的规定。

3.3　底质要求

3.3.1　底质无工业废弃物和生活垃圾，无大型植物碎屑和动物尸体。

3.3.2 底质无异色、异臭，自然结构。

3.3.3 底质有害有毒物质最高限量应符合表1的规定。

表1

项 目	指 标 mg/kg（湿重）
总汞	≤0.2
镉	≤0.5
铜	≤30
锌	≤150
铅	≤50
铬	≤50
砷	≤20
滴滴涕	≤0.02
六六六	≤0.5

4 检验方法

4.1 水质检验

按 GB 11607 规定的检验方法进行。

4.2 底质检验

4.2.1 总汞按 GB/T 17136 的规定进行。

4.2.2 铜、锌按 GB/T 17138 的规定进行。

4.2.3 铅、镉按 GB/T 17141 的规定进行。

4.2.4 铬按 GB/T 17137 的规定进行。

4.2.5 砷按 GB/T 17134 的规定进行。

4.2.6 六六六、滴滴涕按 GB/T 14550 的规定进行。

5 评价原则

5.1 无公害水产品的生产环境质量必须符合 GB/T 18407 的本部分的规定。

5.2 取样方法依据不同产地条件，确定按相应的国家标准和行业标准执行。

5.3 检验结果的数值修约按 GB/T 8170 执行。

附录 5　NY 5051—2001　无公害食品淡水养殖用水水质

1　范围

本标准规定了淡水养殖用水水质要求、测定方法、检验规则和结果判定。

本标准适用于淡水养殖用水。

2　规范性引用文件

下列文件中的条款通过本标准的引用而成为本标准的条款。凡是注日期的引用文件，其随后所有的修改单（不包括勘误的内容）或修订版均不适用于本标准，然而，鼓励根据本标准达成协议的各方研究是否可使用这些文件的最新版本。凡是不注日期的引用文件，其最新版本适用于本标准。

　　GB/T 5750　　生活饮用水标准检验法

　　GB/T 7466　　水质　总铬的测定

　　GB/T 7468　　水质　总汞的测定　冷原子吸收分光光度法

　　GB/T 7469　　水质　总汞的测定　高锰酸钾-过硫酸钾消解法　双硫腙分光光度法

　　GB/T 7470　　水质　铅的测定　双硫腙分光光度法

　　GB/T 7471　　水质　镉的测定　双硫腙分光光度法

　　GB/T 7472　　水质　锌的测定　双硫腙分光光度法

　　GB/T 7473　　水质　铜的测定　2，9-二甲基-1，10-菲罗啉分光光度法

　　GB/T 7474　　水质　铜的测定　二乙基二硫代氨基甲酸钠分光光度法

　　GB/T 7475　　水质　铜、锌、铅、镉的测定　原子吸收分光光度法

　　GB/T 7482　　水质　氟化物的测定　茜素磺酸锆目视比色法

　　GB/T 7483　　水质　氟化物的测定　氟试剂分光光度法

　　GB/T 7484　　水质　氟化物的测定　离子选择电极法

　　GB/T 7485　　水质　总砷的测定　二乙基二硫代氨基甲酸银分光光度法

　　GB/T 7490　　水质　挥发酚的测定　蒸馏后4-氨基安替比林分光光度法

　　GB/T 7491　　水质　挥发酚的测定　蒸馏后溴化容量法

　　GB/T 7492　　水质　六六六、滴滴涕的测定　气相色谱法

　　GB/T 8538　　饮用天然矿泉水检验方法

　　GB 11607　　渔业水质标准

GB/T 12997　水质　采样方案设计技术规定
GB/T 12998　水质　采样技术指导
GB/T 12999　水质采样　样品的保存和管理技术规定
GB/T 13192　水质　有机磷农药的测定　气相色谱法
GB/T 16488　水质　石油类和动植物油的测定　红外光度法
水和废水监测分析方法

3　要求

3.1　淡水养殖水源应符合 GB 11607 规定。

3.2　淡水养殖用水水质应符合表 1 要求。

表 1　淡水养殖用水水质要求

序号	项目	标准值
1	色、臭、味	不得使养殖水体带有异色、异臭、异味
2	总大肠菌群，个/L	≤5 000
3	汞，mg/L	≤0.000 5
4	镉，mg/L	≤0.005
5	铅，mg/L	≤0.05
6	铬，mg/L	≤0.1
7	铜，mg/L	≤0.01
8	锌，mg/L	≤0.1
9	砷，mg/L	≤0.05
10	氟化物，mg/L	≤1
11	石油类，mg/L	≤0.05
12	挥发性酚，mg/L	≤0.005
13	甲基对硫磷，mg/L	≤0.000 5
14	马拉硫磷，mg/L	≤0.005
15	乐果，mg/L	≤0.1
16	六六六（丙体），mg/L	≤0.002
17	DDT，mg/L	0.001

4　测定方法

淡水养殖用水水质测定方法见表 2。

表2　淡水养殖用水水质测定方法

序号	项目	测定方法		测试方法标准编号	检测下限 mg/L
1	色、臭、味	感官法		GB/T 5750	—
2	总大肠菌群	(1) 多管发酵法		GB/T 5750	—
		(2) 滤膜法			—
3	汞	(1) 原子荧光光度法		GB/T 8538	0.000 05
		(2) 冷原子吸收分光光度法		GB/T 7468	0.000 05
		(3) 高锰酸钾-过硫酸钾消解　双硫腙分光光度		GB/T 7469	0.002
4	镉	(1) 原子吸收分光光度法		GB/T 7475	0.001
		(2) 双硫腙分光光度法		GB/T 7471	0.001
5	铅	(1) 原子吸收分光光度法	螯合萃取法	GB/T 7475	0.01
			直接法		0.2
		(2) 双硫腙分光光度法		GB/T 7470	0.01
6	铬	二苯碳酰二肼分光光度法（高锰酸盐氧化法）		GB/T 7466	0.004
7	砷	(1) 原子荧光光度法		GB/T 8538	0.000 04
		(2) 二乙基二硫代氨基甲酸银分光光度法		GB/T 7485	0.007
8	铜	(1) 原子吸收分光光度法	螯合萃取法	GB/T 7475	0.001
			直接法		0.05
		(2) 二乙基二硫代氨基甲酸钠分光光度法		GB/T 7474	0.010
		(3) 2, 9-二甲基-1, 10-菲啰琳分光光度法		GB/T 7473	0.06
9	锌	(1) 原子吸收分光光度法		GB/T 7475	0.05
		(2) 双硫腙分光光度法		GB/T 7472	0.005
10	氟化物	(1) 茜素磺酸锆目视比色法		GB/T 7482	0.05
		(2) 氟试剂分光光度法		GB/T 7483	0.05
		(3) 离子选择电极法		GB/T 7484	0.05
11	石油类	(1) 红外分光光度法		GB/T 16488	0.01
		(2) 非分散红外光度法			0.02
		(3) 紫外分光光度法		《水和废水监测分析方法》(国家环保总局)	0.05
12	挥发酚	(1) 蒸馏后4-氨基安替比林分光光度法		GB/T 7490	0.002
		(2) 蒸馏后溴化容量法		GB/T 7491	—
13	甲基对硫磷	气相色谱法		GB/T 13192	0.000 42
14	马拉硫磷	气相色谱法		GB/T 13192	0.000 64

（续）

序号	项目	测定方法	测试方法标准编号	检测下限 mg /L
15	乐果	气相色谱法	GB/T 13192	0. 000 57
16	六六六	气相色谱法	GB/T 7492	0. 000 004
17	DDT	气相色谱法	GB/T 7492	0. 000 2

注：对同一项目有两个或两个以上测定方法的，当对测定结果有异议时，方法（1）为仲裁测定方法。

5 检验规则

检测样品的采集、贮存、运输和处理按 GB/T 12997、GB/T 12998 和 GB/T 12999 的规定执行。

6 结果判定

本标准采用单项判定法，所列指标单项超标，判定为不合格。

附录 6　GB/T 19783—2005　中华绒螯蟹

1　范围

本标准规定了中华绒螯蟹的主要外部形态特征、生长与繁殖、遗传学特性以及检测方法。

本标准适用于中华绒螯蟹的种质检测与鉴定。

2　规范性引用文件

下列文件中的条款通过本标准的引用而成为本标准的条款。凡是注日期的引用文件，其随后所有的修改单（不包括勘误的内容）或修订版均不适用于本标准，然而，鼓励根据本标准达成协议的各方研究是否可使用这些文件的最新版本。凡是不注日期的引用文件，其最新版本适用于本标准。

GB 17716—1999　青鱼

GB/T 18654.12　养殖鱼类种质检验　第 12 部分：染色体组型分析

3　术语和定义

下列术语和定义适用于本标准。

3.1　头胸甲长　carapace length

头胸甲背面前缘内额齿间的凹窝至头胸甲后缘端部的长度。

3.2　额宽　frontal width

头胸甲前缘左、右外额齿间的宽度。

3.3　体高　body height

头胸甲背面至腹部腹面的垂直距离。

3.4　第一侧齿宽　first obital margin width

头胸甲前侧缘左、右第一侧齿间的宽度。

3.5　背甲后半长　postcarapace length

头胸甲背面颈沟至头胸甲后缘端部的长度。

3.6　第 3 步足长节长　meropodit length of the third peraeopod

第 3 步足长节的长度。

3.7　第 3 步足前节长　propodit length of the third peraeopod

第 3 步足前节的长度。

3.8　第 4 步足指节长　dactylopodit length of the fourth peraeopod

第 4 步足指节的长度。

4 名称和分类

4.1 学名

中华绒螯蟹（*Eriocheir sinensis* H. Milen-Edwards）。

4.2 分类位置

甲壳纲（Crustacea），十足目（Decapoda），爬行亚目（Raptantia），方蟹科（Grapsidae），绒螯蟹属（*Eriocheir*）。

5 主要外部形态特征

5.1 外形特征

头胸甲明显隆起。额缘有 4 个尖齿，齿间缺刻较深，居中一个特别深，呈"V"或"U"形。第四侧齿明显。螯足钳掌与钳趾基部内外均有绒毛。第 4 对步足前节狭长，趾节呈尖爪状。雌蟹腹脐圆形，雄蟹腹脐为三角形。

背面黄褐色或青褐色，腹部灰白或银白色。螯足绒毛棕褐色，步足刚毛呈金黄色。

中华绒螯蟹的外部形态见图 1 和图 2。

a）雌性　　　　　　　　　　　　　　b）雄性

图 1　中华绒螯蟹外形（背面）

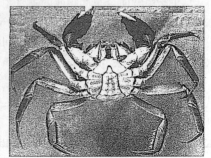

a）雌性　　　　　　　　　　　　　　b）雄性

图 2　中华绒螯蟹外形（腹面）

5.2　可量性状

中华绒螯蟹成蟹的主要形态性状比值见表1。

表1　中华绒螯蟹主要形态性状比值

项目	平均值±标准差
额宽/头胸甲长	0.239±0.010
第一侧齿宽/头胸甲长	0.624±0.017
背甲后半长/头胸甲长	0.531±0.011
体高/头胸甲长	0.522±0.012
第3步足长节长/头胸甲长	0.761±0.045
第3步足前节长/头胸甲长	0.509±0.028
第4步足指节长/头胸甲长	0.437±0.025

6　生长与繁殖

6.1　生长

中华绒螯蟹体长与体重关系式参见附录A。

6.2　繁殖

6.2.1　中华绒螯蟹生殖洄游一般在9月份～10月份。

6.2.2　性成熟雌蟹可进行一次交配，多次产卵。

6.2.3　不同体重中华绒螯蟹的抱卵量见表2。

表2　中华绒螯蟹抱卵量

体重/g	抱卵量/粒
<100	<350 000
100～150	300 000～550 000
150～200	500 000～750 000
>200	>700 000

7　遗传学特性

7.1　细胞遗传学特性

体细胞染色体数 $2n=146$。

7.2　生化遗传学特性

7.2.1　中华绒螯蟹肌肉中乳酸脱氢酶（LDH）的电泳图谱见图3，表现为1条谱带。

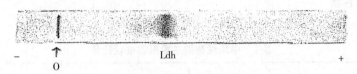

图 3　中华绒螯蟹肌肉中 LDH 同工酶电泳酶谱

7.2.2　根据对各水系中华绒螯蟹 8 种同工酶 17 个座位的测定，中华绒螯蟹群体的多态座位比例为 31.25％，平均杂合度为 0.099 9～0.104 1。

7.3　分子遗传学特性

　　中华绒螯蟹随机引物 Opp17（TGACCCGCCT）的扩增产物电泳图谱见图 4。扩增的 947bp 片段为中华绒蟹所特有，但在其不同地理群体中表现有不同的出现频率参见附录 B。

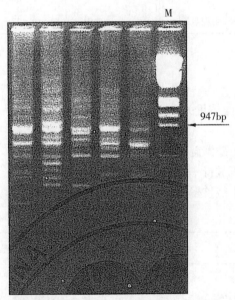

M──分子量标记（λ/*Eco*RⅠ＋*Hind*Ⅲ）。

图 4　中华绒螯蟹随机引物 Opp17 的扩增产物电泳图谱

8　检测方法

8.1　繁殖力测定

　　在繁殖季节，将随着在抱卵雌蟹腹部刚毛上的受精卵全部刮下，称量。用电子天平称 1.0g 卵，3 个样品，在解剖镜下分别计数，计算平均每克卵的平均卵粒数和抱卵量。

8.2　染色体测定

　　按 GB/T 18654.12 的规定执行。

8.3　同工酶测定

按 GB 17716—1999 中第 6 章的规定执行。

8.4　随机扩增多态 DNA（RAPD）测定

8.4.1　样品的采集与保存

取 0.1g～0.3g 肌肉、肝脏、血液或尾鳍的新鲜样品，于液氮、干冰及−30℃以下低温保存，或于 95％乙醇保存。

8.4.2　基因组 DNA 的提取

取 0.1g～0.3g 样品，剪碎，放入 1.5mL 离心管内，加入 400μL STE 缓冲液［配制方法为：30mmol/L Tris - HCl（pH 8.0），200mmol/L EDTA，50mmol/L NaCl］。再加入终浓度分别为 1％的 SDS 和 100μg/mL～300μg/mL 的蛋白酶 K，混匀后于 56℃作用过夜（约 12h）。

混合液中加入等体积饱和酚，使样品与酚充分混匀，10 000r/min 离心 8min，吸取上清液；加入等体积的酚-氯仿-异戊醇混合液，混合比例为 24：24：1，混匀后吸取上清液；加入等体积的氯仿，混匀后吸取上清液；加入等体积的异丙醇或 2 倍体积的无水乙醇，产生絮状 DNA 沉淀。静置 5min，小心倒出异丙醇或乙醇，获得 DNA 沉淀，并用 70％的乙醇洗涤，干燥，加入 500μL 的无菌重蒸水，再加入 25mg/mL 的 RNA 酶 A 溶液（无 DNA 酶活性）2μL，于 37℃温育 1h 后，置于 4℃冰箱保存备用。

8.4.3　基因组 DNA 的 PCR 扩增

在 0.5mL 薄壁管中加入总体积为 25μL PCR 反应混合液：2.0μL～3.0μL PCR 扩增缓冲液［配制方法为：100mmol/L Tris - HCl（pH 9.0），500mmol/L KCl，30.0mmol/L MgCl$_2$，0.001％明胶］，1μL 2.5mmol/L dNTP 混合液，1μL～2μL 5μmol/L 引物，约 25ng～150ng 基因组 DNA，0.6U～2U*Taq* 酶。于 PCR 扩增仪上反应，循环程序为：第一个程序为 93℃～94℃变性 5min；第二个程序为 93℃～94℃ 45s，36℃ 45s，72℃ 90s；第二个程序进行 40 个～45 个循环后，72℃延伸 5min～10min。

扩增反应结束后，直接电泳或 4℃暂时保存至电泳分析。

8.4.4　PCR 扩增产物的电泳分离与观察

于 1.5％琼脂糖凝胶上进行电泳，取 10μL PCR 扩增产物，用移液器将样品加入样品孔中。DNA 分子量标记同时点在旁边的孔中。在 1V/cm～10V/cm 凝胶的电压下进行电泳。当溴酚蓝指示剂迁移至足够分离 DNA 片段的距离时，停止电泳。用 0.5μg/mL 的溴化乙啶染色 10min～30min 后在紫外透射系统上观察、照相（已加入终浓度为 0.5μg/mL 溴化乙啶染色液的凝胶可以直接在紫外透射仪上观察、照相）。

附 录 A
（资料性附录）
中华绒螯蟹体长与体重关系式

雌性、雄性中华绒螯蟹的体长与体重关系式分别以式（A.1）和式（A.2）表示。

$$W = 6.007\,8 \times 10^{-4} L^{2.972\,4} \tag{A.1}$$
$$W = 1.399\,0 \times 10^{-3} L^{2.753\,0} \tag{A.2}$$

式中：

W——体重，单位为克（g）；

L——头胸甲长，单位为厘米（cm）。

附 录 B
（资料性附录）
特异性分子标记在中华绒螯蟹不同地理群体中的出现频率

随机引物 Opp17 扩增的 947bp 片段在中华绒螯蟹不同地理群体中的出现频率分别为：长江水系群体为 87.50%、瓯江水系群体为 78.26%、黄河水系群体为 41.66%、辽河水系群体为 10.83%（见图 B.1）。

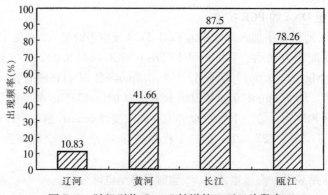

图 B.1 随机引物 Opp17 扩增的 947bp 片段在
中华绒螯蟹不同地理群体中的出现频率

附录7　NY／T 5065—2001　无公害食品 中华绒螯蟹养殖技术规范

1　范围

本标准规定了中华绒螯蟹（*Eriocheir sinensis*）（以下简称"河蟹"）仔蟹培育、一龄扣蟹培育以及成蟹饲养技术。

本标准适用于河蟹池塘饲养，稻田饲养也可参照执行。

2　规范性引用文件

下列文件中的条款通过本标准的引用而成为本标准的条款。凡是注日期的引用文件，其随后所有的修改单（不包括勘误的内容）或修订版均不适用于本标准，然而，鼓励根据本标准达成协议的各方研究是否可使用这些文件的最新版本。凡是不注日期的引用文件，其最新版本适用于本标准。

GB 11607　渔业水质标准

GB 13078　饲料卫生标准

NY 5051　无公害食品　淡水养殖用水水质

NY／T 5055　无公害食品　稻田养鱼技术规范

NY 5071　无公害食品　渔用药物使用准则

NY 5072　无公害食品　渔用配合饲料安全限量

3　术语和定义

下列术语和定义适用于本标准。

3.1　大眼幼体 megalopa

大眼幼体又称蟹苗（以下简称"蟹苗"），是由Ⅴ期蚤状幼体蜕皮变态而成，对淡水敏感，有趋淡水性。七日龄大眼幼体规格为（16～18）×10^4只/kg。

3.2　仔蟹 juvenile carb

大眼幼体经一次蜕皮变成外形接近成蟹的Ⅰ期仔蟹；经三次蜕壳而成的仔蟹称为Ⅲ期仔蟹，经过五次蜕壳即成为Ⅴ期仔蟹，营底栖生活，规格为 5 000 只/kg～6 000 只/kg。

3.3　扣蟹 young carb

仔蟹经过 120d～150d 饲养，培育成 100 只/kg～200 只/kg 左右的性腺未成熟的幼蟹。

4 仔蟹培育

4.1 培育池条件与设施
4.1.1 培育池选择与改建

靠近水源，水量充沛，水质清新，无污染，进排水方便，交通便利的土池为好。独立塘口或在大塘中隔建均可，培育池要除去淤泥。在排水口处挖一集蟹槽，大小为 2m²，深为 80cm，塘埂坡比 1：2～3。塘埂四周用 60cm 高的钙塑板或铝板等作防逃设施，并以木、竹桩等作防逃设施的支撑物。

4.1.2 形状

以东西向长，南北向短的长方形为宜。

4.1.3 面积

600m²～2 000m²。

4.1.4 水深

0.8m～1.2m。

4.1.5 水质

应符合 GB 11607 和 NY 5051 的规定。饲养环境具体水质要求见附录 A。

4.1.6 土质

以黏壤土为宜。

4.2 放苗前的准备
4.2.1 清塘消毒

4 月上旬灌足水用密网拉网，地笼诱捕捕灭敌害生物，一周后排干池水，4 月下旬起重新注新水，用生石灰消毒，用量为 0.2kg/m²。

4.2.2 设置水草

蟹苗下塘前用丝网沿塘边处拦一圈投放水草，拦放面至少为培育池面积的三分之一。为蟹苗蜕壳栖息提供附着物。

4.2.3 增氧设施

配 0.75kW 的充氧泵一台，泵上分装两条白色塑料通气管于塘内。通气管上扎有均匀的通气孔。安装时离池底约 10cm。

4.2.4 施肥培水

放苗前 7d～15d，加注新水 10cm。养殖老塘口，塘底较肥，每 667m² 施过磷酸钙 2kg～2.5kg，对水全池泼洒。新开挖塘口，每 667m² 另加尿素 0.5kg，或按每 667m² 施用腐熟发酵后的有机肥（牛粪、猪粪、鸡粪）150kg～250kg。

4.2.5 加注新水

放苗前，加注经过滤的新水，使培育池水深达 20cm～30cm，新水占 50%～70%。加水后调节水色至黄褐色或黄绿色，放苗时水位加至 60cm～80cm，透明度为 50cm，使蟹苗下塘时，以藻类为主，同时兼生轮虫，小型枝角类。如有条件，放苗前进行一次水质化验，测定水中氨态氮（NH$_3$ - N），硝酸态氮（NO$_2$ - N），pH 值，如果超标，应立即将老水抽掉，换注新水。

4.3　蟹苗投放

4.3.1　蟹苗选择

选购蟹苗标准：日龄应达 6d 以上，淡化 4d 以上，盐度 3 以下；体质健壮，手握有硬壳感，活力很强，呈金黄色；个体大小均匀，规格 18×10^4 只/kg 左右。

4.3.2　蟹苗运输

蟹苗装箱前，应在箱底铺一层纱布、毛巾或水草，既保持湿润，又防止局部积水和苗层厚度不同。蟹苗称重后，用手轻轻均匀撒在箱中。运苗过程中，防止风吹、日晒、雨淋和防止温度过高或干燥缺水，也要防止洒水过多，造成局部缺氧。

4.3.3　蟹苗放养

放养密度 1 000 只/m^2。放苗时，先将蟹苗箱放置池塘埂上，淋洒池塘水，然后将箱放入塘内，倾斜地让蟹苗慢慢地自动散开游走，切忌一倒了之。

4.4　培育管理

4.4.1　饲养投喂

蟹苗下池后前三天以池中的浮游生物为饵料，若池中天然饵料不足可捞取浮游生物或增补人工饲料，直至第一次蜕壳结束变为Ⅰ期仔蟹。Ⅰ期仔蟹后改喂新鲜的鱼糜加猪血，豆腐糜；日投饵量约为蟹体重的 100%；每天分 6 次投喂，直至出现Ⅲ期仔蟹为止。Ⅲ期后，日投喂量为蟹体重的 50% 左右，一天分三次投喂，至蜕变为Ⅴ期。此后投喂量减少至蟹体重的 20% 上下，同时搭喂浮萍，直至投苗后四周止。投饵方法为全池均匀泼洒。

4.4.2　水质调控

蟹苗下塘时保持水位 60cm～80cm，前三天不加水，不换水。Ⅰ期仔蟹后，逐步加注经过滤的新水，水深达 100cm 以后开始换水，先排后进，一般日换水量为培育池水的四分之一或三分之一。每隔 5d，向培育池中泼洒石灰水上清液，调节池水 pH 7.5～8.0 之间。

4.4.3　充气增氧

蟹苗下塘至第一次蜕壳变Ⅰ期仔蟹期间大气量连续增氧；蜕壳变态后间隔性小气量增氧，确保溶氧 5 毫克/升以上。

4.5　仔蟹分塘

经 4 周培育变成Ⅴ期仔蟹后即可分塘转入扣蟹培育阶段。仔蟹的捕捞以冲水诱集捞取为主，起捕的仔蟹经过筛、分规格、分塘放养。

5　一龄扣蟹培育

5.1　育种池条件与设施

5.1.1　育种池选择与改建

水源按 4.1.1 有关规定。池塘，稻田为宜，塘埂坡比 1∶2～3。防逃设施可用钙塑板，石棉板、玻璃钢、白铁皮、尼龙薄膜等材料，防逃墙高 0.6m 以上。

5.1.2 形状

按 4.1.2。

5.1.3 面积

6 000㎡ 以下，以 1 500cm²～3 000m² 为宜。

5.1.4 水深

2m 以下，以 1.2m～1.5m 为宜。

5.1.5 水质

按 4.1.5。

5.1.6 底质

按 4.1.6。

5.2 放仔蟹前的准备

5.2.1 清塘消毒

老龄池塘应清淤晒塘。放仔蟹前 15d 进行清池消毒，用生石灰溶水后全池泼洒，生石灰用量为 0.2kg/㎡。

5.2.2 移植水草

4 月中旬开始种植水草。栽种水草与种类方法见附录 B。四周设置水花生带，带宽 50cm～80cm。特别是对于池内保持定量的水浮萍极为有利。水草移植面积占养殖总面积的 2/3 左右。

5.3 仔蟹放养

5.3.1 仔蟹质量

大小、规格均匀，附肢齐全，无病害，严禁掺杂软壳仔蟹。沿海外购仔蟹，要求无病无伤，体质要健壮。

5.3.2 放养密度

Ⅲ期仔蟹 40 只/㎡～60 只/㎡。

Ⅴ期仔蟹 30 只/㎡～40 只/㎡。

5.3.3 放养时间

5 月底至 6 月中、下旬。

5.3.4 放养方法

沿池四周均匀摊开使仔蟹自行爬走。

5.4 饲料投喂

5.4.1 饲料种类

天然饲料（浮萍、水花生、苦草、野杂鱼、螺、蚌等），人工饲料（豆腐、豆渣、豆饼、麦子等）和配合饲料。

5.4.2 饲料质量

应符合 GB 13078 和 NY 5072 的规定。

5.4.3　投喂量

日投喂量为池内蟹体重量的 5% 以内。

5.4.4　投喂时间

7 月上旬前早、晚各一次；7 月中旬至 8 月底隔天投一次；傍晚时投；9 月上旬至 11 月上旬每天投一次，傍晚时投。

5.4.5　投饵方法

7 月前 9 月后，投喂以动物性饵料占 70% 以上；7 月至 9 月期间投饵以动物性饵料占 90% 以上。所投饵料以面粉做成颗粒状，均匀撒在塘的四周浅水带。

5.5　水质调控

5.5.1　注水与换水

仔蟹下塘后每周加注新水一次，每次 10cm；7 月份后保持水深 1.5m 左右，7d～10d 换水一次，每次换水水深 20cm～50cm。

5.5.2　调节 PH 值

7 月份后泼洒生石灰水一次，每次生石灰用量为 $10g/m^3$～$15g/m^3$。

5.6　日常管理

5.6.1　巡塘值班

早晚巡视，观察仔蟹摄食、活动、蜕壳、水质变化等情况，发现异常及时采取措施。

5.6.2　防逃防鼠

下雨加水时严防幼蟹顶水逃逸。在池周设置防鼠网、灭鼠器械防止老鼠捕食幼蟹。

5.7　扣蟹起捕

采用地笼张捕、灯光诱捕、水草带上推网推捕、干塘捉捕、挖洞捉捕等多种方法，以求尽量捕尽存塘扣蟹。

6　成蟹饲养

6.1　养蟹池条件与设施

6.1.1　养蟹池选择与改建

按 4.1.1 执行。养蟹区四周挖蟹沟，面积 $2hm^2$ 以上的还要挖井字沟。池塘蟹沟宽 3m，深 0.8m；稻田四周蟹沟宽 5m～10m，深 1.2m～1.5m，中间蟹沟宽 1m，深 0.6m，稻田蟹沟面积占稻田面积的 15%～20%。

6.1.2　形状

按 4.1.2。

6.1.3　面积

池塘 $5\,000m^2$ 以上为好。稻田 $5\,000m^2$～$50\,000m^2$ 为宜。

6.1.4　水深

1.0m～1.5m。

6.1.5 水质

按4.1.5。

6.1.6 土质与底泥

黏土最好，黏壤土次之，底部淤泥层不超过10cm。

6.2 放扣蟹前的准备

6.2.1 清塘消毒

秋冬排干池水，铲除表层10cm以上的淤泥；晒塘冻土；放养前2周，采用生石灰消毒，用量为0.2kg/m²。

6.2.2 设置水草

按扣蟹池标准进行，具体方法见附录B。沉水植物占总面积的1/3；浮水植物占总面积的1/3。沉水植物区用网片分隔拦网，保护水草萌发。

6.2.3 加注新水

放种前一周加注经过滤的新水至0.6m。

6.2.4 投放螺蛳

清明节前每公顷投放活螺蛳4500kg。

6.3 扣蟹放养

6.3.1 扣蟹质量

规格整齐，大小100只/kg～200只/kg为好，体质健壮，爬行敏捷，附肢齐全，指节无损伤，无寄生虫附着。严禁投放性早熟扣蟹。

6.3.2 放养密度

5 000只/hm²～9 000只/hm²为宜。

6.3.3 扣蟹消毒

扣蟹经3‰～4‰食盐水溶液浸洗3min～5min后放养。

6.3.4 放养时间

3月底放养结束为宜。

6.3.5 放养方法

采用一次放足，三级放养。

6.4 饲养管理

6.4.1 饲料种类

植物性饲料：豆饼、花生饼、玉米、小麦、地瓜、土豆、各种水草等。动物性饲料：小杂鱼、螺蛳、河蚌等。配合饲料：按照河蟹生长营养需要，应符合GB 13078和NY 5072的规定制成的颗粒饲料。

6.4.2 投饵方法

6.4.2.1 "四看"投饵

看季节：6月中旬前动、植物性饵料比为60∶40；6月下旬至8月中旬，为

45：55；8月下旬至10月中旬为65：35。看天气：天晴多投，阴雨天少投。看水色：透明度大于50cm时可多投，少于30cm时应少投，并及时换水。看摄食活动：发现过夜剩余饵料应减少投饵量。蜕壳时应增加投饵量。

6.4.2.2　"四定"投饵

定时：每天两次，早晨六七点，傍晚四五点各投一次。定位：沿池边浅水区定点"一"字形摊放，每间隔20cm设一投饵点。定质：青、粗、精结合，确保新鲜适口，建议投配合饵料，全价颗粒饵料，严禁投腐败变质饵料，其中动物性饵料占40％，粗料占25％，青料占35％。定量：日投饵量的确定按3月～4月份为蟹体重的1％左右；5月～7月为5％～8％；8月～10月为10％以上。每日的投饵量为早上占30％，傍晚占70％。

6.5　水质调控

6.5.1　水位调控

5月上旬前保持水位0.6m，7月上旬前保持水位0.8m～1m，7月上旬后保持水位1.5m。

6.5.2　换水

6月～9月，每5d～10d换水一次；春季、秋季每隔二周换水一次，每次换水水深20cm～30cm，先排后灌。

6.5.3　pH调节

每两周施泼一次生石灰，生石灰用量为10g/m³～15g/m³左右。

6.5.4　透明度

30cm～50cm。

6.5.5　溶解氧

5mg/L以上。

6.6　底质调控

适量投饵，减少剩余残饵沉底；定期使用底质改良剂（如投放过氧化钙、沸石等，投放光和细菌，活菌制剂）；晴天采用机械池内搅动底质，每两周一次，促进池泥有机物氧化分解。

6.7　病害防治

6.7.1　预防方法

预防应采取如下措施：
a）干塘清淤和消毒；
b）种植水草和移植螺蚬；
c）苗种检疫和消毒；
d）调控水质和改善底质。

6.7.2　治疗方法

病害防治药物的使用执行NY 5071标准。

6.8 日常管理

6.8.1 巡塘

结合早晚投饵察看蜕壳生长，病害、敌害情况，检查水源是否污染。

6.8.2 防逃

检查防逃设施，及时修补裂缝。

6.8.3 稻田管理

按 NY/T 5055 执行。

6.9 捕捞收获

6.9.1 捕捞

10 月～11 月，地笼张捕为主，灯光诱捕、干塘捕捉为辅。

6.9.2 暂养

在水质清晰的大塘中设置上有盖网的防逃设施网箱，捕捉的成蟹应经 2h 以上的网箱暂养，经吐泥滤脏后才能销售。暂养区用潜水泵抽水循环，加速水的流动，增加溶氧。

6.9.3 运输

暂养后的成蟹分规格，分雌、雄，分袋包装，保温运输至市场销售。

附　录　A

（资料性附录）

中华绒螯蟹饲养环境质量要求

A.1 水温

适宜 15℃～30℃，最佳 22℃～25℃。

A.2 溶氧

溶氧≥5mg/L。

A.3 pH

适宜 7.0～9.0，最佳 7.5～8.5。

A.4 透明度

适宜 30cm～50cm，最佳 50cm 以上。

A.5 硝酸氮（NH_3-N）

NH_3-N≤0.1毫克/升。

A.6 硫化氢（H_2S）

不能检出。

A.7 淤泥厚度

淤泥厚度<10cm。

A.8 底泥总氮

底泥总氮<0.1%。

附　录　B
（资料性附录）
水草栽培方法

B.1　基本要求

养蟹池中的水草分布要均匀，种类要搭配，挺水性、沉水性及漂浮性水草要合理栽植，保持相应的比例，以适应河蟹生长栖息的要求。

B.2　栽插法

这种方法一般在蟹种放养之前进行，首先浅灌池水，将轮叶黑藻、金鱼藻等带茎水草切成小段，长度约 15cm～20cm，然后像插秧一样，均匀地插入池底。池底淤泥较多，可直接栽插。若池底坚硬，可事先疏松底泥后再栽插。

B.3　抛入法

菱、睡莲等浮叶植物，可用软泥包紧后直接抛入池中使其根茎能生长在底泥中，叶能漂浮水面。每年的 3 月份前后，也可在渠底或水沟中，挖取苦草的球茎，带泥抛入水池中，让其生长，供河蟹食用。

B.4　移栽法

茭白、慈姑等挺水植物应连根移栽，移栽时，应去掉伤叶及纤细劣质的秧苗，移栽位置可在池边的浅滩处，要求秧苗根部入水在 10cm～20cm 之间，整个株数不能过多，每 $667m^2$ 保持 30～50 棵即可，否则会大量占用水体，反而造成不良影响。

B.5　培育法

瓢莎、青萍等浮叶植物，可根据需要随时捞取，也可在池中用竹竿、草绳等隔一角落，进行培育。只要水中保持一定的肥度，它们都可生长良好。若水中肥度不大，可用少量化肥化水泼洒，促进其生长发育。水花生因生命力较强，应少量移栽，以补充其他水草之不足。

B.6　播种法

近年来最为常用的水草是苦草。苦草的种植则采用播种法，对于有少量淤泥的池塘最为适合。播种时水位控制在 15cm，先将苦草籽用水浸泡一天，再将泡软的果实揉碎，把果实里细小的种子搓出来。然后加入约 10 倍于种子量的细沙壤土，与种子拌匀后播种。播种时要将种子均匀撒开。播种量每公顷水面用量 1kg（干重）。种子播种后要加强管理，提高苦草的成活率，使之尽快形成优势种群。

附录8　NY 5064—2005　无公害食品　淡水蟹

1　范围

本标准规定了无公害食品淡水蟹类的要求、试验方法、检验规则、标志、包装、运输和贮存。

本标准适用于中华绒螯蟹（*Eriocheir sinensis*，又名河蟹、毛蟹）、红螯相手蟹（*Sesarma haematocheir*，又名蟛蜞、螃蜞）、日本绒螯蟹（*Eriocheir japonicus*）、直额绒螯蟹（*Eriocheir rectus*）活品。其他淡水蟹活品可参照执行。

2　规范性引用文件

下列文件中的条款通过本标准的引用而成为本标准的条款。凡是注日期的引用文件，其随后所有的修改单（不包括勘误的内容）或修订版均不适用于本标准，然而，鼓励根据本标准达成协议的各方研究是否可使用这些文件的最新版本。凡是不注日期的引用文件，其最新版本适用于本标准。

GB/T 5009.11　食品中总砷及无机砷的测定

GB/T 5009.12　食品中铅的测定

GB/T 5009.15　食品中镉的测定

GB/T 5009.17　食品中总汞及有机汞的测定

NY 5051　无公害食品　淡水养殖水质

NY 5072　无公害食品　渔用配合饲料安全限量

SC/T 3015　水产品中土霉素、四环素、金霉素残留量的测定

3　要求

3.1　感官要求

感官要求见表1。

表1　感官要求

项目	指　　标
体表	体形匀称，无畸形，无病态，甲壳坚硬，有光泽，螯足、步足与躯体连接紧密
体色	背部呈青色、青灰色、墨绿色、青黑色、青黄色或黄色等正常色泽，腹部呈白色、乳白色、灰白色或淡黄色、灰色、黄色等正常色泽

（续）

项目	指　标
蟹体动作	反应灵敏，活动有力
鳃	鳃丝清晰，白色或微褐色，无异物，无异臭味
寄生虫（蟹奴）	不得检出

3.2 安全指标

安全指标见表2。

表2　安全指标

项　目	指　标
汞（以 Hg 计），mg/kg	≤0.5
砷（以 As 计），mg/kg	≤0.5
铅（以 Pb 计），mg/kg	≤0.5
镉（以 Cd 计），mg/kg	≤0.5
土霉素，mg/kg	≤100

注：其他农药、兽药应符合国家有关规定。

4　试验方法

4.1　感官检验

将试样放在白色搪瓷盘中，目测、手指压、鼻嗅。

4.2　蟹奴的检查

将试样放在白色搪瓷盘中，打开蟹体，肉眼观察或放大镜、解剖镜镜检。

4.3　汞的测定

按 GB/T 5009.17 的规定执行。

4.4　砷的测定

按 GB/T 5009.11 的规定执行。

4.5　铅的测定

按 GB/T 5009.12 的规定执行。

4.6　镉的测定

按 GB/T 5009.15 的规定执行。

4.7　土霉素的测定

按 SC/T 3015 的规定执行。

5　检验规则

5.1　组批规则和抽样方法

5.1.1　组批规则

按同一养殖场、养殖条件相同的、同时收获的或在同一水域、同时捕获的淡水蟹为同一检验批。

5.1.2　感官检验抽样

同一检验批的淡水蟹应随机抽样。批量在 100 只以下（含 100 只），取样只数为 20 只；批量在 101～1 000 只范围内，取样只数为批量的 7%；批量在 1 001～10 000 只范围内，取样只数为批量的 5%；批量在 10 000 只以上，取样只数为批量的 3%；样本总数不低于 20 只。

5.1.3　安全检验抽样

从感官检验抽取的样品中随机抽样。批量在 1 000 只以下（含 1 000 只），取样只数为至少 4 只；批量在 1 001～5 000 只范围内，取样只数为 10 只；批量在 5 001～10 000 只范围内，取样只数为批量的 20 只；批量在 10 000 只以上，取样量为 30 只。

5.1.4　试样制备

打开甲壳，分离肝脏、性腺；剪开步足与头胸甲底部骨骼、刮出肌肉，一只淡水蟹的可食部分为肝脏、性腺、肌肉的总合，将三部分可食部分混合搅匀后作为试样。试样量为 400g，分为两份，其中一份用于检验，另一份作为留样。

5.2　检验分类

产品检验分为出厂检验和型式检验。

5.2.1　出厂检验

每批产品必须进行出厂检验。出厂检验由生产单位质量检验部门执行，检验项目为感官要求。

5.2.2　型式检验

有下列情况之一时应进行型式检验，检验项目为本标准中规定的全部项目。

　　a）新建养殖场首批淡水蟹捕获时；

　　b）淡水蟹养殖条件发生条件，可能影响产品质量时；

　　c）有关行政主管部门提出进行型式检验要求时；

　　d）出厂检验与上次型式检验有较大差异时；

　　e）正常养殖时，每年至少一次的周期性检验。

5.3　判定规则

5.3.1　感官检验所检项目应全部符合 3.1 条规定；检验结果中有二项及二项以上指标不合格，则判为不合格；有一项指标不合格（不包括寄生虫），允许重新抽样复检，如仍有不合格项则判为不合格。

5.3.2　安全指标的检验结果中有一项及一项以上指标不合格，则判本批产品不合格，不得复检。

6　标志、包装、运输、贮存

6.1　标志

应标明产品名称、生产者名称及地址、产地、捕捞日期。

6.2　包装

将蟹腹部朝下整齐排列于包装物中，包装材料应坚固、洁净、无毒、无异味。

6.3　运输

在低温清洁的环境中装运，运输工具应清洁、无毒、无异味。运输过程中，防温度剧变、挤压、剧烈震动，不得与有害物质混运。

6.4　贮存

产品应贮藏于清洁、卫生、无异味、有防鼠防虫设备的库内，也可在暂养池暂养，暂养池用水应符合 NY 5051 的规定，饵料应符合 NY 5072 的规定。

附录 9 NY／T 841—2004 绿色食品 蟹

1 范围

本标准规定了绿色食品蟹的规格、要求、试验方法、检验规则及标志、标签、包装、运输与贮存。

本标准适用于绿色食品蟹，包括淡水蟹活品、海水蟹的活品及其冻品。

2 规范性引用文件

下列文件中的条款通过本标准的引用而成为本标准的条款。凡是注日期的引用文件，其随后所有的修改单（不包括勘误的内容）或修订版均不适用于本标准，然而，鼓励根据本标准达成协议的各方研究是否可使用这些文件的最新版本。凡是不注日期的引用文件，其最新版本适用于本标准。

GB／T 4789.4 食品卫生微生物学检验 沙门氏菌检验

GB／T 4789.6 食品卫生微生物学检验 致泻大肠埃希氏菌检验

GB／T 4789.7 食品卫生微生物学检验 副溶血性弧菌检验

GB／T 4789.20 食品卫生微生物学检验 水产食品检验

GB／T 5009.11 食品中总砷及无机砷的测定

GB／T 5009.12 食品中铅的测定

GB／T 5009.15 食品中镉的测定

GB／T 5009.17 食品中总汞及有机汞的测定

GB／T 5009.19 食品中六六六、滴滴涕残留量的测定

GB／T 5009.44 肉与肉制品卫生标准的分析方法

GB／T 5009.190 食品中多氯联苯的测定

GB 7718 食品标签通用标准

GB／T 14929.4 食品中氯氰菊酯、氰戊菊酯、溴氰菊酯残留量的测定方法

NY／T 391 绿色食品 产地环境技术条件

NY／T 471 绿色食品 饲料及饲料添加剂使用准则

NY／T 658 绿色食品 包装通用准则

NY／T 755 绿色食品 渔药使用准则

NY 5162 无公害食品 三疣梭子蟹

NY 5172 无公害食品 水发水产品

SC／T 3009 水产品加工质量管理规范

SC/T 3015　水产品中四环素、土霉素、金霉素残留量的测定

SC/T 3018　水产品中氯霉素残留量的测定

SC/T 3020　水产品中己烯雌酚残留量的测定

SC/T 3021　水产品中孔雀石绿残留量的测定

SC/T 3022　水产品中呋喃唑酮残留量的检验方法

SC/T 3112　冻梭子蟹

SC/T 3303　冻烤鳗

SN 0208　出口肉中十种磺胺残留量检验方法

3　术语和定义

绿色食品 green food

指遵守可持续发展原则，按照特定生产方式生产，经专门机构认定，许可使用绿色食品标志的，无污染的安全、优质、营养类食品。

4　要求

4.1　产地环境要求和捕捞

蟹的原产地的环境和生长水域按 NY/T 391 的规定执行；捕捞方法应无毒、无污染。

4.2　养殖蟹的要求

4.2.1　种质与培育条件

选择健康的亲本，亲本的质量应符合国家或行业有关种质标准的规定，不得使用转基因蟹亲本。用水需沉淀、消毒，水量充沛，水质清新，无污染，进排水方便，使整个育苗过程呈封闭性，无病原带入；种苗培育过程中不使用禁用药物；并投喂高质量、无污染饵料。种苗出场前，进行检疫消毒。苗种要体态正常、个体健壮、无病无伤。

4.2.2　养殖管理

4.2.2.1　养殖密度：应采用健康养殖、生态养殖方式，确定合适的放养密度，防止疾病爆发。

4.2.2.2　饲料及饲料添加剂：应选择使用高效、适口性好和稳定性高的优质饲料，饲料和饲料添加剂的使用按 NY/T 471 的规定执行。

4.2.3　养殖用药

提倡不用药、少用药，用药时所用药物按 NY/T 755 的规定执行。

4.3　鉴别

各类蟹应具有固有的特征。如中华绒螯蟹的鉴别，其外部形态应符合中华绒螯蟹分类特征。

4.4　感官要求

4.4.1　活中华绒螯蟹感官指标

中华绒螯蟹感官要求应按表1的规定执行。

表 1　感官要求

项　目		指　标
体色	背	青色、青灰色、墨绿色、青黑色、青黄色或黄色等固有色泽
	腹	白色、乳白色、灰白色或淡黄色、灰色、黄色等固有色泽
甲壳		坚硬，光洁，头胸甲隆起
螯、足		一对螯足呈钳状，掌节密生黄色或褐色绒毛，四对步足，前后缘长有金色或棕色绒毛
蟹体动作		活动有力，反应敏捷
鳃		鳃丝清晰，无异物，无异臭味

4.4.2　三疣梭子蟹感官要求

三疣梭子蟹的感官要求按 NY 5162 中的规定执行。

4.4.3　冻品

冻梭子蟹要达到 SC/T 3112 中 3.3 一级品的要求。

4.5　理化要求

按表2的规定执行。

表 2　理化要求

项　目	指　标
挥发性盐基氮，mg/100g	≤15（适用于冻品）
总汞，mg/kg	≤0.2
总砷，mg/kg	≤0.5（淡水蟹）
铅，mg/kg	≤0.3
镉，mg/kg	≤0.05
六六六，mg/kg	≤0.05
滴滴涕，mg/kg	≤0.05
多氯联苯，mg/kg	≤0.2
土霉素、金霉素（以总量计），mg/kg	≤0.05
磺胺类（以总量计），mg/kg	不得检出
氯霉素，mg/kg	不得检出（0.3）
甲醛，mg/kg	＜10.0
己烯雌酚，mg/kg	不得检出
呋喃唑酮，mg/kg	不得检出
噁喹酸，mg/kg	不得检出
溴氰菊酯，mg/kg	不得检出
孔雀石绿，mg/kg	不得检出

4.6　生物学要求

按表3的规定执行。

表3　生物学要求

项　　目	指　　标
寄生虫（蟹奴）	不得检出
沙门氏菌	不得检出
致泻大肠埃希氏菌	不得检出
副溶血性弧菌	不得检出

5　试验方法

5.1　感官检验

感官指标用目测、手指压、鼻嗅的方式按照4.4的要求逐项检验。

5.2　试样的制备

打开甲壳，分离肝脏、性腺；剪开步足与头胸甲底部骨骼，刮出肌肉，蟹的可食部分为肝脏、性腺、肌肉的总合，将三部分可食部分混合搅匀后作为试样。将所取得的试样（或蟹肉）立即用绞肉机绞碎3次，绞肉机的孔径应为1.5mm～3mm。使用组织捣碎机时，打碎数分钟。制备样品至少400g。

用于微生物项目检验的样品，按GB/T 4789.20规定执行。

5.3　理化指标

5.3.1　挥发性盐基氮

按GB/T 5009.44规定执行。

5.3.2　总汞

按GB/T 5009.17规定执行。

5.3.3　总砷

按GB/T 5009.11规定执行。

5.3.4　铅

按GB/T 5009.12规定执行。

5.3.5　镉

按GB/T 5009.15规定执行。

5.3.6　六六六、滴滴涕

按GB/T 5009.19规定执行。

5.3.7　多氯联苯

按GB/T 5009.190规定执行。

5.3.8　土霉素、金霉素

按SC/T 3015规定执行。

5.3.9　磺胺类药物

按 SN 0208 规定执行。

5.3.10　氯霉素

按 SC/T 3018 规定执行。

5.3.11　甲醛

按 NY 5172 附录 A 执行。

5.3.12　己烯雌酚

按 SC/T 3020 规定执行。

5.3.13　呋喃唑酮

按 SC/T 3022 规定执行。

5.3.14　噁喹酸

按 SC/T 3303 规定执行。

5.3.15　溴氰菊酯

按 GB/T 14929.4 规定执行。

5.3.16　孔雀石绿

按 SC/T 3021 规定执行。

5.4　生物学指标的检验

5.4.1　蟹奴的检查

将试样放在白色搪瓷盘中，打开蟹体，肉眼观察或放大镜、解剖镜镜检。

5.4.2　沙门氏菌

按 GB/T 4789.4 规定执行。

5.4.3　致泻大肠埃希氏菌

按 GB/T 4789.6 规定执行。

5.4.4　副溶血性弧菌

按 GB/T 4789.7 规定执行。

6　检验规则

6.1　组批

同一条船上相同的蟹种，同一时间、同一来源（同一蟹池或同一养殖场）或同一班次加工生产的产品为一个批次。

6.2　抽样

6.2.1　感官检验抽样

同一检验批的蟹应随机抽样。批量在 100 只以下（含 100 只），取样只数为 20 只；批量在 101 只～1 000 只范围内，取样只数为批量的 7％；批量在 1 001 只～10 000 只范围内，取样只数为批量的 5％；批量在 10 000 只以上，取样只数为批量的 3％；样本总数不低于 20 只。

6.2.2　理化、生物学检验抽样

从感官检验抽取的样品中随机抽样。批量在 1 000 只以下（含 1 000 只），取样只数至少 4 只；批量在 1 001 只～5 000 只范围内，取样只数为 10 只；批量在 5 001 只～10 000 只范围内，取样只数为 20 只；批量在 10 000 只以上，取样只数为 30 只。

6.3　检验分类

6.3.1　出厂（场）检验

每批产品应进行出厂（场）检验。出厂检验由生产单位质量检验部门执行，检验项目按本标准 4.4 的要求执行。

6.3.2　型式检验

下列情形时应进行型式检验，所检验项目按本标准中 4.4、4.5、4.6 的规定执行。

　　a) 新建养殖场水产品捕获时或首次从某海域捕获的梭子蟹；

　　b) 正常养殖时，每年至少一次的型式检验；

　　c) 蟹养殖条件发生变化，可能影响产品质量时；

　　d) 出厂检验与上次型式检验有较大差异时；

　　e) 申请绿色食品认证及年度抽查的产品；

　　f) 国家质量监督检验检疫机构提出进行型式检验要求时。

6.4　判断规则

感官检验项目应全部符合 4.4 条规定；有一项指标不合格，允许加倍抽样将此项指标复验一次，按复验结果判定本批产品是否合格；检验结果中有二项及二项以上指标不合格，则判定本批产品不合格。

理化指标有一项指标不合格，允许加倍抽样将此项指标复验一次，按复验结果判定本批产品是否合格；检验结果中有二项指标不合格，则直接判定本批产品不合格。

生物学指标的检验结果中有一项指标不合格，则判定本批产品不合格，不得复验。

7　标志、标签、包装、运输与贮存

7.1　标志、标签

7.1.1　标志

每批产品应有绿色食品标志，按有关规定执行。

7.1.2　标签

标签按 GB7718 的规定执行，标明产品名称、生产者名称和地址、出厂（场）日期、批号和产品标准号。

7.2　包装

按 NY/T 658 的规定执行，注明标准号；活蟹可将蟹腹部朝下整齐排列于蒲

包或网袋中，每包可装蟹 10kg～15kg，蒲包扎紧包口，网袋平放在篓中压紧加盖，贴上标识。

7.3 运输

要求按等级分类，活蟹在低温清洁的环境中装运，保证鲜活。运输工具在装货前应清洗、消毒，做到洁净、无毒、无异味。运输过程中，防温度剧变、挤压、剧烈震动，不得与有害物质混运，严防运输污染。

7.4 贮存

活体出售，贮存于洁净的环境中，也可在暂养池暂养，要防止有害物质的污染和损害。

附录 10　NY 5070—2002　无公害食品
水产品中渔药残留限量

1　范围

本标准规定了无公害水产品中渔药及通过环境污染造成的药物残留的最高限量。

本标准适用于水产养殖品及初级加工水产品、冷冻水产品，其他水产加工品可以参照使用。

2　规范性引用文件

下列文件中的条款通过本标准的引用而成为本标准的条款。凡是注日期的引用文件，其随后所有的修改单（不包括勘误的内容）或修订版均不适用于本标准，然而，鼓励根据本标准达成协议的各方研究是否可使用这些文件的最新版本。凡是不注日期的引用文件，其最新版本适用于本标准。

NY 5029—2001　无公害食品　猪肉

NY 5071　无公害食品　渔用药物使用准则

SC/T 3303—1997　冻烤鳗

SN/T 0197—1993　出口肉中喹乙醇残留量检验方法

SN 0206—1993　出口活鳗鱼中噁喹酸残留量检验方法

SN 0208—1993　出口肉中十种磺胺残留量检验方法

SN 0530—1996　出口肉品中呋喃唑酮残留量的检验方法　液相色谱法

3　术语和定义

下列术语和定义适用于本标准

3.1　渔用药物　fishery drugs

用以预防、控制和治疗水产动、植物的病、虫、害，促进养殖品种健康生长，增强机体抗病能力以及改善养殖水体质量的一切物质，简称"渔药"。

3.2　渔药残留　residues of fishery drugs

在水产品的任何食用部分中渔药的原型化合物或/和其代谢产物，并包括与药物本体有关杂质的残留。

3.3　最高残留限量　maximum residue Limit，MRL

允许存在于水产品表面或内部（主要指肉与皮或/和性腺）的该药（或标志残留物）的最高量/浓度（以鲜重计，表示为：$\mu g/kg$ 或 mg/kg）。

4 要求

4.1 渔药使用

水产养殖中禁止使用国家、行业颁布的禁用药物，渔药使用时按 NY 5071 的要求进行。

4.2 水产品中渔药残留限量要求

水产品中渔药残留限量要求见表 1。

表 1 水产品中渔药残留限量

药物类别	药物名称		指标（MPL）（μg/kg）
	中文	英文	
抗生素类	金霉素	Chlortetracycline	100
四环素类 土霉素	Oxytetracycline	100
	四环素	Tetracycline	100
氯霉素类	氯霉素	Chloramphenicol	不得检出
磺胺类及增效剂	磺胺嘧啶	Sulfadiazine	100
	磺胺甲基嘧啶	Sulfamerazine	（以总量计）
	磺胺二甲基嘧啶	Sulfadimidine	
	磺胺甲噁唑	Sulfamethoxazole	
	甲氧苄啶	Trimethoprim	50
喹诺酮类	噁喹酸	Oxilinic acid	300
硝基呋喃类	呋喃唑酮	Furazolidone	不得检出
其他	己烯雌酚	Diethylstilbestrol	不得检出
	喹乙醇	Olaquindox	不得检出

5 检测方法

5.1 金霉素、土霉素、四环素

金霉素测定按 NY 5029—2001 中附录 B 规定执行，土霉素、四环素按 SC/T 3303—1997 中附录 A 规定执行。

5.2 氯霉素

氯霉素残留量的筛选测定方法按本标准中附录 A 执行，测定按 NY 5029—2001 中附录 D（气相色谱法）的规定执行。

5.3 磺胺类

磺胺类中的磺胺甲基嘧啶、磺胺二甲基嘧啶的测定按 SC/T 3303 的规定执行，其他磺胺类按 SN/T 0208 的规定执行。

5.4 噁喹酸

　恶喹酸的测定按 SN/T 0206 的规定执行。

5.5　呋喃唑酮

　呋喃唑酮的测定按 SN/T 0530 的规定执行。

5.6　己烯雌酚

　己烯雌酚残留量的筛选测定方法按本标准中附录 B 规定执行。

5.7　喹乙醇

　喹乙醇的测定按 SN/T 0197 的规定执行。

6　检验规则

6.1　检验项目

　按相应产品标准的规定项目进行。

6.2　抽样

6.2.1　组批规则

　同一水产养殖场内，在品种、养殖时间、养殖方式基本相同的养殖水产品为一批（同一养殖池，或多个养殖池）；水产加工品按批号抽样，在原料及生产条件基本相同下同一天或同一班组生产的产品为一批。

6.2.2　抽样方法

6.2.2.1　养殖水产品

　随机从各养殖池抽取有代表性的样品，取样量见表 2。

表 2　取　样　量

生物数量（尾、只）	取样量（尾、只）
500 以内	2
500～1 000	4
1 001～5 000	10
5 001～10 000	20
≥10 001	30

6.2.2.2　水产加工品

　每批抽取样本以箱为单位，100 箱以内取 3 箱，以后每增加 100 箱（包括不足 100 箱）则抽 1 箱。

　按所取样本从每箱内各抽取样品不少于 3 件，每批取样量不少于 10 件。

6.3　取样和样品的处理

　采集的样品应分成两等份，其中一份作为留样。从样本中取有代表性的样品，装入适当容器，并保证每份样品都能满足分析的要求；样品的处理按规定的方法进行，通过细切、绞肉机绞碎、缩分，使其混合均匀；鱼、虾、贝、藻等各类样品量不少于200g。各类样品的处理方法如下：

a）鱼类：先将鱼体表面杂质洗净，去掉鳞、内脏，取肉（包括脊背和腹部）肉和皮一起绞碎，特殊要求除外。

b）龟鳖类：去头、放出血液，取其肌肉包括裙边，绞碎后进行测定。

c）虾类：洗净后，去头、壳，取其肌肉进行测定。

d）贝类：鲜的、冷冻的牡蛎、蛤蜊等要把肉和体液调制均匀后进行分析测定。

e）蟹：取肉和性腺进行测定。

f）混匀的样品，如不及时分析，应置于清洁、密闭的玻璃容器，冰冻保存。

6.4 判定规则

按不同产品的要求所检的渔药残留各指标均应符合本标准的要求，各项指标中的极限值采用修约值比较法。超过限量标准规定时，允许加倍抽样将此项指标复验一次，按复验结果判定本批产品是否合格。经复检后所检指标仍不合格的产品则判为不合格品。

附　录　Ａ

（规范性附录）

氯霉素残留的酶联免疫测定法

A.1 适用范围

本方法适用于测定水产品肌肉组织中氯霉素的残留量。

A.2 原理

利用抗体抗原反应。微孔板包被有针对兔免疫球蛋白（IgG）（氯霉素抗体）的羊抗体，加入氯霉素抗体、氯霉素标记物、标准和样品溶液。游离氯霉素与氯霉素酶标记物竞争氯霉素抗体，同时氯霉素抗体与羊抗体连接。没有连接的酶标记物在洗涤步骤中被洗去。将酶基质（过氧化尿素）和发色剂（四甲基联苯胺）加入到孔中并孵育；结合的酶标记物将无色的发色剂转化为蓝色的产物。加入反应停止液后使颜色由蓝变为黄，在450 nm处测量，吸光度与样品的氯霉素浓度成反比。

A.3 检测限

筛选方法的检测下限为1μg/kg。

A.4 仪器

A.4.1 微孔酶标仪（450nm）。

A.4.2 离心机。

A.4.3 旋转蒸发仪。

A.4.4 混合器。

A.4.5 移液器。

A.4.6　50μL，100μL，450μL 微量加液器等。

A.5　药品和试剂

除非另有说明，在分析中仅使用确认为分析纯的试剂和蒸馏水或去离子水或相当纯度的水。

A.5.1　乙酸乙酯。

A.5.2　乙腈。

A.5.3　正己烷。

A.5.4　磷酸盐缓冲液（PBS）（pH 7.2）：0.55g 磷酸二氢钠（$NaH_2PO_4 \cdot H_2O$），2.85g 磷酸氢二钠（$Na_2HPO_4 \cdot 2H_2O$），9g 氯化钠（NaCl）加入蒸馏水至 1 000mL。

A.6　标准溶液

分别取标准浓缩液 50μL 用 450μL 缓冲液 1（试剂盒提供）稀释并混均匀，制成 0、50ng/L、150ng/L、450ng/L、1 350ng/L、4 050ng/L 的标准溶液。

A.7　样品提取和纯化

A.7.1　取 5.0g 粉碎的鱼肉样品（样品先去脂肪组织），与 20mL 乙腈水溶液（86＋16）混合 10min，15℃离心 10min（4 000r/min）。

A.7.2　取 3mL 上清液与 3mL 蒸馏水混合，加入 4.5mL 乙酸乙酯混合 10min，15℃离心 10min（4 000r/min）。

A.7.3　将乙酸乙酯层转移至另一瓶中继续干燥，用 1.5mL 缓冲液 1 溶液干燥的残留物，加入 1.5mL 正己烷混合。

A.7.4　完全除去正己烷层（上层），取 50μL 水箱进行分析。

A.8　样品测定程序

A.8.1　将足够标准和样品所用数量的孔条插入微孔架，记录下标准和样品的位置，每一样品和标准做两个平行实验。

A.8.2　加入 50μL 稀释了的酶标记物到微孔底部，再加入 50μL 的标准或处理好的样品液到各自的微孔中。

A.8.3　加入 50μL 稀释了的抗体溶液到每一个微孔底部充分混合，在室温孵育 2h。

A.8.4　倒出孔中的液体，将微孔架倒置在吸水纸上拍打（每行拍打 3 次）以保证完全除去孔中的液体，然后用 250μL 蒸馏水充入孔中，再次倒掉微孔中的液体，再重复操作两次。

A.8.5　加入 50μL 基质、50μL 发色试剂到微孔中，充分混合并在室温、暗处孵育 30min。

A.8.6　加入 100μL 反应停止液到微孔中，混合好，以空气为空白，在 450nm 处测量吸光度值（注意：必须在加入反应停止液后 60min 内读取吸光度值）。

A.9　结果

所获得的标准和样品吸光度值的平均值除以第一个标准（0 标准）的吸光度值再乘以 100，得到以百分比给出的吸光度值，以式（A.1）表示：

$$E(\%) = \frac{A}{A_0} \times 100 \qquad (A.1)$$

式中：

E——吸光度值，%；

A——标准或样品的吸光度值；

A_0——0 标准的吸光度值。

以计算的标准值绘成一个对应氯霉素浓度（ng/L）的半对数坐标系统曲线图，校正的曲线在 50 ng/L～1 350 ng/L 的范围内应成为线性，相对应的每一个样品的浓度，可以从曲线上读出。乘稀释倍数即可得到样品中氯霉素的实际浓度（ng/kg）。

附　录　B
（规范性附录）
己烯雌酚（DES）残留的酶联免疫测定法

B.1　适用范围

本方法适用于测定水产品肌肉等可食组织中己烯雌酚的残留量。

B.2　原理

测定的基础是利用抗体抗原反应。微孔板包被有针对兔 IgG（DES 抗体）的羊抗体，加入 DES 抗体、标准和样品溶液。DES 与 DES 抗体连接，同时 DES 抗体与羊抗体连接。洗涤步骤后，加入 DES 酶标记物，DES 酶标记物与孔中未结合的 DES 抗体结合，然后在洗涤步骤中除去未结合的 DES 酶标记物。将酶基质和发色剂（四甲基联苯胺）加入到孔中并孵育；结合的酶标记物将无色的发色剂转化为蓝色的产物。加入反应停止液后使颜色由蓝变为黄，在 450 nm 处测量，吸光度与样品的己烯雌酚浓度成反比。

B.3　检测限

己烯雌酚检测的下限为 1 μg/kg。

B.4　仪器

B.4.1　微孔酶标仪（450nm）。

B.4.2　离心机。

B.4.3　37℃恒温箱。

B.4.4　移液器。

B.4.5　50 μL，100 μL，450 μL 微量加液器。

B.4.6　RIDA C_{18} 柱等。

B.5　试剂和标准溶液

除非另有说明，在分析中仅使用确认为分析纯的试剂和蒸馏水或去离子水或相当纯度的水。

B.5.1　叔丁基甲基醚。

B.5.2　石油醚。

B.5.3　二氯甲烷。

B.5.4　6 mol/L 磷酸。

B.5.5　乙酸钠缓冲液等。

B.5.6　提供的 DES 标准液为直接使用液，浓度为 0、12.5×10^{-9} mol/L、25×10^{-9} mol/L、50×10^{-9} mol/L、100×10^{-9} mol/L、200×10^{-9} mol/L。

B.6　样品处理

B.6.1　取 5.0g 肌肉（除去脂肪组织），用 10mL pH 为 7.2 的 67mmol/L 磷酸缓冲液研磨后，用 8mL 叔丁基甲基醚提取研磨物，强烈振荡 20min；离心 10min（4 000r/min）；移去上清液，用 8mL 叔丁基甲基醚重复提取沉淀物。

B.6.2　将两次提取的醚相合并，并且蒸发；用 1mL 甲醇（70%）溶解干燥的残留物；用 3mL 石油醚洗涤甲醇溶液（研磨 15s，短时间离心，吸除石油醚）。

B.6.3　蒸发甲醇溶液，用 1mL 二氯甲烷溶解后，再用 3mL 1mol/L 的氢氧化钠（NaOH）溶液提取；然后 300μL 6mol/L 磷酸中和提取液，用 RIDA C_{18} 柱进行纯化。

B.7　测定程序（室温 20℃～24℃条件下操作）

B.7.1　将足够标准和样品所用数量的孔条插入微孔架，标准和样品做两个平行实验，记录下标准和样品的位置。

B.7.2　加入 20μL 的标准和处理好的样品到各自的微孔中，标准和样品做两个平行实验。

B.7.3　加入 50μL 稀释后的 DES 抗体到每一个微孔中，充分混合并在 2℃～8℃孵育过夜（注意：在第二天早上继续进行实验之前，微孔板应在室温下放置 30min 以上，稀释用缓冲液也应回到室温，因此最好将缓冲液放在室温下过夜）。

B.7.4　倒出孔中的液体，将微孔架倒置在吸水纸上拍打（每行拍打 3 次）以保证完全除去孔中的液体，用 250μL 蒸馏水充入孔中，再次倒掉微孔中液体，再重复操作一次。

B.7.5　加入 5μL 稀释的酶标记物到微孔底部，室温孵育 1h。

B.7.6　倒出孔中的液体，将微孔架倒置在吸水纸上拍打（每次拍打 3 次）以保证完全除去孔中的液体，用 250μL 蒸馏水充入孔中，再次倒掉微孔中液体，再重复操作 1 次。

B.7.7　加入 50μL 基质和 50μL 发色试剂到微孔中，充分混合并在室温暗处孵育 15min。

B.7.8　加入 100μL 反应停止液到微孔中，混合好在 450nm 处测量吸光度值（可选择＞600nm 的参比滤光片），以空气为空白，必须在加入停止液后 60min 内读取吸光度值。

B.8 结果

所获得的标准和样品吸光度值的平均值除以第一个标准（0标准）的吸光度值再乘以 100，得到以百分比给出的吸光度值，以式（B.1）表示：

$$E(\%) = \frac{A}{A_0} \times 100 \qquad (B.1)$$

式中：

E——吸光度值，%；

A——标准或样品的吸光度值；

A_0——0标准的吸光度值。

以计算的标准值绘成一个对应 DES 浓度（ng/L）的半对数坐标系统曲线图，校正的曲线在 25ng/L～200ng/L 的范围内应成为线性，相对应的每一个样品的浓度，可从曲线上读出。乘以稀释倍数即可得到样品中 DES 的实际浓度（ng/kg）。

附录 11　NY 5073—2006　无公害食品水产品中有毒有害物质限量

1　范围

本标准规定了无公害食品水产品中有毒有害物质限量的要求、试验方法。

本标准适用于捕捞及养殖的鲜、活水产品。

2　规范性引用文件

下列文件中的条款通过本标准的引用而成为本标准的条款。凡是注日期的引用文件，其随后所有的修改单（不包括勘误的内容）或修订版均不适用于本标准，然而，鼓励根据本标准达成协议的各方研究是否可使用这些文件的最新版本。凡是不注日期的引用文件，其最新版本适用于本标准。

GB/T 5009.11　食品中总砷及无机砷的测定

GB/T 5009.12　食品中铅的测定

GB/T 5009.13　食品中铜的测定

GB/T 5009.15　食品中镉的测定

GB/T 5009.17　食品中总汞及有机汞的测定

GB/T 5009.18　食品中氟的测定

GB/T 5009.45—2003　水产品卫生标准的分析方法

GB/T 5009.190　海产食品中多氯联苯的测定

GB 17378.6　海洋监测规范　第 6 部分：生物体分析

SC/T 3016　水产品抽样方法

SC/T 3023　麻痹性贝类毒素的测定　生物法

SC/T 3024　腹泻性贝类毒素的测定　生物法

3　要求

水产品中有毒有害物质限量见表 1。

表 1　水产品中有毒有害物质限量

项　目		指　标
组胺，	mg/100g	≤100（鲐鲹鱼类） ≤30（其他红肉鱼类）

（续）

项　目		指　标
麻痹性贝类毒素（PSP），	MU/100g	≤400（贝类）
腹泻性贝类毒素（DSP），	MU/g	不得检出（贝类）
无机砷，	mg/kg	≤0.1（鱼类） ≤0.5（其他动物性水产品）
甲基汞，	mg/kg	≤0.5（所有水产品，不包括食肉鱼类） ≤1.0（食肉性鱼类，如鲨鱼、金枪鱼、旗鱼等）
铅（Pb），	mg/kg	≤0.5（鱼类） ≤0.5（甲壳类） ≤1.0（贝类） ≤1.0（头足类）
镉（Cd），	mg/kg	≤0.1（鱼类） ≤0.5（甲壳类） ≤1.0（贝类） ≤1.0（头足类）
铜（Cu），	mg/kg	≤50
氟（F），	mg/kg	≤2.0（淡水鱼类）
石油烃，	mg/kg	≤15
多氯联苯（PCBs），	mg/kg	≤2.0（海产品）
（以 PCB 28、PCB 52、PCB 101、PCB 118、 PCB 138、PCB 153、PCB 180 总和计） 其中：		
PCB 138，	mg/kg	≤0.5
PCB 153，	mg/kg	≤0.5

4　试验方法

4.1　组胺的测定

按 GB/T 5009.45—1996 中 4.4 条的规定执行。

4.2　麻痹性贝类毒素的测定

按 SC/T 3023 中的规定执行。

4.3　腹泻性贝类毒素的测定

按 SC/T 3024 中的规定执行。

4.4　无机砷的测定

按 GB/T 5009.11 中的规定执行。

4.5　甲基汞的测定

按 GB/T 5009.17 中的规定执行。

4.6　铅的测定

按 GB/T 5009.12 中的规定执行。

4.7　镉的测定

按 GB/T 5009.15 中的规定执行。

4.8　铜的测定

按 GB/T 5009.13 中的规定执行。

4.9　氟的测定

按 GB/T 5009.18 中的规定执行。

4.10　石油烃含量的测定

按 GB 17378.6 中的规定执行。

4.11　多氯联苯的测定

按 GB/T 5009.190 中的规定执行。

附录 12 NY 5071—2002 无公害食品 渔用药物使用准则

1 范围

本标准规定了渔用药物使用的基本原则、渔用药物的使用方法以及禁用渔药。本标准适用于水产增养殖中的健康管理及病害控制过程中的渔药使用。

2 规范性引用文件

下列文件中的条款通过本标准的引用而成为本标准的条款。凡是注日期的引用文件，其随后所有的修改单（不包括勘误的内容）或修订版均不适用于本标准，然而，鼓励根据本标准达成协议的各方研究是否可使用这些文件的最新版本。凡是不注日期的引用文件，其最新版本适用于本标准。

NY 5070 无公害食品 水产品中渔药残留限量

NY 5072 无公害食品 渔用配合饲料安全限量

3 术语和定义

下列术语和定义适用于本标准。

3.1 渔用药物 fishery drugs

用以预防、控制和治疗水产动植物的病、虫、害，促进养殖品种健康生长，增强机体抗病能力以及改善养殖水体质量的一切物质，简称"渔药"。

3.2 生物源渔药 biogenic fishery medicines

直接利用生物活体或生物代谢过程中产生的具有生物活性的物质或从生物体提取的物质作为防治水产动物病害的渔药。

3.3 渔用生物制品 fishery biopreparate

应用天然或人工改造的微生物、寄生虫、生物毒素或生物组织及其代谢产物为原材料，采用生物学、分子生物学或生物化学等相关技术制成的、用于预防、诊断和治疗水产动物传染病和其他有关疾病的生物制剂。它的效价或安全性应采用生物学方法检定并有严格的可靠性。

3.4 休药期 withdrawal time

最后停止给药日至水产品作为食品上市出售的最短时间。

4 渔用药物使用基本原则

4.1 渔用药物的使用应以不危害人类健康和不破坏水域生态环境为基本原则。

4.2　水生动植物增养殖过程中对病虫害的防治，坚持"以防为主，防治结合"。

4.3　渔药的使用应严格遵循国家和有关部门的有关规定，严禁生产、销售和使用未经取得生产许可证、批准文号与没有生产执行标准的渔药。

4.4　积极鼓励研制、生产和使用"三效"（高效、速效、长效）、"三小"（毒性小、副作用小、用量小）的渔药，提倡使用水产专用渔药、生物源渔药和渔用生物制品。

4.5　病害发生时应对症用药，防止滥用渔药与盲目增大用药量或增加用药次数、延长用药时间。

4.6　食用鱼上市前，应有相应的休药期。休药期的长短，应确保上市水产品的药物残留限量符合 NY5070 要求。

4.7　水产饲料中药物的添加应符合 NY5072 要求，不得选用国家规定禁止使用的药物或添加剂，也不得在饲料中长期添加抗菌药物。

5　渔用药物使用方法

各类渔用药物的使用方法见表1。

表 1　渔用药物使用方法

渔药名称	用途	用法与用量	休药期/d	注意事项
氧化钙（生石灰）calcii oxydum	用于改善池塘环境，清除敌害生物及预防部分细菌性鱼病	带水清塘：200mg/L～250mg/L（虾类：350mg/L～400mg/L） 全池泼洒：20mg/L～25mg/L（虾类：15mg/L～30mg/L）		不能与漂白粉、有机氯、重金属盐、有机络合物混用。
漂白粉 bleaching powder	用于清塘、改善池塘环境及防治细菌性皮肤病、烂鳃病、出血病	带水清塘：20mg/L 全池泼洒：1.0mg/L～1.5mg/L	≥5	1. 勿用金属容器盛装。 2. 勿与酸、铵盐、生石灰混用。
二氯异氰尿酸钠 sodium dichloroisocyanurate	用于清塘及防治细菌性皮肤溃疡病、烂鳃病、出血病	全池泼洒：0.3mg/L～0.6mg/L	≥10	勿用金属容器盛装。
三氯异氰尿酸 trichloroisocyanuric acid	用于清塘及防治细菌性皮肤溃疡病、烂鳃病、出血病	全池泼洒：0.2mg/L～0.5mg/L	≥10	1. 勿用金属容器盛装。 2. 针对不同的鱼类和水体的pH，使用量应适当增减。

（续）

渔药名称	用途	用法与用量	休药期/d	注意事项
二氧化氯 chlorine dioxide	用于防治细菌性皮肤病、烂鳃病、出血病	浸浴：20mg/L～40mg/L，5min～10min 全池泼洒：0.1mg/L～0.2mg/L，严重时0.3mg/L～0.6mg/L	≥10	1. 勿用金属容器盛装。 2. 勿与其他消毒剂混用。
二溴海因	用于防治细菌性和病毒性疾病	全池泼洒：0.2mg/L～0.3mg/L		
氯化钠（食盐）sodium chloride	用于防治细菌、真菌或寄生虫疾病	浸浴：1％～3％，5min～20min		
硫酸铜（蓝矾、胆矾、石胆）copper sulfate	用于治疗纤毛虫、鞭毛虫等寄生性原虫病	浸浴：8mg/L（海水鱼类：8mg/L～10mg/L），15min～30min 全池泼洒：0.5mg/L～0.7mg/L（海水鱼类：0.7mg/L～1.0mg/L）		1. 常与硫酸亚铁合用。 2. 广东鲂慎用。 3. 勿用金属容器盛装。 4. 使用后注意池塘增氧。 5. 不宜用于治疗小瓜虫病。
硫酸亚铁（硫酸低铁、绿矾、青矾）ferrous sulphate	用于治疗纤毛虫、鞭毛虫等寄生性原虫病	全池泼洒：0.2mg/L（与硫酸铜合用）		1. 治疗寄生性原虫病时需与硫酸铜合用。 2. 乌鳢慎用。
高锰酸钾（锰酸钾、灰锰氧、锰强灰）potassium permanganate	用于杀灭锚头鳋	浸浴：10mg/L～20mg/L，15min～30min 全池泼洒：4mg/L～7mg/L		1. 水中有机物含量高时药效降低。 2. 不宜在强烈阳光下使用。

（续）

渔药名称	用途	用法与用量	休药期/d	注意事项
四烷基季铵盐络合碘（季铵盐含量为50%）	对病毒、细菌、纤毛虫、藻类有杀灭作用	全池泼洒：0.3mg/L（虾类相同）		1. 勿与碱性物质同时使用 2. 勿与阴性离子表面活性剂混用。 3. 使用后注意池塘增氧。 4. 勿用金属容器盛装。
大蒜 crown's treacle, garlic	用于防治细菌性肠炎	拌饵投喂：10g/kg 体重～30g/kg 体重，连用 4d～6d（海水鱼类相同）		
大蒜素粉（含大蒜素10%）	用于防治细菌性肠炎	0.2g/kg 体重，连用 4d～6d（海水鱼类相同）		
大黄 medicinal rhubarb	用于防治细菌性肠炎、烂鳃	全池泼洒：2.5mg/L～4.0mg/L（海水鱼类相同）拌饵投喂：5g/kg 体重～10g/kg 体重，连用 4d～6d（海水鱼类相同）		投喂时常与黄芩、黄檗合用（三者比例为 5∶2∶3）
黄芩 raikai skullcap	用于防治细菌性肠炎、烂鳃、赤皮、出血病	拌饵投喂：2g/kg 体重～4g/kg 体重，连用 4d～6d（海水鱼类相同）		投喂时需与大黄、黄檗合用（三者比例为 2∶5∶3）
黄檗 amur corktree	用于防治细菌性肠炎、出血	拌饵投喂：3g/kg 体重～6g/kg 体重，连用 4d～6d（海水鱼类相同）		投喂时需与大黄、黄芩合用（三者比例为 3∶5∶2）
五倍子 chinese sumac	用于防治细菌性烂鳃、赤皮、白皮、疖疮	全池泼洒：2mg/L～4mg/L（海水鱼类相同）		
穿心莲 common andrographis	用于防治细菌性肠炎、烂鳃、赤皮	全池泼洒：15mg/L～20mg/L 拌饵投喂：10g/kg 体重～20g/kg 体重，连用 4d～6d		

（续）

渔药名称	用途	用法与用量	休药期/d	注意事项
苦参 lightyellow sopho-ra	用于防治细菌性肠炎、竖鳞	全池泼洒：1.0mg/L～1.5mg/L 拌饵投喂：1g/kg 体重～2g/kg 体重，连用 4d～6d		
土霉素 oxytetracycline	用于治疗肠炎病、弧菌病	拌饵投喂：50mg/kg 体重～80mg/kg 体重，连用 4d～6d（海水鱼类相同，虾类：50mg/kg 体重～80mg/kg 体重，连用 5d～10d）	≥30 （鳗鲡） ≥21 （鲶鱼）	勿与铝、镁离子及卤素、碳酸氢钠、凝胶合用
噁喹酸 oxolinic acid	用于治疗细菌性肠炎病、赤鳍病、香鱼、对虾弧菌病，鲈鱼结节病，鲕鱼疖疮病	拌饵投喂：10mg/kg 体重～30mg/kg 体重，连用 5d～7d（海水鱼类 1mg/kg 体重～20mg/kg 体重；对虾：6mg/kg体重～60mg/kg 体重，连用 5d）	≥25 （鳗鲡） ≥21 （鲤鱼、香鱼） ≥16 （其他鱼类）	用药量视不同的疾病有所增减
磺胺嘧啶（磺胺哒嗪） sulfadiazine	用于治疗鲤科鱼类的赤皮病、肠炎病，海水鱼链球菌病	拌饵投喂：100mg/kg 体重，连用 5d（海水鱼类相同）		1. 与甲氧苄胺嘧啶（TMP）同用，可产生增效作用 2. 第一天药量加倍
磺胺甲噁唑（新诺明、新明磺） sulfamethoxazole	用于治疗鲤科鱼类的肠炎病	拌饵投喂：100mg/kg 体重，连用 5d～7d	≥30	1. 不能与酸性药物同用 2. 与甲氧苄胺嘧啶（TMP）同用，可产生增效作用 3. 第一天药量加倍

（续）

渔药名称	用途	用法与用量	休药期/d	注意事项
磺胺间甲氧嘧啶（制菌磺、磺胺-6-甲氧嘧啶）sulfamonomethoxine	用于治疗鲤科鱼类的竖鳞病、赤皮病及弧菌病	拌饵投喂：50mg/kg 体重～100mg/kg 体重，连用 4d～6d	≥37（鳗鲡）	1. 与甲氧苄胺嘧啶（TMP）同用，可产生增效作用 2. 第一天药量加倍
氟苯尼考 florfenicol	用于治疗鳗鲡爱德华氏病、赤鳍病	拌饵投喂：10.0mg/d.kg 体重，连用 4～6d	≥7（鳗鲡）	
聚维酮碘（聚乙烯吡咯烷酮碘、皮维碘、PVP-1、伏碘）（有效碘1.0%）povidone-iodine	用于防治细菌性烂鳃病、弧菌病、鳗鲡红头病。并可用于预防病毒病：如草鱼出血病、传染性胰腺坏死病、传染性造血组织坏死病、病毒性出血败血症	全池泼洒：海、淡水幼鱼、幼虾：0.2mg/L～0.5mg/L 海、淡水成鱼、成虾：1mg/L～2mg/L 鳗鲡：2mg/L～4mg/L 浸浴：草鱼种：30mg/L，15min～20min 鱼卵：30mg/L～50mg/L（海水鱼卵25mg/L～30mg/L），5min～15min		1. 勿与金属物品接触 2. 勿与季铵盐类消毒剂直接混合使用

注：1. 用法与用量栏未标明海水鱼类与虾类的均适用于淡水鱼类。
　　2. 休药期为强制性。

6　禁用渔药

严禁使用高毒、高残留或具有三致毒性（致癌、致畸、致突变）的渔药。严禁使用对水域环境有严重破坏而又难以修复的渔药，严禁直接向养殖水域泼洒抗菌素，严禁将新近开发的人用新药作为渔药的主要或将要成分。禁用渔药见表2。

表2　禁用渔药

药物名称	化学名称（组成）	别　名
地虫硫磷 fonofos	O-2基-S苯基二硫代磷酸乙酯	大风雷
六六六 BHC (HCH) benzem, bexachloridge	1，2，3，4，5，6-六氯环己烷	

（续）

药物名称	化学名称（组成）	别 名
林丹 lindane, gammaxare, gamma - BHC gamma - HCH	γ-1，2，3，4，5，6-六氯环己烷	丙体六六六
毒杀芬 camphechlor（ISO）	八氯莰烯	氯化莰烯
滴滴涕 DDT	2，2-双（对氯苯基）-1，1，1-三氯乙烷	
甘汞 calomel	二氯化汞	
硝酸亚汞 mercurous nitrate	硝酸亚汞	
醋酸汞 mercuric acetate	醋酸汞	
呋喃丹 carbofuran	2，3-氢-2，2-二甲基-7-苯并呋喃基-甲基氨基甲酸酯	克百威、大扶农
杀虫脒 chlordimeform	N-（2-甲基-4-氯苯基）N′，N′-二甲基甲脒盐酸盐	克死螨
双甲脒 anitraz	1，5-双-（2，4-二甲基苯基）-3-甲基1，3，5-三氮戊二烯-1，4	二甲苯胺脒
氟氯氰菊酯 cyfluthrin	α-氰基-3-苯氧基-4-氟苄基（1R，3R）-3-（2，2-二氯乙烯基）-2，2-二甲基环丙烷羧酸酯	百树菊酯、百树得
氟氰戊菊酯 flucythrinate	（R，S）-α-氰基-3-苯氧苄基-（R，S）-2-（4-二氟甲氧基）-3-甲基丁酸酯	保好江乌 氟氰菊酯
五氯酚钠 PCP - Na	五氯酚钠	
孔雀石绿 malachite green	$C_{23}H_{25}ClN_2$	碱性绿、盐基块绿、孔雀绿
锥虫胂胺 tryparsamide		
酒石酸锑钾 antimonyl potassium tartrate	酒石酸锑钾	
磺胺噻唑 sulfathiazolum ST, norsultazo	2-（对氨基苯碘酰胺）-噻唑	消治龙

（续）

药物名称	化学名称（组成）	别　名
磺胺脒 sulfaguanidine	N_1 -脒基磺胺	磺胺胍
呋喃西林 furacillinum、nitrofurazone	5-硝基呋喃醛缩氨基脲	呋喃新
呋喃唑酮 furazolidonum，nifulidone	3-（5-硝基糠叉胺基）-2-噁唑烷酮	痢特灵
呋喃那斯 furanace，nifurpirinol	6-羟甲基-2-［-（5-硝基-2-呋喃基乙烯基）］吡啶	P-7138 （实验名）
氯霉素（包括其盐、酯及制剂） chloramphennicol	由委内瑞拉链霉素产生或合成法制成	
红霉素 erythromycin	属微生物合成，是 *Streptomyces eyythreus* 产生的抗生素	
杆菌肽锌 zinc bacitracin premin	由 枯 草 杆 菌 *Bacillus subtilis* 或 *B. leicheniformis* 所产生的抗生素，为一含有噻唑环的多肽化合物	枯草菌肽
泰乐菌素 tylosin	*S. fradiae* 所产生的抗生素	
环丙沙星 ciprofloxacin（CIPRO）	为合成的第三代喹诺酮类抗菌药，常用盐酸盐水合物	环丙氟哌酸
阿伏帕星 avoparcin		阿伏霉素
喹乙醇 olaquindox	喹乙醇	喹酰胺醇羟乙喹氧
速达肥 fenbendazole	5-苯硫基-2-苯并咪唑	苯硫哒唑氨甲基甲酯
己烯雌酚（包括雌二醇等其他类似合成等雌性激素） diethylstilbestrol，stilbestrol	人工合成的非甾体雌激素	乙烯雌酚，人造求偶素
甲基睾丸酮（包括丙酸睾丸素、去氢甲睾酮以及同化物等雄性激素） methyltestosterone，metandren	睾丸素 C_{17} 的甲基衍生物	甲睾酮甲基睾酮

附录 13　DB 3201/T 006—2002　中华绒螯蟹固城湖大闸蟹产品质量标准

1　范围

本标准规定了固城湖大闸蟹的等级分类、要求、试验方法、检验规则及标志、包装、运输、贮存。

本标准适用于固城湖及南京地区条件相似水域增养殖的长江系中华绒螯蟹活品。

2　规范性引用文件

下列文件中的条款通过本标准的引用而成为本标准的条款。凡是注日期的引用文件，其随后所有的修改单（不包括勘误的内容）或修订版均不适用于本标准，然而，鼓励根据本标准达成协议的各方研究是否可使用这些文件的最新版本。凡是不注日期的引用文件，其最新版本适用于本标准。

GB/T 5009（所有部分）　食品卫生检验方法　理化部分

GB/T 9675—1988　海食产品中多氯联苯的测定方法

GB/T 14931.1—1994　畜禽肉中土霉素、四环素、金霉素残留量测定方法

GB/T 14931.2—1994　畜禽肉中己烯雌酚的测定方法

GB/T 14962—1994　食品中铬的测定方法

NY 5051—2001　无公害食品　淡水养殖用水水质

NY 5072—2002　无公害食品　渔用配合饲料安全限量

NY 5070—2002　无公害食品　水产品渔药残留限量

NY 5073—2002　无公害食品　水产品中有毒有害物质限量

NY 5064—2001　无公害食品　中华绒螯蟹

SC/T 3303—1997　冻烤鳗

SN/T 0341—1995　出口肉及肉制品中氯霉素残留量检验方法

3　等级分类

以单体重量分为特级、一级、二级、三级，具体分类见表1。

表 1　等级分类

等级分类	体重（g/只）	
	雄蟹	雌蟹
特级	≥250	≥200
一级	≥200	≥150
二级	≥150	≥125
三级	≥125	≥100

4　要求

4.1　外形特征

蟹体可分为头胸部、腹部。头胸部上下披上一层坚韧的甲壳，上面为头胸甲，一般呈墨绿色或青色。下面是腹甲，呈灰白色，五对胸足，伸展于头胸部两侧，左右对称。头胸甲前缘平直，有四个额齿，中间凹缺较大，呈"U"形，左右各有四个侧齿，第四侧齿明显可见，背部中央隆起，表面凹凸不平，额角后方有六个明显的疣状突。腹面中央有一凹陷的腹甲沟，周围缘边生有绒毛。

雌雄异体。雌蟹腹部呈圆形，雄蟹为三角形，俗称团脐和尖脐。

4.2　感官指标

感官指标应符合表 2 的规定。

表 2　感官指标

项目	指　　标
体色	青背白肚，金爪黄毛。
甲壳	坚硬，光洁，头胸甲不规则椭圆形隆起。
螯、足	一对螯足强大成钳状，掌部密生绒毛，四对步足前后缘均有金色、金黄色绒毛。
体质活力	双螯强健，八足齐全，活泼有力，反应敏捷。
鳃	鳃丝清晰，无异物，无异臭味。

4.3　有毒有害物质的限量指标

有毒有害物质的限量见表 3。

表 3　固城湖大闸蟹中有毒有害物质限量

项　　目		指　　标
汞（以 Hg 计），mg/kg	≤	0.3
砷（以 As 计），mg/kg	≤	0.5
铅（以 Pb 计），mg/kg	≤	0.5

（续）

项　　目		指　标
铜（以 Cu 计），mg/kg	≤	50
镉（以 Cd 计），mg/kg	≤	0.05
铬（以 Cr 计），mg/kg	≤	2.0
多氯联苯（以 PCBs 计），mg/kg	≤	0.02
蟹奴		不得检出
氯霉素，mg/kg		不得检出
六六六，mg/kg	≤	0.05
滴滴涕，mg/kg	≤	0.05
土霉素，mg/kg	≤	0.1（肌肉）
磺胺类（单种），mg/kg	≤	0.1
呋喃唑酮		不得检出
己烯雌酚		不得检出

5　试验方法

5.1　感官
将样品放在白色搪瓷盘中，用目测、手指压、鼻嗅等进行感官检验。

5.2　砷
按 GB/T 5009.11 规定测定。

5.3　铅
按 GB/T 5009.12 规定测定。

5.4　铜
按 GB/T 5009.13 规定测定。

5.5　镉
按 GB/T 5009.15 规定测定。

5.6　铬
按 GB/T 14962 规定测定。

5.7　汞
按 GB/T 5009.17 规定测定。

5.8　多氯联苯
按 GB/T 9675 规定测定。

5.9　氯霉素
按 SN/T 0341 规定测定。

5.10　六六六、滴滴涕
按 GB/T 5009.19 规定测定。

5.11　土霉素

按 GB/T 14931.1 规定测定。

5.12　磺胺类、呋喃唑酮

按 SC/T 3303—1997 中附录 C 的规定测定。

5.13　己烯雌粉

按 GB/T 14931.2 规定测定。

6　检验规则

6.1　检验批

检验批按同一时间、同一来源、同一增养殖水体的中华绒螯蟹为同一检验批。

6.2　抽样

6.2.1　活体、抽样

按 NY 5073 的规定执行。感官检验的样品量允许加倍。

6.2.2　试验样品采样

活体样品中一只中华绒螯蟹的可食部分为肝脏、性腺、肌肉的总合，将三部分混合搅匀后，按四分法对角取样，试样量不少于 200g。

6.3　判定规则

6.3.1　感官检验，合格率不低于 95％，判整批合格；否则判不合格。

6.3.2　安全质量指标中各项有毒有害物质指标均应符合标准要求，各项指标中的极限值采用修约值比较法。检验中，若有一项检验结果不符合本标准 4.3 的规定，则判定该批水产品不合格。

7　标志、包装、运输、贮存

7.1　标志

产品标志应标明产品名称、产地、等级、生产日期、生产单位或销售单位名称、地址、执行标准代号。

7.2　包装

将蟹腹部朝下整齐排列于蒲包、竹筐、塑料箱、网袋或其他容器中，包装材料应卫生、洁净。

7.3　运输

在低温清洁的环境中装运，保证鲜活。运输工具在装货前应清洗、杀菌，做到洁净、无毒、无异味。运输过程中，防止温度剧变、挤压、剧烈震动，严防运输污染。

7.4　贮存

活品暂养、贮存时，保存条件要做到通风、低温。用水应符合 NY 5051 的规定，饵料应符合 NY5072 的规定。

附录14 江苏检验检疫局出境河蟹检验检疫工作规范

1 总则

1.1 目的

为了规范江苏出境河蟹检验检疫和监督管理工作，保证出境河蟹安全卫生质量，根据《中华人民共和国进出境动植物检疫法》、《中华人民共和国进出境动植物检疫法实施条例》、国家质量监督检验检疫总局《出境水生动物检验检疫监督管理办法》（第99号令）等有关法律法规，特制定本工作规范。

1.2 适用范围

本规范适用于江苏检验检疫局辖区内出境河蟹的检验检疫和监督管理工作。

1.3 职责分工

1.3.1 江苏检验检疫局动植物监管处（以下简称省局动植处负责对全省出境河蟹检验检疫的归口管理、注册登记变更与延续工作；负责疫情疫病、残留监控计划的制定和组织实施工作；

1.3.2 各分支局负责对出境河蟹的检验检疫、日常监督管理和疫情疫病、残留监控计划的实施工作；负责对注册登记企业的年度审核工作。

2 注册登记

2.1 注册登记条件

2.1.1 出境河蟹养殖场和中转场注册登记基本条件：

　　a. 周边和场内卫生环境良好，无工业、生活垃圾等污染源和水产品加工厂，场区布局合理，分区科学，有明确的标识；

　　b. 养殖用水符合国家渔业水质标准，具有政府主管部门或者检验检疫机构出具的有效水质监测或者检测报告；

　　c. 具有符合检验检疫要求的养殖、包装、防疫、饲料和药物存放等设施、设备和材料；

　　d. 具有符合检验检疫要求的养殖、包装、防疫、饲料和药物存放及使用、废弃物和废水处理、人员管理、引进水生动物等专项管理制度；

　　e. 配备有养殖、防疫方面的专业技术人员，有从业人员培训计划，从业人员持有健康证明；

　　f. 中转场的场区面积、中转能力应当与出口数量相适应。

出境河蟹非开放性水域养殖场、中转场申请注册登记除满足上述条件之外，还应当符合下列条件：

g. 具有与外部环境隔离或者限制无关人员和动物自由进出的设施，如隔离墙、网、栅栏等；

h. 养殖场养殖水面应当具备一定规模，土池养殖面积不少于 200 亩

i. 养殖场具有独立的引进河蟹的隔离池；各养殖池具有独立的进水和排水渠道；养殖场的进水和排水渠道分设。

出境河蟹开放性水域养殖场、中转场申请注册登记除符合上述对应的条件外，还应当符合下列条件：

j. 养殖、中转、包装区域无规定的水生动物疫病；

k. 养殖场养殖水域面积不少于 500 亩。

2.1.2 无养殖水面的中转包装场注册登记除了满足 2.1.1 所要求的对应条件之外，还必须符合以下要求：

a. 应建立完善的溯源管理制度；

b. 应提供养殖场同意供货的证明或（和）当地渔政主管部门同意出具《出境河蟹供货证明》的批文；

c. 必须和供货的养殖场同属一个分支局辖区内。

2.2 注册登记程序

2.2.1 注册登记企业申请

出境河蟹养殖场、中转场应当向所在地分支局申请注册登记，并提交下列材料（一式 3 份）。

a. 注册登记申请表；

b. 工商营业执照（复印件）；

c. 养殖许可证（不适用于中转场）；

d. 场区平面示意图及彩色照片（包括场区全貌、场区大门、养殖池及其编号、药品库、饲料库、包装场所等）；

e. 水生动物卫生防疫和疫情报告制度；

f. 从场外引进水生动物的管理制度；

g. 养殖、药物使用、饲料使用、包装物料管理制度；

h. 经检验检疫机构确认的水质检测报告；

i. 专业人员资质证明；

j. 废弃物、废水处理程序；

k. 进口国家或者地区对螃蟹疾病有明确检测要求的，需提供有关检测报告。

2.2.2 受理注册申请

各分支局应当对申请材料进行审查，根据下列情况在 5 日内作出受理或者不予受理决定，并书面通知申请人：

a. 申请材料存在可以当场更正的错误的，允许申请人当场更正；

b. 申请材料不齐全或者不符合法定形式的，应当当场或者在 5 日内一次书面告知申请人需要补正的全部内容，逾期不告知的，自收到申请材料之日起即为受理；

c. 申请材料齐全、符合法定形式或者申请人按照要求提交全部补正申请材料的，应当受理申请，并在受理申请后立即上报省局动植处。

2.2.3 编号使用原则

每一注册登记养殖场或者中转包装场使用一个注册登记编号。同一企业所有的不同地点的养殖场或者中转场应当分别申请注册登记。

2.2.4 注册登记审查与决定

a. 省局在接到分支局受理材料后 5 日内组成评审组，对申请注册登记的养殖场或者中转场进行现场评审。

b. 评审组应当在现场评审结束后 5 日内向省局提交评审报告。

c. 省局收到评审报告后在 10 日内分别做出下列决定：

经评审合格的，予以注册登记，颁发《出境水生动物养殖场/中转场检验检疫注册登记证》（以下简称《注册登记证》），并上报国家质检总局；

经评审不合格的，出具《出境水生动物养殖场/中转场检验检疫注册登记未获批准通知书》。

2.2.5 对外注册

输入国家或者地区对出境河蟹企业有注册登记要求的，省局评审合格后，报国家质检总局，由国家质检总局统一向进口国家或者地区政府主管部门推荐并办理有关手续。经输入国家或者地区政府主管部门确认后生效。

2.2.6 注册登记有效期

《注册登记证》自颁发之日起生效，有效期 5 年。经注册登记的养殖场或者中转场的注册登记编号专场专用。

2.3 注册登记变更与延续

2.3.1 注册登记变更

养殖场、中转场变更企业名称、法定代表人、养殖品种、养殖能力等的，应当在 30 日内向省局提出书面申请，填写《出境水生动物养殖场/中转包装场检验检疫注册登记申请表》，并提交与变更内容相关的资料（一式 3 份）。

变更养殖能力的，由省局审核有关资料并组织现场评审，评审合格后，办理变更手续。

养殖场或者中转场迁址的，应当重新申请办理注册登记手续。

因停产、转产、倒闭等原因不再从事出境河蟹业务的注册登记养殖场、中转场，应当向分支局申请办理注销手续，分支局应及时收回《注册登记证》，并上报省局备案。

2.3.2 注册登记延续

获得注册登记的养殖场、中转包装场需要延续注册登记有效期的，应当在有效期届满 30 日前按照本工作规范规定提出申请。

省局在完成注册登记、变更或者注销工作后 30 日内，将辖区内相关信息上报国家质检总局备案。

3　监督管理

检验检疫机构对辖区内取得注册登记资格的出境河蟹养殖、中转场实行疫病和有毒有害物质监测和检测、日常监督管理、年度审核和延续审核。

3.1　有毒有害物质和疫病监测

各分支局按照省局制定下发的年度监控方案制定本局的实施方案。

各分支局监督注册的养殖和中转场的疫病和有毒有害物质监测实施情况。

3.2　日常监管

3.2.1　养殖场

监管内容：按照国家质检总局 99 号令附件《出境水生动物养殖场/中转场检验检疫监管手册》所规定的监管内容进行日常监管。包括药品管理、饲料管理、疫病诊治、防疫消毒等基础管理；蟹苗引进、养殖情况、出场登记等溯源管理；水质监测、自检自控等项目管理；环境、场地、设备、用具、人员和加工等的卫生状况管理。并将监管结果记录在"监管手册"的"监管记事"上。监管频次为每年不少于 3 次，出口季节应加强监管。

3.2.2　中转场

监管内容：溯源管理情况，包括河蟹的来源和流向；河蟹暂养期间安全卫生质量控制；环境、场地、设备、人员和加工等的卫生状况管理。监管结果记录在"监管手册"中的"监管记事"上。监管频次为每年不少于 2 次。

3.3　年度审核

年度审核：各分支局按照省局相关要求对辖区内注册登记的养殖场和中转场于每年 8 月份实施年度审核，并将年审结果于 8 月底之前上报省局。省局组织对各分支局的年审结果进行抽查。

4　检验检疫

4.1　检验检疫依据

a. 进口国家/地区检验检疫要求；

b. 双边检验检疫协议、议定书、备忘录；

c. 中国法律法规规定的检验检疫要求、强制性标准；

d. 贸易合同或者信用证中注明的检验检疫要求。

4.2　受理报检

出境河蟹的货主或者其代理人应当货物出境前规定的期限内向注册登记养殖

场、中转场所在地检验检疫机构报检。企业首次出口到新的国家/地区必须提书面申请，经分支局初评后书面上报省局，并经省局同意后方可出口。报检须提交以下材料：

a. 出境货物报检单、合同（售货确认书或函电）和/或信用证、发票、装箱单、厂检合格单；

b. 出境河蟹供货证明；

c. 有效的检测报告；

d. 检验检疫机构要求出具的其他材料。

4.3 报检资料审核

主要审核以下内容：报检资料完整性和有效性；是否具有对贸易国家/地区的出口资格；

4.4 结果评定

根据企业自检自控情况、官方监控结果、日常监督管理，出口前检验检疫等要素进行综合判定，对判定合格的准予出口。

4.5 制作二维码标签

将合格报检批产品信息输入"动植检业务平台"（网址 58.211.94.56）后由系统自动生成并打印二维码，用识读设备进行验证。

4.6 现场检验检疫

4.6.1 现场检验检疫内容

包括数/重量、规格、包装、标识、活力、外观以及临床健康状况等，并填写《出境河蟹检验检疫原始记录》。

4.6.2 留样和留照

必要时，对经过检验检疫合格的产品以报检批为单位抽取不少于 500 克重量的样品做好标记在－18℃进行冷冻留样 3 个月，并对整批产品进行拍照保存备查。

4.6.3 加施标识

对完成检验检疫的产品外包装加施二维码标签，加施方式如下：

内竹筐外泡沫箱：用加贴二维码标签的两个 CIQ 塑扣对竹筐两个窄边中心进行锁扣，外包装使用 CIQ 封识带封箱。

其他包装方式以加贴二维码标签后封识牢固不可更换为原则。

4.6.4 录入检验检疫结果

及时将检验检疫结果录入《动植检业务平台》（网址 58.211.94.56），供出境口岸检验检疫机构进行通关核查。

4.6.5 检验检疫出证

对检验检疫合格的河蟹出具《出境货物换证凭单》，换证凭单有效期为出具日期顺延 3 天；按照输入国要求出具《动物卫生证书》或《卫生证书》。

5　附则

5.1　本工作规范由江苏出入境检验检疫局负责解释。

5.2　本工作规范未尽事宜按国家质检总局和省局有关规定执行。

5.3　本工作规范自发布之日起生效，《关于印发〈出境活螃蟹监督管理和检验检疫程序〉的通知》（苏检动函［2007］328号）同时废止。

　　　　附件：1. 江苏检验检疫局出境河蟹检验检疫原始记录

　　　　　　　2. 出境河蟹《出境货物换证凭单》格式

　　　　　　　3. 供港、澳河蟹《动物卫生证书》格式

　　　　　　　4. 供日本、新加坡、马来西亚河蟹《动物卫生证书》格式

　　　　　　　5. 供韩国河蟹《动物卫生证书》

附件1：江苏检验检疫局出境河蟹检验检疫原始记录

江苏检验检疫局出境河蟹检验检疫原始记录

报检单位			报检号	
报检品种		产地	标记号码/唛头：	
报检数/重量	— —筐/箱/— —千克			
养殖场名称/注册号				
中转场名称/注册号	3200/AC			
抽样依据	SN/T 0436—95，GB/T 18088—2000			
抽样数/重量	— —筐/箱/— —千克			
贸易国别/地区			出境口岸	□深圳　□上海　□

检验检疫依据	进口国（地区）动植物检疫法律法规/要求 中国进出境动植物检疫法及实施条例 《出境水生动物检验检疫监督管理办法》（99号令）、 《江苏检验检疫局出口河蟹检验检疫监督管理工作规范》

检验检疫监管记录	包装情况：外　　　，内　　　；□包装完好清洁/卫生； 标识加施：□已加施CIQ封识；□二维码标识：　套 产品批号： 上述河蟹来自注册养殖场（注册号3200／AC　　）的　区　号。供货证明： □货证相符。　　　　　　　　□货证不符：_____ □经检查上述河蟹活力良好，未发现任何水生动物传染病和寄生虫的临床症状。 □未查见有害生物及土壤，清洁无杂质，符合出境动物检疫要求。 □储存/运输卫生良好　　　　□储存/运输卫生：_____ □现场卫生状况良好　　　　□现场卫生状况：_____ □实际发运数量：— —千克/— —件 理化及卫生指标见检测报告（FLP0—　　　）号。 　　　　　　　　　　　　　　　　　　　_____年___月___日
监装情况	

评定意见：□合格　□不合格　该批货物经检验检疫监管，同意作如下处理： □采样　□放行　□销毁　□消毒　□封存　□其他： 　　检验检疫人员：_____　　　　　　　_____年___月___日

发放单证：□换证凭单　□卫生证书　□动物卫生证书　□其他 　　报检单位签收：_____　　　　　　　_____年___月___日

备注：验讫之日起　3　天内有效。

说明：在适当的□内划"√"。

附件 2：出境河蟹《出境货物换证凭单》格式

出境货物换证凭单

类别：一般报检   编号：

发货人		标记及号码	
收货人		N/M	
品名	活大闸蟹		
H. S. 编码	0306249100		
报检数/重量			
包装种类及数量			
申报总值			
产地		生产单位（注册号）	
生产日期		生产批号	
包装性能检验结果单号	＊＊＊	合同/信用证号	
		运输工具名称及号码	
输往国家或地区		集装箱规格及数量	＊＊＊＊＊＊
发货日期		检验依据	

<table>
<tr><td rowspan="10">检验检疫结果</td><td colspan="4">
本批货物共计   ，按 SN/T 0436－1995 检验规程抽取代表性样   ；
依据上述检验依据检验，结果如下：
1. 品质：品质正常，活力良好；
2. 规格：
3. 注册养殖场：   养殖场注册号：   产区：
    供货证明号：
4. 数/重量：数重量符合上述报检数；
5. 经检查，上述动物健康状况良好，未发现任何水生动物传染病和寄生虫病的临床症状；
6. 经日常监督管理及抽样监测显示：孔雀石绿、氯霉素、硝基呋喃、硫丹未检出上述螃蟹未饲喂或使用氯霉素等禁用药品，没有证据显示动物体内含有超过了规定最高残留限量的药物或有毒物质残留；
7. 上述动物适合供人食用。
8. 本批货物采用竹筐进行包装，且对每个竹筐使用两个二维码塑扣进行封识。

      签字：   日期：   年   月   日
</td></tr>
</table>

本单有效期	截止于 年 月 日
备注	＊＊＊

	日期	出境数/重量	结存款/重量	核销人	日期	出境数/重量	结存数/重量	核销人
分批出境核销栏								

说明：1. 货物出境时，经口岸检验检疫机关查验货政相符，且符合检验检疫要求的予以签发通关单或换发检验检疫证书；2. 本单不作为国内贸易的品质或其他证明；3. 涂改无效。

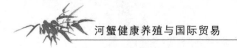

河蟹健康养殖与国际贸易

附件3：供港、澳河蟹《动物卫生证书》格式

共 1 页第 1 页 Page 1 of 1

动 物 卫 生 证 书

ANIMAL HEALTH CERTIFICATE

发货人名称及地址
Name and Address of Consignor _____

收货人名称及地址
Name and Address of Consignee _____

动物种类   动物学名
Species of Animals 甲壳类 _____   Scientific Name of Animals ＊＊＊ _____

动物品种   产地
Breed of Animals 活大闸蟹 _____   Place of Origin _____

报检数量   检验日期
Quantity Declared _____   Date of Inspection _____

启运地   发货日期
Place of Despatch _____   Date of Despatch _____

到达国家/地区   运输工具
Country/Region of Destination _____   Means of Conveyance _____

兹证明：

1. 上述螃蟹来自检验检疫机构注册的养殖场，注册场名称：   ，注册编号：   ；

2. 经检查，上述动物健康状况良好，未发现任何水生动物传染病和寄生虫病的临床症状；

3. 经日常监督管理及抽样监测显示，上述螃蟹未饲喂或使用氯霉素、阿伏霉素、盐酸克伦特罗、沙丁胺醇、己二烷雌酚、己烷雌酚、己烯雌酚、孔雀石绿等药品，没有证据显示动物体内含有超过了规定最高残留限量的药物或有毒物质残留；

4. 上述动物适合供人食用。

5. 本批货物采用竹筐进行包装，且对每个竹筐使用两个二维码塑扣进行封识。

＊ ＊ ＊ ＊ ＊ ＊ ＊ ＊

      出境数量：   出境日期：

      检疫官员：   出境局签章：

印章   签证地点 Place of Issue _____签证日期 Date of Issue _____
Official Stamp   官方兽医 Official Veterinarian _____ 签   名 Signature _____

附件 4：供日本、新加坡、马来西亚河蟹《卫生证书》格式

卫 生 证 书

SANITARY CERTIFICATE

发货人名称及地址

Name and Address of Consignor _____

收货人名称及地址

Name and Address of Consignee _____

品名

Description of Goods ___ CHINESE MITTEN-HANDED CRAB（ERIOCHEIR SINENSIS)

加工种类或状态 State or Type of Processing * * * _____	标记及号码 Mark & No. N/M
报检数量/重量 Quantity/Weight Declared * * 16FOAM CASES（* * 32 BASKETS) * * 160KGS	
包装种类及数量 Number and Type of Packages * * 16FOAM CASES	
储藏和运输温度 Temperature during Strorage and Transport * * *	

加工厂名称、地址及编号（如果适用）

Name Address and approval No. of the

approved Establishment（if apphcable) _____

启动地　　　　　　　　　　　　到达国家及地点

Place of Despatch _____ Country and Place of Destination _____

运输工具　　　　　　　　　　　　发货日期

Means of Convevance BY AIR　　　Date of Despatch

RESULTS OF INSPECTION：

　　AT THE REQUEST OF THE CONSIGNOR，OUR INSPECTORS ATTENDED AT THE MANU-FACTORY ON 25 OCT.，2009. RANDOMLY OPENED 4 FOAM CASES/40KGS FROM THE A-BOVE-MENTIONED COMMODITY AND DREW REPRESENTATIVE SAMPLES THEREIN IN AC-CORDANCE WITH CONTRACT NO L09088 FOR INSPECTION WITH THE RESULTS SHOWN HEREUNDER：

　　1. THE LOT OF GOODS WAS FROM TAIHU LAKE OF JIANGSU P. R. CHINA.

　　2. QUALITY FRESH ALIVE AND FIT FOR HUMAN CONSUMPTION.

　　3. THE LOT OF GOODS WAS NOT CONTAMINATED BY MALACHITE GREEN. IT FIT FOR HUMAN CONSUMPTION（MALACHITE GREEN（μg/kg）$<$2.0 ACCORDING TO GB/T 19857—2005).

　　4. THE ABOVE CARGO WAS PACKED IN BASKET AS INNER PACKING AND FOAM CASE AS OUTER PACKING AND EACH BASKET IS SEALED WITH TWO 2D-CODE PLASTIC CLASPS.

* * * * * * * *

印章　　　　签证地点 Place of Issue _____ 签证日期 Date of Issue _____

Official Stamp　授权签字人 Authorized Officer _____ 签　名 Signature _____

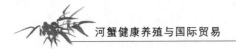

附件 5：供韩国河蟹《动物卫生证书》格式

动物卫生证书

AQUATIC ANIMAL SANITARY AND HEALTH CERTIFICATE

（☑食用 FOR HUMAN CONSUMPTION□种用 FOR REPRODUCTION□□□用 FOR ORNAMENT□科研用 FOR RESEARCH）

发货人名称及地址

Name and Address of Consignor _____

收货人名称及地址

Name and Address of Consignee _____

动物种类	动物学名
Species of Animals LIVING RIVER CRAB	Scientific Name of Animals ERIOCHEIR SINENSIS
动物品种	产地
Breed of Animals * * *	Place of Origin _____
报检数（重）量	检验日期
Quantity Declared _____	Date of Inspection _____
启运地	发货日期
Place of Despatch _____	Date of Despatch _____
到达国家/地区	运输工具
Country/Region of Destination _____	Means of Conveyance _____
☑养殖 Cultured stock	□捕捞 Wild stock

我，作为官方兽医证明，

I, the undersigned official veterinarian, certify that

1.☑上述动物来自中华人民共和国出入境检验检疫机构注册的养殖场。该养殖场按协议要求由官方进行了有关项目的检测或监测。The animals in the present consignment are coming from the aquaculture establishment registered by entry—exit inspection and quarantine authorities of the P. R. China (CIQ). CIQ carried out related supervision or inspection on this farm according to the arrangement.

注册场名称和地址 Name and address of registered farm：_____

_____

注册号 registered serial number：_____

□或者，上述动物是捕捞的，捕捞时间和地点如下：

The animals described above are wild, catch date and place is as following, _____

2.☑上述动物符合卫生要求，适合人类食用。

The animals described above meet the sanitary requirements and fit for human consumption.

3.☑上述动物进行了监测或检测，结果证明没有扩散水生动物传染病病原体的风险。

The animals have been conducted surveillance or inspection and no risk for pathogens to spread to local aquatic animals were indicated.

疾病名称（*Specified diseases*）：*WSD/CRAYFISH PLAGUE*

* * * * * * * *

印章　　　　　签证地点 Place of Issue _____　签证日期 Date of Issue _____

Official Stamp　官方兽医 Official Veterinarian _____　签　名 Signature _____

参考文献

陈蓝荪.2004.大闸蟹出口特征分析与对策研究［J］.科学养鱼（4）.

国家质检总局.关于印发《2010年度进出境水生动物疫病监测计划》的通知.国质检动〔2010〕160号.

国家质检总局.关于印发《进出口食用农产品和饲料安全风险监控计划》的通知.国质检动〔2010〕239号.

史劲松.2009.甲壳生物质加工业潜力大［J］.江苏农村经济（5）：37.

杨维龙,张关海.2005.河蟹生产现状与可持续发展的思考［J］.淡水渔业,35（2）：62-64.

图书在版编目（CIP）数据

河蟹健康养殖与国际贸易／王伟，蒋原主编．—北京：中国农业出版社，2013.2
ISBN 978-7-109-17613-3

Ⅰ.①河… Ⅱ.①王… ②蒋… Ⅲ.①中华绒螯蟹-淡水养殖②中华绒螯蟹-国际贸易 Ⅳ.①S966.16②F746.26

中国版本图书馆 CIP 数据核字（2013）第 018790 号

中国农业出版社出版
（北京市朝阳区农展馆北路 2 号）
（邮政编码 100125）
责任编辑 孟令洋

北京中科印刷有限公司印刷 新华书店北京发行所发行
2013 年 4 月第 1 版 2013 年 4 月北京第 1 次印刷

开本：700mm×1000mm 1/16 印张：16.5 插页：2
字数：400 千字
定价：60.00 元
（凡本版图书出现印刷、装订错误，请向出版社发行部调换）

中华绒螯蟹

成蟹攀越习性

池塘消毒

蟹池微孔管增氧

育苗观察

大眼幼体室内淡化池

水草收集

投喂小杂鱼

蟹苗验收

投　苗

围网养殖

河蟹暂养池

检查活力

检疫人员现场封样

强化监管

投入品检查

现场检验检疫

河蟹捕捞

包装前检验

贴二维码

竹筐内包装

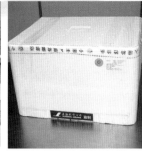
出口外包装

出口监装

整装待发的阳澄湖大闸蟹

内地香港大闸蟹检验检疫工作座谈会